中国地质调查成果 CGS 2023-018
海南省海洋地质资源与环境重点实验室成果
海南省地质调查院成果
海南省自然科学基金成果（编号：421RC1109）

海南抱伦金矿
地质地球化学特征研究及找矿预测

林　弟　王　成　傅杨荣　张小文
何玉生　杨朝云　高　鹏　黄　蓉　著
岑　锐　文　玲　张　前　文晓敏

地质出版社
·北　京·

内 容 简 介

本著作是“海南省乐东县抱伦金矿接替资源勘查”等项目的成果总结，其综合性较强，研究程度较高。本著作共分13章，分别介绍本次研究工作理论基础，分析矿区地质、地球物理、地球化学概况，系统研究矿区地质地球化学特征，并进行成矿预测与勘查验证，最后总结了本次勘查取得的主要地质成果与存在问题。本著作的出版为新一轮找矿突破战略行动计划与矿产资源规划提供了有力支撑。

图书在版编目（CIP）数据

海南抱伦金矿地质地球化学特征研究及找矿预测 / 林弟等著. —北京：地质出版社，2023. 10

ISBN 978-7-116-13843-8

Ⅰ. ①海… Ⅱ. ①林… Ⅲ. ①金矿床-地质地球化学-研究-海南②金矿床-找矿-预测-研究-海南 Ⅳ. ①P618. 51

中国国家版本馆 CIP 数据核字（2023）第 189725 号

HAINAN BAOLUN JINKUANG DIZHI DIQIU HUAXUE TEZHENG YANJIU JI ZHAOKUANG YUCE

责任编辑：程 静
责任校对：关风云
出版发行：地质出版社
社址邮编：北京市海淀区学院路 31 号，100083
电　　话：（010）66554528（邮购部）；（010）66554533（编辑室）
网　　址：https://www. gph. clmpg. com
传　　真：（010）66554661
印　　刷：海南博威印刷有限公司
开　　本：889mm×1194mm 1/16
印　　张：9
字　　数：270 千字
版　　次：2023 年 10 月北京第 1 版
印　　次：2023 年 10 月海口第 1 次印刷
定　　价：80. 00 元
书　　号：ISBN 978-7-116-13843-8

前　言

本著作得到中国地质调查局项目（编号：1212011220710）、海南省海洋地质资源与环境重点实验室开放课题（编号：HNHYDZZYHJKF014）和海南省自然科学基金（编号：421RC1109）联合资助。项目的总体目标任务是在狗岭预测区开展地质图修测、土壤地球化学测量，在水系沉积物异常区开展激电找矿工作，圈定异常和找矿靶区，并择优进行钻探验证，为转入增储勘查提供依据；在预测区开展音频大地电磁测深找矿效果试验及施工坑探和布置坑内钻探，追索控制金矿体往深部延伸情况。在前期找矿预测工作的基础上，开展增储勘查，探求资源量；开展综合研究，全面分析以往地质勘查和矿山开发的成果资料，深入分析、研究该地区成矿地质条件、控矿地质因素，指导找矿工作。

本著作是“海南省乐东县抱伦金矿接替资源勘查”等项目的部分成果总结，其综合性强，研究程度较高，为新一轮找矿突破战略行动计划与矿产资源规划提供地质资料支撑。项目得以顺利完成，自始至终离不开中国地质调查局、中国地质调查局发展研究中心、海南省地质局、中国科学院广州地球化学研究所等单位领导和专家的支持与指导。在此向中国地质调查局发展研究中心庞振山副主任、耿林博士、薛建玲博士、张志辉博士，监审专家黄香定研究员、陈作芬高级工程师，海南省自然资源和规划厅何贤伟处长、张建处长，海南省地质局廖香俊研究员、陈颖民高级工程师，中国科学院广州地球化学研究所许德如研究员、单强副研究员，海南山金矿业有限公司刘永堂副总经理等人致以崇高的敬意和衷心的感谢！

本著作共分 13 章，第一章介绍本次研究工作理论基础，第二章至第五章分析矿区地质、地球物理、地球化学概况，第六章至第十二章系统研究矿区地质地球化学特征，并进行成矿预测与勘查验证，第十三章主要总结本次勘查取得的主要地质成果与存在问题。取得的主要成果包括：

1）矿区内新发现的岩脉为变基性岩脉和花岗细晶岩脉，其中细晶岩脉切穿含矿石英脉及变基性岩脉出现矿化；抱伦金矿成矿阶段分为金-中粗粒石英阶段、金-硫化物-细粒石英阶段和碳酸盐化阶段，前两阶段为主要成矿阶段，而碳酸盐化阶段标志成矿已基本结束。

2）矿区构造变形划分为 D1、D2、D3 共 3 个期次。D1 变形期以形成 NE 向豪稳松向斜为主，同时发生了浅变质作用，是加里东期造山事件。D2 变形期可划分为 4 个连续的构造变形阶段，分别形成了 NNW 向豪岗岭背斜，NNW 向逆冲推覆构造、NNW 向右旋剪切带和 NNW 向左旋剪切带，代表印支期碰撞造山事件递进演化的不同阶段，即同碰撞挤压、挤压抬升和后碰撞侧向挤压块体相对水平滑移的早期和晚期。其中，NNW向右旋剪切带与成矿关系最为密切，是抱伦金矿重要的控矿、导矿和容矿构造。D3 变形期主要以形成脆性节理和断层为主。

3）含金石英脉、围岩千枚岩和花岗岩具有相似的微量（稀土）元素配分模式，且总体表现为右倾曲线，指示其源区有亲缘性，矿区变基性岩和花岗细晶岩为双峰式侵入岩。晚二叠世发生后碰撞阶段早期的大规模走滑剪切作用，中三叠世抱伦金矿处于碰撞造山后伸展-减薄的构造环境，引起亏损地幔源区发生部分熔融形成基性岩浆，基性岩浆底侵于下地壳，并提供了大量的热能，使下地壳发生较大规模的部分熔融而形成花岗质岩浆。在伸展构造背景下，两种岩浆同时上侵，形成基性岩和尖峰花岗岩岩体。

4）抱伦金矿含金石英脉流体包裹体气相成分以 H_2O 为主，其次为 CO_2，含少量 CH_4、C_2H_6、H_2S、N_2 和 Ar 等组分。液相成分阴离子以 Cl^- 和 SO_4^{2-} 为主，含少量 F^-；阳离子以 Na^+ 为主，其次为 K^+ 及少量 Ca^{2+} 和 Mg^{2+}。成矿早期至晚期石英脉流体包裹体的均一温度为 280～340℃、240～300℃ 和 180～240℃，并伴随有盐度的升高。

5）抱伦金矿成矿物质主要源自花岗岩源区，并有地幔物质和围岩（千枚岩）加入；成矿热液主要属变质热液，主要源于地壳，早期有一定量的岩浆热液参与，后期混入大气降水；金以 $Au(HS)_2^-$ 络合物为主要迁移形式，其次为 $AuCl_2^-$ 络合物形式。在金-中粗粒石英阶段发生沸腾作用和水-岩作用，在金-硫化物-细粒石英阶段发生沸腾作用、硫化作用和物化条件变化，碳酸盐化阶段成矿已基本结束，其中沸腾作用起主导作用。

6）本次工程勘查验证两个矿段，共计 11 个矿体估算新增的资源量（333+334）金矿石量 145.75×10^4t，金金属量 10081.21 kg。其中资源量 333 金矿石量 116.77×10^4t，金金属量 8897.29 kg；预测资源量 334 金矿石量 28.98×10^4t，金金属量 1187.92kg。

本著作编写人员也是项目组成员，编写、制图人员及分工如下：

第一章绪论：林弟，第二章区域成矿地质背景：林弟、傅杨荣、张小文、杨朝云，第三章矿区地质：王成、林弟、杨朝云、高鹏、文晓敏，第四章矿区地球物理特征：王成、张前，第五章矿区地球化学特征：王成、何玉生、文玲，第六章矿物学特征：林弟、王成、黄蓉，第七章构造变形特征：林弟，第八章岩石地球化学特征：林弟，第九章流体包裹体地球化学特征：林弟，第十章成矿机理：林弟，第十一章成矿预测：林弟、王成、傅杨荣、张小文、何玉生，第十二章工程勘查验证：林弟、王成、何玉生、杨朝云、高鹏、岑锐、文晓敏，第十三章结论：林弟、王成；插图由林弟、王成完成制图；岩矿鉴定由黄蓉完成。本书由林弟统稿。由于矿区地质情况复杂，样品分析测试数据不足，著者理论水平有限，存在的不足之处，敬请读者批评指正。

著 者

2023 年 8 月

目　　录

第一章 绪 论

多年来抱伦金矿的科学研究和矿产勘查取得了大量成果，但随着深部勘探开发的进行，制约抱伦金矿找矿预测和勘查突破等一系列问题也突显出来。本著作基于系统的基础地质工作及深入的研究，综合分析并利用前人丰富的地质、矿产和物化遥等资料，深化对抱伦金矿成因的认识，为开展矿区深部隐伏矿体的预测和勘查提供科学依据。

第一节 国内外研究现状

一、金的地球化学特征

金作为特殊的贵金属，其元素化学性质相对复杂，常与 S、卤族（特别是 Cl）等元素和有机物、甚至惰性气体 Xe 结合，组成稳定的化合物（Pekka et al.，2004）。据元素的化学特征与地球起源和圈层假设中元素的分布，Au 和 Cu、Ag 等元素称为“亲铜元素”，与 S 具较强的亲和性。但元素的亲和性并非绝对的，自然界中 Au 常呈 0、+1 和+3 三种价态，Au 和 Cu、Ag 等元素显 0 价时表现亲铁性，多以金属单质显现，汇聚于 Fe-Ni 核；Au 显+1 价和+3 价时，表现亲硫性，多以金属硫化物的形式存在，并在氧化物-硫化物过渡圈层富聚（韩吟文等，2004；Hough et al.，2009；John et al.，2009）。地球内部的金主要以金属单质和化合物形式存在，集中于地核和地幔，地壳含量较低（黎彤，1976；刘英俊等，1991）。

金等亲铜元素具紧密电子云结构并受镧系收缩的影响，常温下其具有较高的密度和稳定性的性质；在特定温压条件下 Au 的化合物主要有卤化物、卤素络合物、氧化物、氢氧化物、硫化物和硫代硫酸盐络合物（刘英俊等，1991）。

二、金的赋存形式

金作为体系中特殊的微量元素，常态下其难以形成独立的金矿物，而是以离子形成的固溶体、熔体或流体（韩吟文等，2004）。基于地球化学和矿床成因研究的考虑，金在自然界中的赋存形式划分为：独立矿物、类质同象、胶体和络合物 4 种状态（刘英俊等，1991）。①独立矿物：金矿物粒径>0.001 mm；②类质同象：金置换其他元素的相似晶格结点位置，而其类型和常数未发生较大的变化；③胶体：胶体（或解理面）由电荷不平衡而吸附金；④络合物：以含金络合物形式存在于包裹体，以及生物有机质和其他被封存的流体中。

自然金按粒度划分为：明金（>0.2 mm）、显微金（0.2 mm~0.5 μm）和次显微金（<0.5 μm）（刘英俊等，1991）。明金和显微金常呈包裹体金（早或同时与主矿物形成）、晶隙金（略晚于主矿物形成）和裂隙金（晚于主矿物形成）的形式赋存于贱金属硫化物和氧化物的主矿物中。通过高分辨透射电子显微镜，在环带状含砷黄铁矿中发现有微细粒金（5~10 nm）（Bakken et al.，1989；Simon et al.，1999a，1999b）。金的价态一直是研究次显微金赋存状态和形成机制的一个前沿课题和难题，当前主流共识为：含砷黄铁矿中金呈 0 和+1 两种价态，0 价态金为独立矿物，未占据矿物的晶格位

置，存在于包裹体中；+1 价态金以类质同象方式进入矿物的晶格中（Simon et al.，1999b；张弘等，2008）。

三、金的成矿流体

基于地质背景与成矿特征，金矿床分为造山型（石英脉型、韧性剪切带型、构造蚀变岩型以及部分网脉状的金矿床）、卡林-类卡林型、浅层低温热液型、斑岩型和块状硫化物型等各类型金矿床（Groves et al.，1998；Kerrich et al.，2000；陈衍景等，2007）。

现今发现的金矿床大都与成矿流体热液活动有关，成矿流体热液活动在热液蚀变矿物和流体包裹体中得以反映，所以流体包裹体是探讨成矿流体的重要窗口（陈衍景等，2007）。张文淮等（1996）根据流体成分将含金属组分成矿流体分为：硅酸盐熔融体、H_2O+ NaCl、H_2O+CO_2 和 H_2O^+ 有机质。根据流体来源不同，刘英俊等（1991）和陈衍景等（2007）将成矿流体分为：改造热液（包括大气降水、海水和大洋水及建造水）、变质热液和岩浆热液。

1. 改造热液

改造热液的研究源于浅成低温热液型、微细粒浸染型和热水沉积型矿床的包裹体，多为水溶液包裹体，缺乏含子晶和含（富）CO_2 包裹体（卢焕章等，2004；Heinrich et al.，2007；李晶等，2007）。

改造热液特别是建造水源于表壳岩中的水、海水和大气降水，主要成分为 H_2O，并含少量的 CO_2 和 NaCl、KCl、$CaSO_4$ 等易溶物（刘英俊等，1991）。其作用范围一般浅于 10 km，具低盐度（<15%）、贫 CO_2（x（CO_2）<5%）、低温（<250℃）的特征（陈衍景等，2007）。

2. 变质热液

变质热液为矿物由水-岩化学作用释放出的变质水，后经含矿围岩（特别浅变质岩）或基底在一定的温压条件下被活化形成含矿变质热液（刘英俊等，1991）。变质热液矿床在时空上常与造山作用有关，并主要就位于造山作用引起的高角度剪切带和逆冲推覆构造带。特别是由造山运动抬升，地壳深部韧性变形带转变为脆-韧性变形带且应力由压扭变为张性时，为成矿有利区段（范宏瑞等，2003；李晶等，2004；倪培等，2005；Chen et al.，2005）。

变质流体因云母、绿泥石和蛇纹石等含羟基矿物与碳酸盐矿物热分解作用富 CO_2，主要成分为 H_2O 和 CO_2 及 Na、K、Ca、Mg 等阳离子，作用深度一般 5~25 km，具更低的盐度（<10%），富 CO_2，中高温（<300℃），低 Cl 高 S、高 K 低 Na、低氧逸度的还原性流体（陈衍景等，2007）。

3. 岩浆热液

岩浆结晶分异后期，原生岩浆内水先达到饱和并分离出来；随着温度的进一步下降，金等成矿元素优先进入低密度富水的液相中形成含矿岩浆热液（Hedenquist et al.，1994）。

岩浆热液成分较复杂，常见 CO_2-H_2O 包裹体（含富 CO_2 包裹体）、水溶液包裹体和含盐类子晶包裹体（范宏瑞等，2000）。其以高温（>300℃）、高盐度、富 CO_2、F 和 Cl 及强氧化性为特征（刘英俊等，1991）。随着岩浆热液的上升、淋漓和侵位，受变质热液和改造热液的影响，岩浆热液逐渐演变为低温、低盐度、贫 CO_2 的热液（陈衍景等，2007）。

综上所述，改造热液以低温、低盐度、贫 CO_2 为特征；变质热液以低盐度、富 CO_2、富 S 为特征；岩浆热液以高温、高盐度、富 CO_2 为特征。但成矿系统往往相对复杂，通常由一种热液占主导，多种热液混合而成。

四、金在热液中的迁移

金在自然热液中常呈 0（胶体）、+1 和+3 三种价态，Helgedon（1969）认为 25~300℃，较大范围内的氧逸度和 pH 溶液中，Au^+的活度远大于 Au^{3+}的活度；并主要与 S、Cl、O、H、C、F、I、HO^-和 SO_4^{2-} 等配位成络合物的方式迁移，但金在成矿热液中主要以金-氯和金-硫络合物的形式迁移，其中大部分环境中金的硫氢络合物 Au（HS）$_2^-$ 最稳定。因此热液中 Cl 和还原 S（HS^-和 H_2S）浓度对金在热液中迁移影响较大。

在 Cl 和还原 S 或富还原 S 溶液中，Stefansson 等（2004）在压力 0.5～100 MPa 之间、温度为 500℃ 的环境下试验，主要有以下两种反应：$Au_{(s)}$ $+2H_2S=$ Au（HS）$_2^-$$+H^+$+（1/2）$H_{2(g)}$ 和 $Au_{(s)}$ $+H_2S=$Au（HS）^{0}+（1/2）$H_{2(g)}$。综合 $H_2S=HS^-+H^+$，中性环境下，金的溶解度最大；中性—碱性时，金主要以 Au（HS）$_2^-$ 络合物的形式迁移；酸性时，金以 Au（HS）^{0} 为主要迁移形式。

在 250～350℃时，富 Cl（>0.5 mol/L）贫还原 S（$<10^{-4}$ mol/L）低 pH（<4.5）热液中，主要发生反应 $Au_{(s)}$ $+2Cl^-+H^+=AuCl_2^-$+（1/2）$H_{2(g)}$，$AuCl_2^-$ 络合物是含金热液的主要迁移形式（Gammons et al.，1997；张德会，1997；孙忠实等，1999）。而在低还原 S、低 Cl 的稀溶液中，Au（OH）可能占主导作用，但其稳定性远低于金-氯和金-硫络合物。

总之，热液的温度、氧化还原条件、pH、氧逸度、Cl 和还原 S（HS^-和 H_2S）的浓度等因素影响着金在热液中的迁移方式和稳定性。其中氧化还原条件影响较大，氧化环境下，金主要以金-氯络合物和胶体的方式迁移；还原环境下，金-硫络合物较稳定。因此，氧化还原环境的改变都有可能引起金的沉淀。

五、金在热液中的沉淀机制

金在热液中主要以硫化物络合物和氯化物络合物的方式迁移，主要通过物化条件变化、沸腾作用、混合作用、不混溶作用和水-岩作用的方式降低金在热液的溶解度，而引起沉淀（张德会，1997）。

1. 物化条件变化

物理化学条件的变化主要表现为温度和压力的改变，其都有可能影响金在热液中的溶解度，进而可能发生沉淀。

Mikucki（1998）通过研究太古宙绿岩型金矿，提出降温是否引起金的沉淀，主要与金在热液中的迁移方式有关。金以 $AuCl_2^-$ 络合物的方式搬运时，降温会使热液中金达到过饱和而析出沉淀；当以 Au（HS）$_2^-$ 络合物的方式搬运时，降温反而导致金的溶解度增大。降压主要引起成矿流体相分离，从而导致金的沉淀（Benning et al.，1996）。

自然体系中温压的改变还会影响流体的 pH、氧逸度等参数，而 pH 和氧逸度对金的溶解度高低往往起决定作用（Seward，1973；黄诚等，2013）。Ridley 等（1996）通过金的硫氢化物络合物与温度的相关性，认为在 250℃以上时，单一的降温难以形成具有经济意义的金矿床。故当评估自然体系中温压改变是否为金的沉淀机理时还应结合体系中其他物理化学参数，特别是热液的 pH 和氧逸度。

2. 沸腾作用

含矿热液由深部向上运移时，常伴随着压力的降低，当流体上升至断裂处时，由于空间的突变，流体压力由静水压力降至过饱和压力时，流体会发生沸腾作用（张德会，1997）。Cole 等（1986）通过模拟指出，沸腾作用导致挥发分的离散，特别是 CO_2 和 H_2S 的离散。大量的 CO_2 挥发使 pH 升高，能够引起以金-氯络合物方式迁移的含金热液发生沉淀；H_2S 的逃逸将使金-硫络合物失稳而沉淀（Benning et al.，1996）。

沸腾作用析出的气体和各种金属沉淀的物化条件不同，常造成贱金属-银-金的沸腾面由下至上的富集产生垂向分带或蚀变矿物的垂向分带（Spycher et al.，1989）。

3. 混合作用

深部韧性剪切带和浅部脆性破碎带的渗透率较大，加之地下水可以渗透和循环至地壳深部 6～8 km 的范围内（沈照理，1981），常发生两种或多种不同性质的流体混合，破坏原含矿流体的稳定性而沉淀。在金以硫化物络合物的形式搬运时，混合作用引起金沉淀的主要原因是氧逸度的提高及氧化作用引起还原硫（H_2S）浓度降低，而稀释和降温起次要作用（张德会，1997）。

4. 不混溶作用

深部高温、高压热液向上运移与改造热液相遇，或含矿热液由深部韧性剪切裂隙体系进入浅部脆性破碎断裂体系时发生“沸腾”不混溶作用（相分离），及降温改变组分的溶解度都有可能造成不混溶作用（张文淮等，1996；孙忠实等，1999）。表现为原单一均匀的流体分离为两种或两种以上不均匀的流体，特别是 CO_2、CH_4 和 H_2S 的气相分离，引起氧逸度和 pH 的升高导致金的硫化物络合物溶解度降低而析出（卢焕章等，1991）。

5. 水-岩作用

流体运移过程中常与围岩进行物质和能量的交换，表现为绿泥石化、绢云母化、碳酸盐化、硅化和硫化等蚀变。其通过改变流体的 pH、氧逸度和温度等物理化学环境，引起金的沉淀（张文淮等，1996；张德会，1997）。绿泥石化、绢云母化和碳酸盐化常与金矿化关系密切，可能主要由于蚀变（交代作用）使 K 和 CO_2 呈固态，H^+ 进入液态而降低流体的 pH 造成金沉淀（舒斌等，2006）。硅化的强度常与金矿化呈正相关性，甚至金可见于晚期石英脉的晶洞内，可能由于 SiO_2 的沉淀加快了碳酸盐化等蚀变（韩吟文等，2004），或金以金-硅络合物的形式搬运并沉淀（王朝文等，2011）。

由 $FeO_{rock}+2H_2S=FeS_2+H_2O+H_2$ 和 $Au(HS)_2^-+H^++1/2H_{2(g)}=Au+2H_2S$ 反应式，黄铁矿等硫化物的形成消耗了大量的 H_2S，进而破坏金-硫络合物的稳定性而沉淀（丁式江等，2001），其获得硫化物特别是黄铁矿常与金共生的地质现象支持。硫化作用可能为富硫金矿最主要的成矿机理，但贫硫金矿的形成不混溶作用应该起主导作用。

综上所述，基于物理化学的角度考虑，金的沉淀过程就是破坏主要以络合物形式搬运的金的稳定性而沉淀的过程。

第二节　抱伦金矿研究现状

抱伦金矿于 1990 年开始民采，1997 年进入正规开采。近 30 年来，矿山企业和海南省地质调查院联合地质力学研究所、北京大学、广州地球化学研究所、中国地质大学（北京）和中国地质大学（武汉）等单位进行了成矿流体性质、成矿流体和物质来源、成矿时代、控矿构造、成矿模式及成矿预测等多方面研究。

一、成矿流体性质

研究成矿流体的性质主要通过分析矿石的流体包裹体，而抱伦金矿以含金石英脉型金矿为主（丁式江等，2001），石英晶体包含了大量的原生包裹体和假次生包裹体（舒斌等，2006）。这些原生包裹体的均一温度、盐度、密度、成分、挥发分体积特征对流体成矿的物理化学条件有很好的指示意义。

抱伦金矿流体包裹体均一温度较高，且呈多峰分布，主要集中于 260～320℃、220～250℃ 和 210～170℃ 三个区间。成矿流体总体表现为中-低盐度流体。气液两相流体包裹体形成时的压力集中在 3.48×10^5～119.52×10^5 Pa；富二氧化碳三相包裹体均一压力为 339.24×10^5～2331.56×10^5Pa，主要集中于 500×10^5～1000×10^5 Pa；纯二氧化碳包裹体均一压力为 70×10^5～73×10^5 Pa。流体包裹体气相成分中含量最高的为 H_2O，次为 CO_2；液相成分中，阳离子以 Na^+ 和 K^+ 为主，阴离子以 Cl^-、SO_4^{2-}、F^- 为主（图 1-1，图 1-2）。

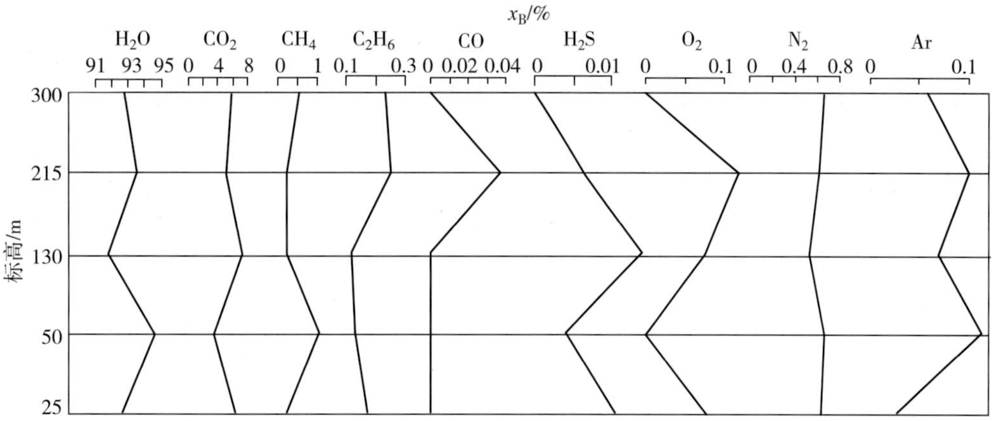

图 1-1　不同标高气相成分

（据丁式江等，2001）

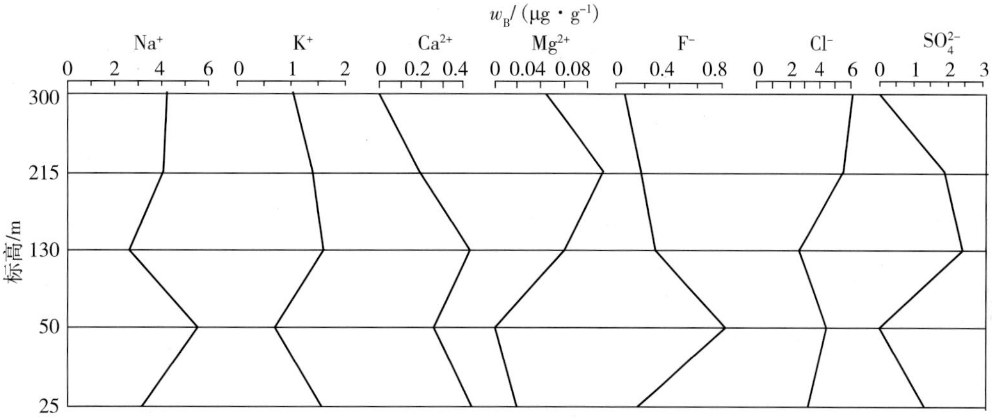

图 1-2　不同标高阴、阳离子特征

（据丁式江等，2001）

成矿流体 δD 值位于−58‰～−30‰之间，石英 $\delta^{18}O$ 值为 10.4‰～15.7‰，根据同位素平衡计算得到水的 $\delta^{18}O$ 值为 1.8‰～8.9‰。从氢、氧同位素组成可以看出，抱伦金矿成矿流体位于原生岩浆水、变质水和变质水与大气降水线之间接近变质水的区域。

据上述流体的成分、温压及同位素的特征，认为抱伦金矿床成矿流体早期以原生岩浆水为主，中期有较大部分变质水的混入，中晚期大气降水的混入比率越来越大。流体演化过程中，随着温度、压力的降低，成矿流体由富 SO_4^{2-}，相对贫 Cl^-，向富 Cl^- 并相对贫 SO_4^{2-} 方向演化，Ca^{2+} 含量增加（丁式江等，2001）。

二、成矿流体和物质来源

前人针对海南省抱伦金矿的成矿物质来源开展了一系列的研究工作，但关于成矿流体和物质来源的认识仍然存在着较大的争议，主要存在以下三种观点。

1）前人根据石英流体包裹体氢、氧同位素和黄铁矿中硫同位素特征，以及矿石中热液成因的白云母 K-Ar 定年研究，认为陀烈组第一段、印支期尖峰超单元为该区的金成矿提供了成矿物质，且尖峰超单元还在成矿过程中起到热动力的作用。而陀烈组第二段、抱万组为该区的金成矿提供成矿物质的可能性较小（丁式江等，2001；舒斌等，2004，2006）。

2）前人根据尖峰岭花岗岩体岩石地球化学和年代学特征，认为尖峰岭花岗岩体主要为成矿提供热动力，而没有提供热流体和矿质（谢才富等，2006）。

3）前人通过对尖峰岭花岗岩变质锆石的研究，认为锆石受到 112~120 Ma 的一次强烈的热液作用，从而说明抱伦金矿的成矿流体来源可能与燕山期大规模岩浆作用有关（张小文等，2009）。

三、成矿时代

成矿年代是认识矿床演化规律的时钟，目前成矿时代的研究已成为矿床学、区域地质学和大地构造学中不可缺少的内容。确定矿床的形成时间（矿床定年）与确定其空间坐标（矿床定位）一样都是矿床学研究的重要内容，更是建立成矿模式和开展找矿预测的基础。金元素的特殊地球化学性质，决定了金矿床成矿时代研究的艰难性和特殊性。目前有关抱伦金矿成矿时代的认识分歧还是比较大，主要存在两种观点。

1. 形成于印支晚期（205~221 Ma）

在抱伦金矿中，已获得的石英脉型矿石中热液成因白云母 Ar- Ar 坪年龄为 219±1 Ma（舒斌等，2004）、水白云母 K-Ar 年龄为 221±3 Ma（刘玉琳等，2002）、伊利石 K-Ar 年龄为 216±3~205±3 Ma（陈柏林等，2001；丁式江等，2001）、白云母和绿泥石的 Rb-Sr 等时线年龄为 236±17 Ma，此外，还测得矿体旁侧陀烈组千枚岩绢云母 K-Ar 年龄为 210±2 Ma，脉状绢云母的 K-Ar 年龄为 199±5 Ma（刘玉琳等，2002）。

上述年龄中，Rb-Sr 等时线年龄线性关系较差（MSWD = 13），年龄的误差较大，仅具参考价值；而其他不同矿物的 K-Ar 和 Ar-Ar 年龄的不同主要归因于矿物封闭温度的不同。白云母 K-Ar 封闭温度为 350±50℃，由于抱伦金矿流体包裹体均一温度大多低于 350℃的白云母封闭温度，因此产在石英脉型金矿石中白云母的 K-Ar 和 Ar-Ar 年龄可不受后期低温热液的影响，真实反映其本身从热液中结晶时的年龄，并代表主成矿期的成矿年龄，即 236~219 Ma。而绢云母和伊利石的封闭温度较低，其形成年龄在 205~216 Ma，相对较年轻，表明成矿作用可一直持续到 205 Ma。综上可见，抱伦金矿的形成年龄在 236~205 Ma，成矿时间可延续 30 Ma 左右。

尖峰岭岩体是一个复式侵入体，岩体中央相的侵位时间为 236~232 Ma（王大英等，2000），实际上，岩体边缘相的黑云母 K-Ar 年龄为 221. 3±2. 0 Ma（刘玉琳等，2002），锆石 Pb-Pb 法（单颗粒逐层蒸发法）年龄为 217±22 Ma（李中坚，2001）。

236~232 Ma 代表尖峰岭岩体中央相的侵位时代，而岩体边边缘相的形成时代要晚得多，大体与抱伦金矿床成矿时代相当。由此推断，尖峰岭花岗岩体和抱伦金矿床二者均形成于印支晚期。由于尖峰岭花岗岩体是本矿床矿区附近唯一出露的岩浆岩体，因而，从空间和时间上均可判断，抱伦金矿床在成因上与印支期尖峰岭花岗岩体有关。结合区域资料，将本区的地质构造热事件分以下几期（图 1-3）。

1）志留纪接受碎屑岩-泥质岩石沉积，形成金的矿源层。

2）加里东运动，测区发生区域变质作用，形成豪岗岭背斜，地槽褶皱回返。金向浅色岩系迁移。

3）209~232 Ma，大规模的尖峰超单元岩浆侵入。

4）205~221 Ma，岩浆期后热液成矿。

5）燕山期，岩浆侵入及构造作用，充填另一期石英脉。

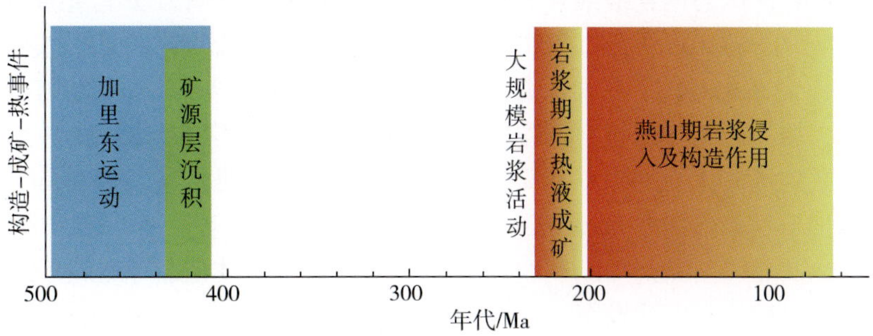

图 1-3　抱伦金矿区构造-成矿-热事件图示

（据丁式江等，2001）

2. 形成于燕山期（107～119 Ma）

抱伦金矿矿区尖峰岭岩体中的锆石可分为岩浆锆石和热液锆石。岩浆锆石$^{206}Pb/^{238}U$年龄加权平均值为240±2.1 Ma，代表了尖峰岭岩体的结晶年龄。热液锆石$^{206}Pb/^{238}U$年龄在107～119 Ma之间，加权平均值为112.8±4.3 Ma，代表了热液作用的时间，表明该区在112.8 Ma左右经历了一次强烈的热液作用（图1-4），抱伦金矿的形成也与这期热液活动密切相关。该期热液作用可能与该区燕山晚期的岩浆作用有关（张小文等，2009）。

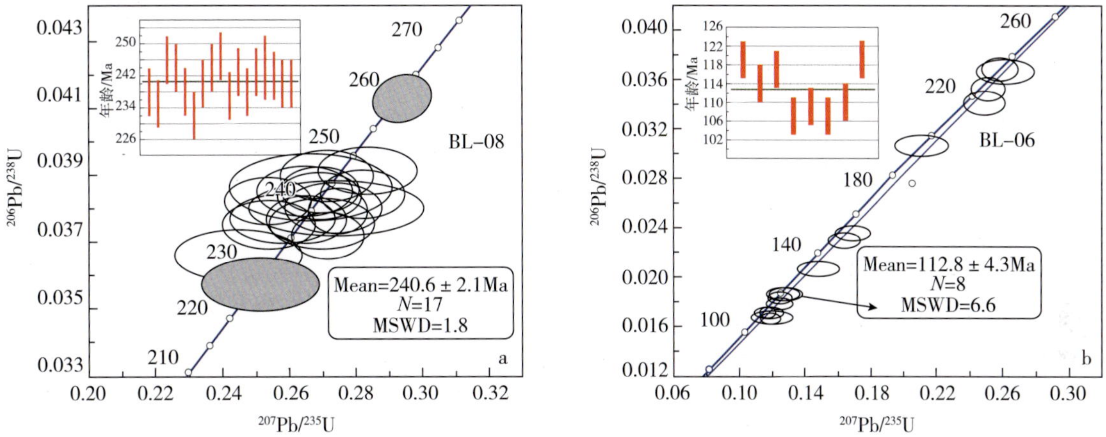

图 1-4　海南尖峰岭岩体锆石 U-Pb 谐和图

（据张小文等，2009）

四、控矿构造

抱伦金矿位于东西向九所-陵水深大断裂的北面，及近东西向尖峰岭-吊罗山深大断裂带的南面。通过矿区的北北东向豪岗岭断裂与其上盘次生的北北西向断裂破碎带组成矿区的基本构造格架。

豪岗岭断裂区域上为临高-望楼断裂带西南段组成部分，也是矿区的主干构造，临高-望楼断裂带在区域上控制印支期构造变形和岩浆侵入，也控制着燕山期花岗岩和白垩纪断陷盆地的展布，说明该断裂在印支期就已形成，燕山期又有强烈的活动（陈柏林等，2004）。矿区内豪岗岭断裂呈弧形展布，断裂西南端走向北东30°～35°，倾角35°左右；中段及东北段走向20°，断面倾向北西，倾角80°～85°，上盘为下志留统陀烈组，下盘为白垩系，运动方向为右行。北北西向断裂破碎带：北北西向断裂破碎带以一系列平行排列的压性构造破碎带形式产出，主要分布在豪岗岭断裂上盘的陀烈组中，呈斜接关系。

褶皱构造，抱伦金矿区为两期褶皱叠加形成的复式背斜。第一期为加里东期，在琼中复背斜的构造背景下形成轴向北东的无根褶皱。第二期为印支期，分布于豪岗岭一带，叠加在原背斜之上，轴向约345°，其西南翼倾角略陡，东北翼较缓。北北西向断裂破碎带主要发育于后期背斜的核部，且两者有成生联系，均为同期构造应力场作用下北北东向豪岗岭断裂右行压扭性活动所派生。

综合上述，本区构造演化为加里东期北北东向褶皱—印支早期北东东向豪岗岭断裂右行压扭性活动（派生北北西向压性断裂和次级褶皱）—印支中晚期岩浆活动及期后成矿作用—燕山期区域伸展形成白垩纪盆地及北东向豪岗岭断裂的正断裂活动。其中矿体定位于北北西向断裂破碎带内，北北西向断裂破碎带对矿体的空间发布、形态和产状起控制作用。

五、成矿模式

抱伦金矿与尖峰岭岩体有直接的成因关系，属于岩浆热液型金矿（丁式江等，2001；陈柏林等，2001；刘玉琳等，2002；舒斌等，2004）。其依据主要有：① 抱伦金矿位于尖峰岭岩体外接触带附近，相距0~2 km，空间关系密切；② 成矿时代与成岩时代相近；③ 矿石中大量产出含铋矿物；④ 中偏高温的成矿温度；⑤ 成矿流体中水的氢、氧同位素组成落入岩浆水区及其左侧；⑥ 尖峰岭岩体Au和Bi的富集系数较高。金矿床的形成大致经历了以下三个主要过程。

1）前印支期的构造运动及区域变质作用，形成了豪岗岭背斜，伴随着背斜的形成，在背斜转折端形成构造裂隙，变质分异热液沿裂隙贯入，形成贫金石英脉。

2）印支期尖峰岩体岩浆的侵入，进一步改造了豪岗岭背斜，使背斜更加紧闭，区域应力场发生重大转换，主压应力从近东西向转向近南北向，原先NNW向裂隙的挤压环境突转为引张环境，其岩浆期后含矿热液充填在构造破碎带内，为本区的主成矿期。

3）燕山晚期伴随着构造作用，早期形成的含金石英脉再次破碎，构造分异热液及岩浆热能改造形成的含矿热液再次充填到破碎的石英脉中，为本区金矿的进一步叠加富集起着重要的作用。

综合上述，持续的岩浆活动、构造动力体制转换及反复多次的应力集中-释放过程、富含矿质的流体三者共同作用，为抱伦大型金矿床的成矿创造了最有利的条件。

第三节　以往矿区地质工作

一、以往基础地质工作

1958—1963年，广东省地质局区测队开展海南岛1：20万区域地质测量工作时，对该区地层、构造、岩浆岩进行了调查。

1990年，江西物化探大队在海南岛1：20万水系沉积物测量工作中，对矿区水系沉积物地球化学特征做了研究，并圈定了Sn、Bi、Be、W、B、La、Nb、Th、Y、U等元素异常。

1988—1991年，四川省地矿局攀西地质大队海南区调队开展尖峰、乐东幅1：5万区调时，对矿区北部基础地质做了详细研究。

1993—1994年，海南省地矿局地质大队对抱伦矿区进行矿点检查及民采调查。

1996—1998年，海南省地质综合勘察院区调队开展千家、黄流幅1：5万区调，对矿区及其南部进行了较详细的基础地质研究。

二、以往矿产勘查工作

抱伦金矿于1990年下半年由广东信宜民采发现，最初是沿着原生矿区附近的望楼河及其支流小溪中淘采砂金，后来逐渐发现了抱伦矿区北部豪岗岭一带的石英脉型原生金矿床，于是民采活动便转移到以开采抱伦原生金矿脉为主。

1991—1992 年扩大至周围农场职工和当地居民个体采金，为民采最盛时期，民采区域集中在豪岗岭矿段Ⅰ号含金破碎带矿体，民采点（井）在 50~100 处，民采人员数千人，主要采用机械粉碎，尾矿池浸氰化的选矿方法，金回收率低，资源浪费严重。

1992 年底，海南地质大队四分队首次对该区进行了矿点踏勘，从此正规地质队伍开始进入该区进行勘查工作。

1993—1994 年，海南地质大队二分队普查组进入该区进行勘查工作。

1994—1995 年，个别民采深度达 200 m，并由豪岗岭南坡（前山）延伸至北坡（后山）。

1995—1997 年，海南地质综合勘察设计院开展了海南省乐东县抱伦金矿地质普查工作，完成了 1∶1 万地质填图 12.0 km^2，对豪岗岭一带进行 1∶2000 地质草测 5 km^2，施工槽探 1350 m^3，坑道 800.6 m，于 1997 年 2 月提交了《海南省乐东县抱伦矿区中间性金矿普查报告》。

1997—2000 年，海南地质综合勘察设计院在豪岗岭矿段Ⅰ号含金破碎带 V1-1、V1-2、V1-4、V1-5、V1-6、V1-7、V1-8、V1-9 等矿体的生产勘探工作，完成坑探 4485.3 m，钻探 2007.5 m，槽探 9586.82 m^3，提交了《海南省乐东县抱伦矿区豪岗岭矿段Ⅰ号含金破碎带金矿普查报告》。

2000 年 3 月至 2002 年底，海南省地质调查院在原来工作的基础上，继续开展抱伦金矿普查工作，工作区面积为全区 48 km^2。完成 1∶1 万地质填图 48 km^2，1∶2000 地质填图 5.484 km^2（含原来的 1.5 km^2），1∶2000 水文地质填图 3.86 km^2，1∶100 地质剖面测量 2.87 km，槽探 25400 m^3，坑探 7493.85 m，钻探 2847.88 m，α 卡测量 13 km，1∶1 万土壤测量 16.16 km^2，土壤中气汞测量 5.51 km^2，提交了《海南省乐东县抱伦及外围金矿普查评价报告》。

1997 年 12 月至 2003 年 5 月，海南地质综合勘察设计院在《海南省乐东县抱伦及外围金矿普查评价报告》的基础上，在豪岗岭矿段开展金矿资源储量动态变化核算工作，完成主要工作量：1∶1 万地质填图 0.6 km^2，1∶2000 地质填图 0.6 km^2，1∶2000 水文地质填图 0.6 km^2，1∶100 地质剖面测量 2.87 km，槽探 13968.93 m^3，坑探 6724.85 m，钻探 1108.37 m，金基本分析样 1661 件，提交了《海南省乐东县抱伦矿山截止二〇〇三年五月金矿资源储量动态变化核算报告》。

2006—2008 年，受海南安中矿业有限公司委托，海南地质综合勘察设计院开展了海南省乐东县抱伦金矿南段地质详查工作。投入的主要工作量有 1∶5000 地质填图 9.9 km^2，槽探 2049.00 m^3，坑探 404.00 m，钻探 15449.10 m，圈定了 18 条金矿（化）体，提交了《海南省乐东县抱伦金矿区南段详查地质报告》。

2013 年 5 月，海南省地质调查院依据所收集的矿山 2003 年至 2013 年 4 月完成的坑探 48842.57 m 和坑内钻探 21610 m 主要实物工作量，编制了《海南省乐东县抱伦矿区豪岗岭矿段金矿资源储量核实报告》。

2013 年 5 月，海南省地质调查院依据所收集的 2009—2013 年以来完成的坑探 10595.96 m 和钻探（含坑内钻）17800 m 的主要实物工作量，并现场勘测矿区的工程控制情况及民采采空边界，编制了《海南省乐东县抱伦矿区南段金矿资源储量核实报告》。

2015 年 5 月，海南省地质综合勘察院对 2013 年 4 月至 2015 年 4 月所开展的生产勘探工作（坑探 984.5 m、化学分析样 299 件）实地核查的基础上，编制了《海南省乐东县抱伦金矿豪岗岭矿段采矿权区资源储量核实报告》。

三、以往科研工作

2000 年以来，多家科研院校和地勘单位在抱伦金矿开展了大量的研究工作，主要工作如下。

2000 年，由中国地质科学院地质力学研究所（李中坚等）与海南地质综合勘察设计院共同完成了《海南省乐东九所-抱伦地区金、银、钼多金属矿控矿构造及成矿规律研究》报告，该项工作着重对抱伦金矿床及其邻区的控矿构造及矿床成因进行了研究调查。

2002 年，由北京大学地球与空间科学学院（刘玉琳等）与海南地质综合勘察设计院共同完成了《海南抱伦金矿成矿模式、成矿规律与预测》的研究报告，该项工作的重点是矿石学、放射性同位素年代学以及流体包裹体研究。

2004 年，由中国地质科学院地质力学研究所（王平安等）与海南地质综合勘察设计院共同完成了《海南岛高品位大型热液金矿床调查预测与典型矿床研究》的研究报告，该项研究的重点是同位素年代学、流体地球化学、稳定同位素和微量元素地球化学工作。

2007 年，丁式江等开展了“海南乐东抱伦金矿地质及成矿预测”，分析了矿床的地质特征，提出了构造临界转换成矿机制，并总结了矿床的成矿模式与预测模型。

2010 年，中国地质大学（武汉）（钟增球等）依托“海南抱伦金矿扩大矿产规模可能性的地质研究”项目，深入开展了抱伦金矿床成因研究和找矿预测工作，进一步查明了抱伦金矿床主要控矿因素及其成矿贡献，再现了其成矿作用过程与动力学机制，总结了矿化富集规律，为扩大矿床规模，也为抱伦金矿床深、边部及其外围圈定找矿靶区提供了依据。

四、以往矿山开发工作

矿山开发利用共分 3 个阶段，分别为民采阶段、海南金大丰矿业开发有限公司开采阶段和海南山金矿业有限公司开采阶段。

1. 民采阶段（1990—1996 年）

抱伦金矿于 1990 年由广东信宜采民发现并开始采金，1991—1992 年扩大至周围农场职工和当地居民个体采金，为民采最盛时期。

1994—1995 年，民采主要对 I 号含金破碎带 V1-3 主矿体进行开采，其次开采的矿体为 V1-1、V1-2、V1-4、V1-5、V1-6，其开采范围也由豪岗岭南坡（前山）扩展延伸至北坡（后山）。民采点（井）多时在 50~100 处，民采人员数千人。民采主要采用机械粉碎，水冲溜槽抓水银金，尾矿池浸氰化的选矿方法，金回收率低，资源浪费严重。

1996 年政府有关部门对矿山进行整顿，民采停止。

2. 海南金大丰矿业开发有限公司开采阶段（1997—2009 年 2 月）

1997—2009 年，国有联营企业海南金大丰矿业开发有限公司开始在采矿许可证 0.6 km^2 范围内进行勘查和开发，从业人数 200 人。采矿方法为地下开采，以浅孔留矿法为主，结合崩落法采矿，开拓方式为平巷、斜井、盲竖井和沿脉坑道相结合。自上而下按由北北西向南南东的次序沿脉分中段采矿，保安矿柱以顶柱、底柱及间柱为主。其中：

1997 年至 2001 年 7 月，海南金大丰矿业开发有限公司在抱伦金矿 Tr1 含金破碎带开展黄金开发生产，主要开采 Tr1 含金破碎带部分矿体，主要开采 V1-1、V1-2、V1-4、V1-5、V1-6 矿体，利用盲竖井和沿脉坑道开采 V1-3 矿体。

2001 年 7 月至 2009 年 2 月，海南金大丰矿业开发有限公司主要开采 Ⅰ 号含金破碎带 V1-3 矿体，V1-1、V1-2、V1-4、V1-5、V1-6 矿体部分采空。其他矿体主要施工探矿坑道揭露，并对揭露的矿体矿石回收利用。

3. 海南山金矿业有限公司开采阶段（2009 年 3 月至今）

2009 年 3 月至今，山东黄金集团对原属金大丰矿业公司的抱伦金矿进行了资源整合和股份重组，组成国有联营企业“海南山金矿业有限公司”对抱伦金矿进行开发，公司下属综合部、生产运营部、安环部、物资装备部、财务部等五个部门和三个外委施工单位，共有员工 800 余人。

1997 年 11 月，由海南金大丰矿业开发有限公司委托南昌有色研究设计研究院编写提交《海南省乐东县抱伦金矿豪岗岭矿段探采结合工程初步设计》后，又于2006年12月委托海南地质综合勘察设计院编写提交了《海南省乐东县抱伦金矿豪岗岭矿段矿产资源开发利用执行情况及补充方案》。

该方案设计开采方式为地下开采，开拓方式为平硐、竖井、盲斜井联合开拓方式，在对选矿试验进行分析论证后选择全泥氰化碳浆法工艺流程选矿；开采回采率为90%，金的选矿回收率为96.38%，冶炼回收率为93.7%，选冶总回收率为90.31%。

现矿山主要开采Tr1含金破碎带各矿体，及在旧采空区回收残采矿石和低品位矿石。开拓方式为平硐、竖井、盲斜井联合开拓，开采方式为地下开采，采矿方法为无底柱浅孔留矿法。

第四节　以往工作存在的问题

一、以往勘探与生产中存在的问题

1. 矿山可采资源量不足

从以往矿区工作可以看出，抱伦矿山目前均在采矿权范围内进行深部开采，且控制深度均在500 m以浅；而矿区其他勘查区由于工作程度偏低，深部及外围资源尚未完全控制。再加之近年来黄金价格不断攀升，矿山加大了开采力度。矿山可采资源量已远不能满足生产能力，其大大缩短了矿山的服务年限。可采资源量严重不足，采掘接替资源十分紧张。

2. 勘探经费投入不足，深部矿体控制程度仍低

目前，抱伦金矿勘探深度普遍在500 m以浅，虽然从已控制的浅部矿体产状和规模来看，深部仍有较大找矿远景，但因勘探技术方法的限制，以及控矿因素等认识上的分歧，深部矿体延伸情况仍不清楚。再加之20世纪90年代对金矿资源量估计过于乐观，对勘探投入显著减少，导致现在矿山接续资源十分紧张。

二、以往科研工作中存在的问题

1. 矿田构造研究程度仍偏低

丁式江等（2001）曾依据控矿构造特征和矿床成因分析，构建了抱伦金矿三阶段成因模式，即加里东期背斜褶皱变形阶段、印支期岩浆侵入与褶皱构造改造和NNW向含矿蚀变破碎带形成阶段、燕山晚期逆冲变形和含矿热液叠加富化阶段。但据项目组进一步调研，并结合以往地质勘探成果，抱伦金矿床是否存在NNW轴向的（复式）背斜构造，仍有待进一步证实。因为根据以往的地质调查和矿区地层空间分布，目前还难以厘定一个完整的背斜构造，且由于下志留统赋矿地层局部揉皱和剪切变形强烈、地层产状变化较大，而东侧以NNE向（逆冲）断裂与白垩系直接接触，据此，我们初步认为，抱伦矿区可能为一单斜构造。不过，因矿区植被发育、研究深度的局限，也可能存在矿区在地层划分上的问题。但无论如何，正确厘定矿区褶皱构造和断裂构造的组成类型与性质，正确理解矿区褶皱构造与NNW向含矿蚀变断裂破碎带和NNE向（逆冲）断裂带的空间展布格局与衍生关系以及不同构造式样的成因动力学机制，乃至矿区控矿构造与区域构造特征和不同时期花岗岩侵位关系等，是矿区深部和近外围找矿突破的关键。因此，将矿体、赋矿地层与矿区褶皱、断裂等主要构造系统的组成和演变有机结合起来研究，才能有效建立抱伦金矿床成矿模式和找矿勘查模型。

2. 深部控矿规律研究较薄弱

抱伦金矿及其邻区构造较为复杂，加里东期由近EW向的压应力形成轴向近SN向的褶皱、印

支早期NEE向豪岗岭断裂及派生NNW向压性断裂和次级褶皱、印支中晚期岩浆活动及燕山期区域伸展活动等多期构造相叠加。有关其深部构造类型、构造性质、发育特征及与周边浅部构造和矿体定位关系等尚不完全清楚，它们对矿体的控制特征有待查清。

3. 矿床成矿时代有待正确厘定

关于成矿时代的认识，以往大多学者认为抱伦金矿床的成矿时代是印支期（见前述），为“印支期也是华南一个重要成矿时期”的认识提供了进一步依据。但据以往研究，燕山晚期也是海南省金矿一个主要成矿时期。钟增球等（2010）在提交的《海南抱伦金矿扩大矿产规模可能性的地质研究》报告中，还根据印支期和燕山期花岗岩LA-ICP-MS锆石原位测试，初步认为113 Ma的白垩纪可能是抱伦金矿床一个主要成矿时期。区域上，抱伦金矿床的西北部产出一系列与古中元古代抱板群和脆-韧性剪切变形构造有关的、呈NE走向分布的“戈枕式”剪切带型金矿（以土外山、抱板、二甲、不磨等为代表）；在抱伦金矿床东部的燕山晚期千家岩体内则产有一系列钼、铅、锌、银等多金属矿床（如石门山中型钼铅锌多金属矿床、看树岭银多金属矿床、后万岭中大型铅锌矿床）。尖峰岭岩体的北部则产有赋存于下二叠统峨查组近EW向层间逆冲推覆构造破碎带内的王下牙劳热液脉型金矿。此外，尖峰岭岩体内还有红门岭高温气成热液型钨钼矿床产出。从区域大地构造位置上来看，这些矿床均分布于EW向九所-陵水断裂带以北、昌江-琼海断裂带以南的地区，尽管赋矿围岩有较大的差别，但矿体大多产于蚀变破碎带内，表现出强烈的构造和热液活动亲和性。因而这些金属矿床很可能构成海南岛西部一个重要的钼、钨、金、铅、锌、银多金属成矿系列。由于成矿时代的精细厘定是构建成矿模式与找矿模型的关键，也是发现新类型矿床/矿种的基础，因此，从区域成矿地球动力学背景出发，系统分析成矿地质条件，并结合有效的同位素定年方法，才有可能合理解释矿床的成矿作用时代。

4. 矿床成因观点不一

关于抱伦金矿的成因，除涉及成矿时代的争议，主要集中在成矿物质与成矿流体来源方面。关于成矿物质来源有两种决然不同的观点：其一，成矿流体及矿质主要来源于尖峰岭花岗岩体岩浆，少量来自赋矿岩层或者更老的地层（舒斌等，2006）；其二，尖峰岭花岗岩体主要为成矿提供热动力，而不提供热流体和矿质（谢才富等，2006）。钟增球等（2010年）在提交的《海南抱伦金矿扩大矿产规模可能性的地质研究》报告中，还根据成矿物质与成矿流体来源示踪，以及抱伦金矿赋矿地层——下志留统沱烈组浅变质细粒碎屑沉积岩地球化学分析，认为下志留统浅变质岩系还不足以成为抱伦金矿的矿源层，其东南部的燕山晚期千家岩体可能提供了含矿热液流体。但后一种观点由于成矿时代仍存在不确定性，有关结论仍有待证实。抱伦金矿的赋矿围岩——下志留统陀烈组是一套经历了浅变质作用的、含火山物质的细粒碎屑沉积岩，具复理石沉积建造特征，但以往对该地层沉积相的研究非常薄弱，再加之成岩后受多期构造和岩浆活动的改造，有关其沉积成岩过程与成矿的关系仍有待厘定。因此开展陀烈组复理石与金成矿关系研究是回答这个疑问的必然选择。通过下志留统陀烈组岩相古地理、沉积地球化学、沉积物来源及其成因研究，为探明抱伦金矿成矿物质来源提供证据。加之，复理石与金矿关系密切已被其他地区的大量实践证明，但是确切的原因尚不清楚，因此该项研究也有助于探明复理石与金成矿间的内在联系。

5. 成矿规律认识仍然不足

成矿规律是确定工作区能否进一步开展勘查的主要依据。前人虽从区域大地构造和矿床成因（主要是成矿物质和成矿流体来源、成矿时代）角度开展了抱伦金矿成矿规律的探讨，但抱伦金矿位于两大断裂交会部位，成矿期及成矿后构造复杂，因而当时的成矿地质背景如何，成矿后的构造和隆降，特别是成矿前褶皱是如何展布的，成矿期叠加的褶皱和断裂又是如何分布的，制约着含矿热液的运移与析出，这些仍未做深入系统的研究。另外，因该区深部构造复杂，资料多属推测，因此，工作区成矿规律的认识程度仍非常低。这些均将导致投资风险较大、资源预测可信度较低。

总之，作为海南省最具代表性的典型金矿类型之一的抱伦金矿床，目前相关研究仍处在初步阶段，在一定程度上无疑制约了今后矿产资源的预测及选区。海南岛的大地构造演化与华南地区同样经历了格林威尔造山、罗迪尼亚的聚合与裂解、特提斯大洋的消亡和太平洋板块的俯冲等多期构造-岩浆演化事件，这些地球动力学事件对海南岛金多金属矿产的形成与演化无疑均有重大制约。因此，对抱伦金矿床的深入研究，就必须结合区域成矿环境，分析不同时期构造体制转换与成矿物质的聚集与叠加关系，才有可能深化成矿过程的认识，实现成矿理论的新突破。

第五节　矿区交通位置及自然地理

一、矿区交通位置

抱伦金矿位于乐东县城（抱由镇）235°方向，平距 19 km 处。属乐东县千家镇管辖，分属尖峰岭（E49E008004）和乐东县（E49E008004）两个 1∶5 万图幅，地理坐标：东经 108°59′00″~109°02′15″，北纬 18°37′00″~18°41′15″。北自望楼河北岸 3 km，南至龙石岭，东起三疗村东 600 m，西至斯苗岭，面积 45 km^2。

工作区内交通尚属方便，省道毛（阳）—九（所）公路在矿区南部通过，连接海榆中线和西线高速公路。有乡村公路自千家延伸入矿区。

二、自然地理

工作区属低山丘陵地形，位于尖峰岭山脉与乐东盆地连接处，地势西北高，东南低，豪岗岭海拔 530. 1 m，为本区最高峰，地形相对高差一般 200~300 m，地形起伏较大，多陡崖、陡坎，坡度大。

工作区属热带海洋性气候，温热多雨，蒸发量大。年平均气温 25℃，最低气温在 1 月，平均 18℃，最高气温在 7 月，平均 27℃。年平均降水量 1258 mm，多台风，台风及降水多集中在 7—10 月，旱季时间较长。区内水系主要为望楼河及其支流，水系发育，沿望楼河有长茅水库及多个小型水库。

工作区内居民主要为抱伦农场职工和当地村民，属黎、汉、苗多民族聚居区。经济以农业为主，主要种植橡胶、水稻等，区内没有大的工矿企业。

第二章 区域成矿地质背景

第一节 区域地质发展史

海南岛地处特提斯构造域和太平洋构造域的复合部位（图 2-1），经历了中元古代结晶基底形成、新元古代—古生代板内多阶段裂解与造山作用、中生代陆内盆地演化和新生代裂解四个阶段的演化（李孙雄等，2017）。

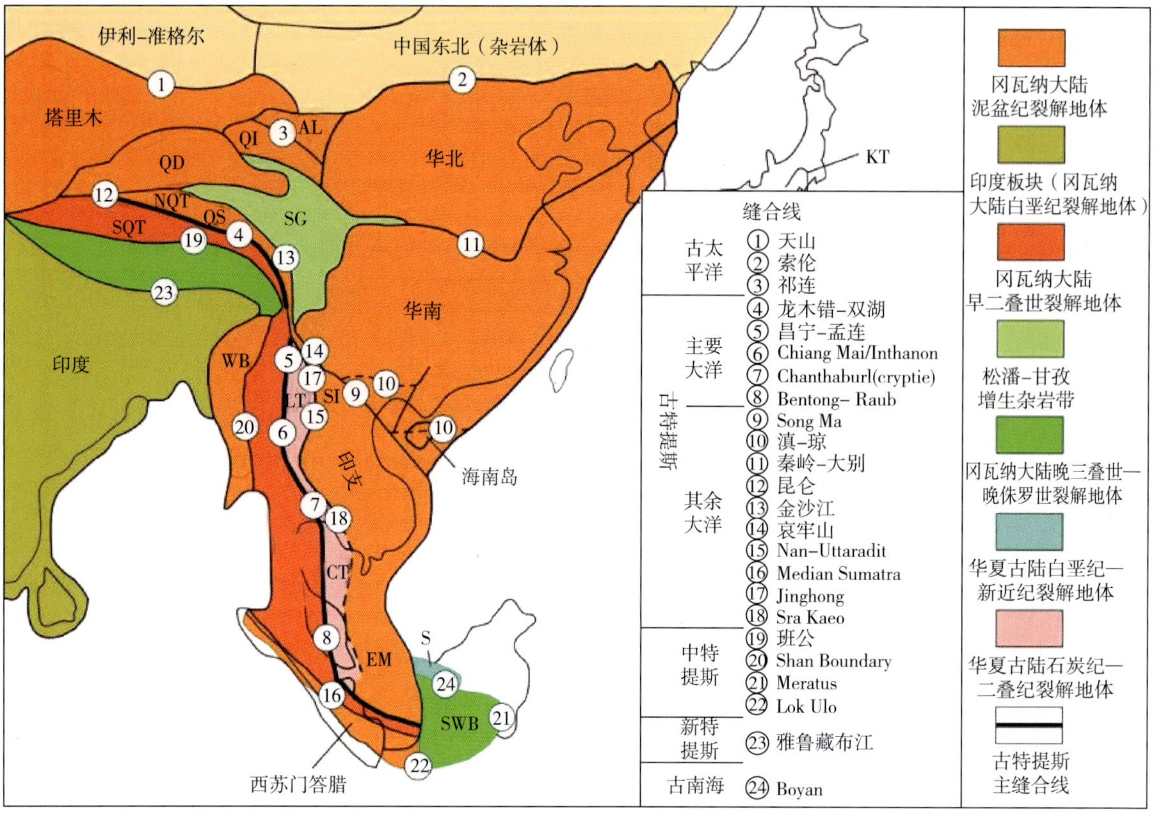

图 2-1 东亚和东南亚主要陆块和缝合带分布图

（据 Metcalfe，2013，有修改）

EM—马来西亚东部；WB—缅甸西部；SWB—婆罗洲岛西部；NQT—北羌塘地块；SQT—南羌塘地块；QS—Qamdo-思茅地块；SI—思茅地块；SG—松潘-甘孜增生体；QI—祁连地块；QD—柴达木地块；AL—阿拉善地块；LT—临沧弧地块；CT—尖竹汶弧地块

一、中元古代结晶基底形成阶段（陆壳形成阶段）

区域地壳于约 18 亿年前发生裂解，沉积了一套陆缘弧相的火山-碎屑岩，后经角闪岩相和片岩相变质，以及中元古代的花岗岩焊接和变质变形再造，塑造了以高温变质和高度塑性变形为特色的海南岛结晶基底。经岩石对比，海南岛、西沙群岛和印支地块中元古代时期可能属于统一的板块范畴，且可能是连接南极洲、澳大利亚东部、劳伦大陆西部的纽带，并位于 Rodinia 超级大陆的核心位置（Li，1996；Metcalfe，2013）。

二、新元古代—古生代板内多阶段裂解与造山作用

1. 新元古代板内裂解与造山作用（地壳裂解阶段）

新元古代海南（结晶）基底陆壳发生裂解，海南岛北面石碌地区局部形成一个陆缘盆地。晋宁运动导致石碌群发生低绿片岩相区域变质作用和固态流变，成为变质基底，此时海南岛可能与华南大陆同属一个构造事件的作用背景中。在新元古代南华纪—震旦纪时发生裂解，形成陆表海环境，接受滨海相沉积。随后，地壳整体隆升造山。

2. 早古生代板内裂解与造山作用（陆内造山阶段）

早古生代，海南岛地壳再次发生裂解，接受海相沉积。早期为陆缘弧环境，晚期为板块边缘大洋构造环境。此时，三亚为滨-浅海环境，之后地壳隆升为陆并被剥蚀。

3. 晚古生代造山作用（碰撞造山阶段）

加里东运动使海南岛全面垂直隆升为陆。通过古生物和花岗岩特征的对比分析，汪啸风等（1991）认为海南岛晚古生代属于特提斯构造域范围内。

东古特提斯洋在印支晚期的闭合导致海南岛各块体于 255 Ma 左右发生碰撞拼合，引发造山运动；在 245 Ma 左右达到造山峰期；在 238～233 Ma 后造山应力松弛，表现为造山型花岗岩的海南岛弧状构造带（唐立梅等，2013），而南沙群岛出露的二叠系未见变质变形作用的改造（谢才富，2007）。

三、中生代陆内盆地演化阶段（大陆边缘活动阶段）

在 175～200 Ma 期间海南进入构造-岩浆活动平静期，海南乃至整个华南地区由特提斯构造域向滨太平洋构造域转换。早燕山期由于软流圈地幔上涌导致岩石圈裂解拉张，形成一系列幔源和壳幔混合源侵入岩；晚燕山期，受太平洋板块俯冲引起的弧后扩张带控制，形成一系列陆内沉积盆地和火山盆地。

四、新生代裂解沉陷阶段

新生代时期南海在南北向拉张应力作用下发生持续扩张，北缘岩石圈地幔受软流圈的快速上涌而减薄，导致了浅部岩石圈的张裂下陷，以及南海北缘众多拉张盆地的形成（徐义刚等，2002）。形成古近系河湖相和新近系滨浅海相及第四系滨浅海相沉积。南海古近纪时接受了陆相—浅海相—半深海相沉积，新近系为浅海相—半深海相。

工作区总体上经历了中元古代结晶基底和新元古代褶皱基底形成、古生代—早中生代（三叠纪）特提斯域演化、晚中生代侏罗纪—白垩纪滨太平洋大陆边缘活动带和新生代南海北缘裂陷等过程。

第二节　区域地质概况

工作区地处欧亚板块、印度板块和滨太平洋板块的交汇地带，大地构造位置位于羌塘-扬子-

华南板块华南新元古代—古生代五指山造山带。区域上处于东西向尖峰-吊罗深大断裂与九所-陵水深大断裂之间，白沙盆地西缘南部（图2-2）。区域上地层发育较齐全，地质构造复杂，侵入岩广布，多期次火山岩，具有较好的成矿作用地质背景。

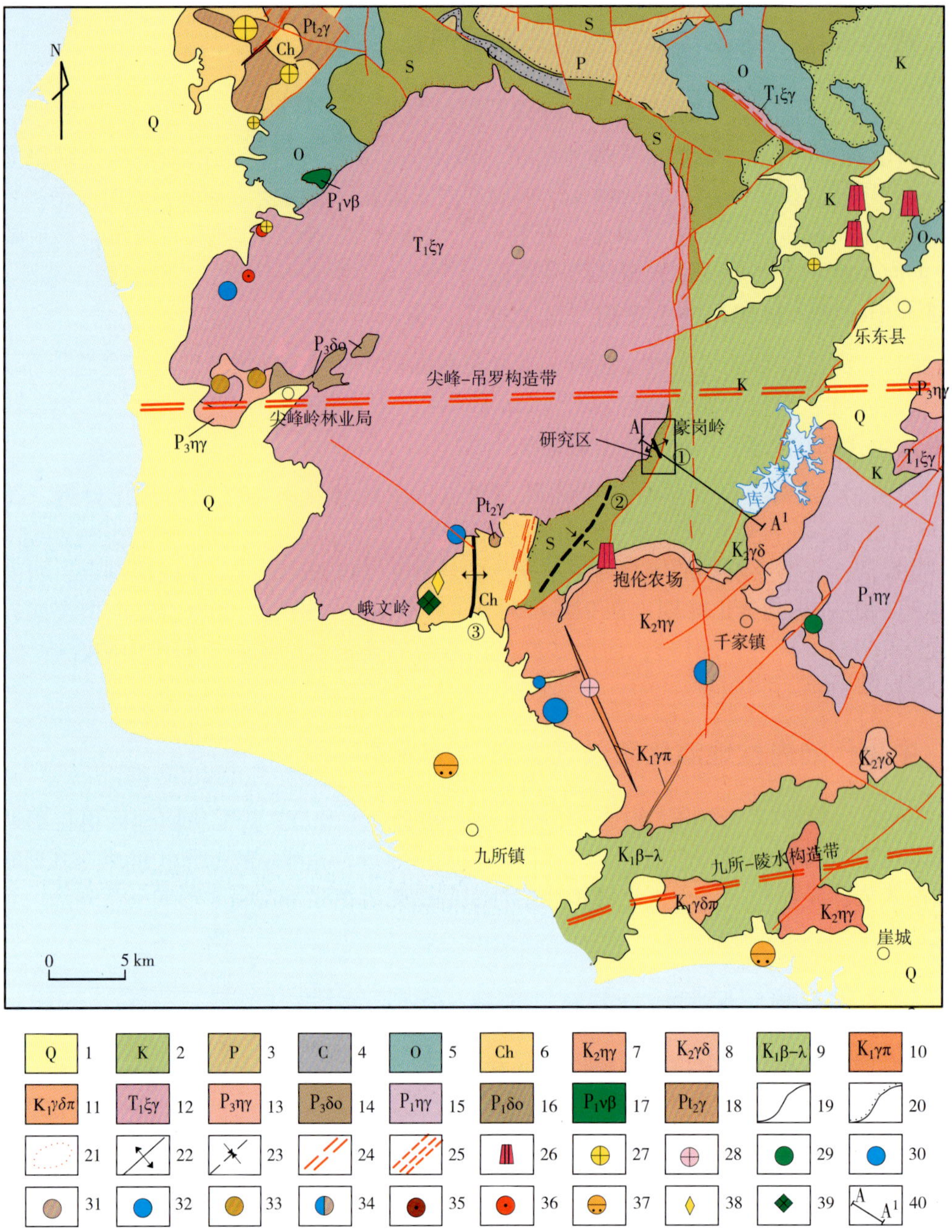

图2-2 抱伦金矿区区域地质矿产图

（据丁式江等，2007，有修改）

1—第四系；2—白垩系；3—二叠系；4—石炭系；5—奥陶系；6—长城系；7—晚白垩世二长花岗岩；8—晚白垩世花岗闪长岩；9—早白垩世火山岩；10—早白垩世花岗斑岩；11—早白垩世花岗闪长玢岩；12—早三叠世正长花岗岩；13—晚二叠世二长花岗岩；14—晚二叠世石英闪长岩；15—早二叠世二长花岗岩；16—早二叠世石英闪长岩；17—早二叠世细粒辉长辉绿岩；18—中元古代花岗岩；19—地质界线；20—不整合地质界线；21—岩相分界线；22—背斜；23—向斜；24—深大断裂带；25—糜棱岩带；26—萤石矿；27—金矿；28—银矿；29—铜矿；30—铅矿；31—锡矿；32—钼矿；33—钨矿；34—铅锌矿；35—磁铁矿；36—赤铁矿；37—锆英石砂矿；38—云母矿；39—石墨矿；40—剖面位置；①豪岗岭背斜；②毫稳松向斜；③亚南甫背斜

一、地层

1. 中元古界

区内中元古界仅见长城系抱板群出露，主要分布在乐东县峨文岭和东方市不磨一带，有戈枕村组和峨文岭组。戈枕村组岩性为黑云斜长片麻岩、混合花岗闪长岩，厚度大于 2381 m，与上覆峨文岭组整合接触；峨文岭组岩性为云母石英片岩、石英云母片岩，夹数层长石石英岩及石墨矿层，厚度大于 1181 m。抱板群是金的重要矿源层，与上覆青白口系石碌群或奥陶系南碧沟组呈断层接触。

2. 下古生界

（1）奥陶系

区内奥陶系仅见南碧沟组，出露在东方市，岩性为云母石英片岩、千枚岩、绢云母板岩，中上部夹基性火山熔岩及基性火山碎屑岩，厚约 3151 m，与上覆志留系陀烈组呈整合接触。

（2）志留系

区内志留系出露在乐东，有陀烈组、空列村组、大干村组、靠亲山组、足赛岭组。陀烈组岩性为石英细砂岩、绢云母板岩夹灰岩透镜体、绢云母千枚岩、炭质绢云母板岩、含炭质千板岩、绢云母板岩夹变质粉砂岩，厚约 2843 m，为金矿主要含矿层位；空列村组岩性为石英岩、绢云母板岩、变质粉细砂岩夹灰岩，厚约 855 m；大干村组岩性为复成分砾岩、板岩、灰岩，厚约 380 m；靠亲山组岩性为千枚岩、含炭千枚岩、绢云母石英粉细砂岩、灰岩，厚约 950 m；足赛岭组岩性为含炭千枚岩、千枚岩夹灰岩，与石炭系南好组不整合接触，为铅锌主要含矿层位（图 2-3）。

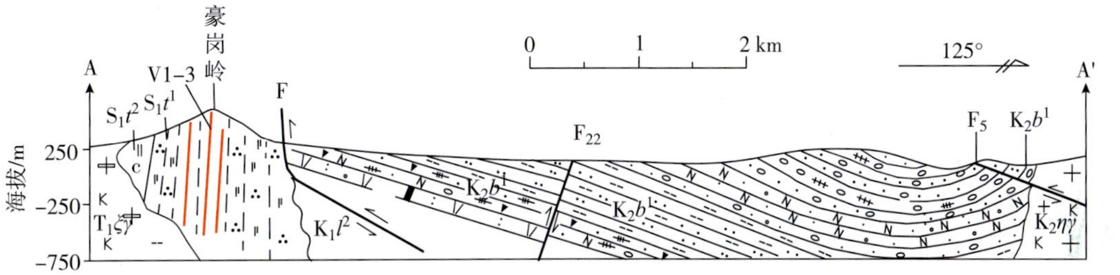

图 2-3　豪岗岭–长矛水库南西地质剖面图

（据丁式江等，2007，有修改）

K_2b^1—上白垩统抱万组下段粉砂岩–砾岩；K_1l^2—下白垩统鹿母湾组上段紫红色凝灰岩；S_1t^2—下志留统陀烈组中段千枚岩；S_1t^1—下志留统陀烈组下段千绢云石英千枚岩及石英绢云千枚岩；K_2b^2—上白垩统抱万组上段砂砾岩；$K_2\eta\gamma$—晚白垩世千家超单元光头岭单元中粗粒黑云母钾长花岗岩；$T_1\xi\gamma$—早叠世尖峰超单元尖峰岭单元中粗粒斑状黑云母钾长花岗岩；F_{22}—断层及编号；V1-3—矿体编号。剖面线位置见图 2-2 之 AA′

3. 上古生界

（1）石炭系

区内石炭系分布于东方市，有南好组和青天峡组。南好组岩性为石英砂岩、板岩、砾岩、含砾石英砂岩，厚约 247 m，与上覆青天峡组整合接触。青天峡组岩性为板岩、石英砂岩、细砂岩、灰岩，厚约 101 m，与上覆峨查组整合接触。为金、铜、铅、锌多金属矿的主要含矿层位。

（2）二叠系

区内二叠系分布于东方市，有峨查组、鹅顶组、南龙组，为铅锌矿的含矿层位。峨查组岩性为石英砂岩、板岩、灰岩夹硅质岩，厚度 1001 m，与鹅顶组整合接触；鹅顶组岩性为灰岩夹含燧石纹层灰岩，厚度 543 m，与南龙组整合接触；南龙组岩性为泥质岩、长石石英砂岩、杂砂岩、细砂岩、粉砂岩，厚度大于448 m。

4. 中生界

区内中生界地层仅出露白垩系，分布在白沙、乐东、三亚等地，有六罗村组、汤他大岭组、岭壳村组、鹿母湾组及报万组。其中，六罗村组、汤他大岭组和岭壳村岩性为流纹质火山岩、英安质火山岩，夹玄武岩、安山岩，含紫红色火山角砾岩，厚度大于4674 m，各组间呈喷发不整合接触；鹿母湾组岩性为紫红色砂砾岩、含砾长石石英砂岩夹泥质、铁质粉砂岩和泥岩，紫色长石石英细、粉砂岩夹安山-英安质火山岩，与上覆报万组整合接触；报万组岩性为长石砂岩夹粉砂岩、钙质泥岩、砾岩。

5. 新生界

（1）新近系

新近系分布于区内西南部沿海地区，有佛罗组、望楼港组。佛罗组岩性为灰白、灰绿色砂岩、砾岩、泥岩，与下伏燕山期花岗岩呈侵入接触，与上覆望楼港组整合接触；望楼港组岩性为灰、黄色薄层细砂、蓝灰色粉砂质黏土、黏土、粉砂，与上覆全新统烟墩组平行不整合接触。

（2）第四系

第四系主要分布于区内西南沿海地区，有秀英组、北海组、八所组、万宁组、琼山组、烟墩组。其岩性为砂砾、砂、黏土、粉砂质黏土，厚度大于24.3 m。

二、岩浆岩

1. 侵入岩

区内侵入岩广布，主要产于本区中部山区。侵入岩形成时期大多为海西期—印支期，次为燕山期，少许形成于中元古代。侵入岩从基性到中性、中酸性—酸性均有，60%以上岩性为二长花岗岩。

（1）中元古代侵入岩

中元古代侵入岩分布在本区西南部，总体呈NE向展布。岩性为片麻状（二长）花岗岩及片麻状混合花岗闪长岩。岩石已遭受角闪岩相变质，普遍具韧性变形特征。

（2）海西期—印支期侵入岩

该期侵入岩为本区分布最为广泛的侵入岩。空间上它们构成NE-SW向两条区域性的平行大岩带。岩石类型主要有二长花岗岩、花岗闪长岩、钾长花岗岩，个别岩体中有石英正长岩、石英二长岩、石英闪长岩、碱长花岗岩等。侵入岩往往具有微弱的片麻状构造或包含有较明显的定向组构，大多岩体主动定位特征明显。

（3）燕山期侵入岩

该期侵入岩主要由保城岩体、千家岩体等构成。岩石类型以花岗闪长岩类分布面积最广，次为二长花岗岩及钾长花岗岩，少量石英闪长岩及石英二长岩。该期普遍出现闪长质包体，被动定位及幔、壳岩浆混合作用特征明显。

2. 火山岩

区内火山岩为中生代火山岩。主要由琼南地区的同安岭岩盆和牛腊岭岩盆组成，喷发时间为早白垩世，可分为两个火山喷发旋回。第一旋回为一套高钾钙碱性系列的玄武岩、安山岩-流纹岩组合（双峰式火山岩）；第二旋回为一套高钾（部分高硅）钙性系列（安山岩）-英安岩-流纹岩组合。总体上，以英安岩-流纹岩类占主导地位。

三、构造

1. 构造单元划分

区域上本区多阶段多旋回的地质演化发展过程，地质构造复杂。总体上经历了中元古代结晶基底和新元古代褶皱基底形成、古生代—早中生代（三叠纪）特提斯域演化和晚中生代侏罗纪—白垩纪滨太平洋大陆边缘活动带和新生代南海北缘裂陷等阶段。海南以九所-陵水断裂带为界，北面属羌塘-扬子-华南板块华南新元古—早古生代造山带，南面为菲律宾板块南海陆块。

2. 构造变形

（1）东西向构造

1）尖峰-吊罗构造带：位于北纬18°40′~18°52′之间，长约190 km。主要由感城-万宁断裂带和尖峰-吊罗断裂带等一系列EW向断裂带组成，构造带具有压性或压扭性特征。航磁异常上表现为EW向带状异常，重力异常上表现为重力低值带。

2）九所-陵水构造带：位于北纬18°15′~18°30′之间，长约100 km，由九所-陵水断裂带、崖城-藤桥断裂带等组成。于燕山晚期有同安岭、牛腊岭等火山喷发，形成EW向火山岩带。在该构造带展布区，EW向的断裂带和挤压破碎带十分发育，显示了压性断裂带的特征。此外，该构造带是南海地台与五指山造山带的分界线，控制了不同构造单元不同的沉积建造。

（2）NE、NNE向构造

1）白沙坳陷构造带：北起澄迈，往西南经儋州、琼中、白沙至乐东，总体方向为NE 25°~30°延伸，长在180 km以上，宽20~30 km。由东、西两侧的乐东-黎母山-文儒断裂带、新开田-抱界断裂带及夹于其中的白垩纪白沙盆地、南门营盆地组成。沿这些断裂带断续可见几十米宽的挤压破碎带。

2）大安水库断裂带：断裂西南端起于千家镇自长岭，往东北经宝翠山、大安水库至南木水库逐渐消失，纵贯全区，长约37 km，走向40°~50°，沿走向呈舒缓波状，倾向320°，局部反倾，倾角55°~75°，航片上具明显的断续线性影像，地貌上形成一系列NE向负地形，它切割了NW向和近SN向断裂，使其左行平移5~6 m，也切割了二叠纪和晚白垩世侵入岩。主要由碎裂岩、碎粒岩、糜棱岩化花岗岩、构造角砾岩及糜棱岩组成，并有硅化脉、花岗斑岩脉充填，碎粒岩之碎粒成分为石英。

（3）NW向、NNW向构造

1）尖峰-千家断裂带：自东方市不磨经尖峰岭岩体、石门山到风岭一带，断裂总体走向NW 330°~350°，长约60 km。沿断裂带脉岩和破碎带发育，在石门山地段花岗斑岩脉、中性岩脉、石英脉和硅化脉成群成带出现，大致平行延伸，其中分布有辉钼矿、铅锌矿和铅银矿矿床，还有金和稀土金属矿化，是该区铅、锌多金属矿的主要控矿断裂带。

2）昌城-乐东-田独断裂带：西北端起自昌江县城，往东南经东方、乐东、志仲延伸到三亚市的田独，总体走向NW 320°~330°，全长154 km，由一系列NW向断裂带组成。在航片上该断裂带清晰，西北段乐东至江边基本上沿昌化江分布；其东南段的志仲和田独地区沿断裂带断续可见破碎带、断层角砾岩和挤压破碎带。

（4）SN向构造

琼西SN向构造带：位于东经108°55′~109°10′，纵贯昌江、东方、乐东等县（市），主要由金波、燕窝岭断裂带组成，全长40 km。沿断裂带岩石破碎，在芸红岭和燕窝岭一带充填有铜铅锌等多金属矿化石英脉，并见有几千米长的强烈硅化蚀变断层角砾岩带。江边一带见一系列SN向断层破碎带，并切过晚古生代地层。

3. 褶皱

（1）豪岗岭背斜

该背斜出露于豪岗岭一带，长约1.5 km，宽约0.8 km，轴迹NNW向。核部为陀烈组下段绢云母石英千枚岩，两翼为陀烈组中段含炭千枚岩，东翼因断层切割而未出露。东翼地层产状：61°～88°∠58°～88°；西翼地层产状：230°～245°∠60°～80°，向S倾伏，倾伏角48°～60°。为一紧闭倾伏背斜。

（2）毫稳松向斜

该向斜分布于毫稳松一带中，长约6.2 km，出露宽度3.0 km，由西南往东北，轴迹走向NE—近SN，略呈弧形弯曲，其凸端指向SE。核部为陀烈组中段炭质千枚岩、含炭千枚岩，两翼为陀烈组下段石英绢云母千枚岩和绢云母石英千枚岩等。西北翼地层走向16°～28°，倾向SE，倾角35°～78°，东南翼走向10°～35°，倾向NW，倾角41°～83°。为一近对称向斜。

向斜西北翼被三叠纪尖峰超单元侵蚀；东南翼以断裂与白垩系接触，并可能受它影响，导致向斜东南端轴迹走向北东，与断裂走向一致。

（3）亚南甫背斜

该背斜分布于冲卒岭西南方向的亚南甫一带，由中元古界长城系构造层组成。轴向近SN，轴长约2.5 km，宽约5.1 km。核部为长城系戈枕村组条带状、眼球状混合质黑云斜长片麻岩和条带状、眼球状混合岩，两翼依次为峨文岭组云母石英片岩、含石墨长英片岩、二云母石英片岩、白粒岩等。东翼地层走向310°～14°，倾向NE—SEE，倾角12°～50°，优选产状64°∠22°，西翼地层走向0°～30°，倾向NWW—NW，倾角6°～50°，优选产状300°∠22°。据优选产状求得枢纽倾伏向360°，倾伏角10°，轴面走向SN，倾角直立（90°），为一向南扬起、向北倾伏的背斜。

背斜中既包含有早期构造变形，又有晚期构造变形的叠加，并发育轴迹走向近SN的从属小褶皱。同时，于其东翼新村—后溪村一带有席卷整个东翼岩层的次级倒转向斜和次级倒转背斜。

次级倒转向斜：核部岩性为峨文岭组变粒岩、片岩类，两翼为戈枕村组片麻岩类岩石。岩层产状变化较大，东翼倾向60°～120°，倾角18°～68°，优选产状78°∠36°；西翼倾向55°～120°，倾角6°～54°，优选产状87°∠42°。为一轴迹近SN的倒转向斜。由于受晚期花岗岩的侵蚀破坏，导致该向斜出露极不完整，往往缺失相对应的岩层。

次级倒转背斜：核部岩石为戈枕村组眼球状混合岩，两翼为峨文岭组石英岩类、片岩类。东端与陀烈组呈角度不整合接触。岩层总体走向NNE—SN向，倾向SEE，倾角30°～70°，轴迹走向与倒转向斜轴迹近平行，局部见三叠纪尖峰单元侵入。

第三节　区域地球物理特征

一、岩石物性特征

区内各时代变质岩呈弱磁、高密度，中新生界沉积岩为无磁、低密度，中—基性侵入岩为中—强磁、高密度，中酸性、酸性侵入岩呈弱磁、低密度，基性或酸性火山岩为中等磁性、中等密度。

二、区域重力场分布特征

区域上主要以布格重力异常负值为特征，布格重力异常等值线主要呈EW和SN走向，重力场以昌江县、尖峰岭、保亭县、黎母岭重力低为主。重力异常梯级带主要呈EW向和NE向展布。其中EW向重力异常带主要有：金波-黎母山重力异常带、尖峰-五指山市重力异常带及九所-田仔重力异常带，各重力异常带分别与昌江-琼海断裂带、尖峰-吊罗断裂带、九所-陵水断裂带相吻合。NE向重力异常带有乐东-黎母山重力异常带，该异常带与NE向乐东-黎母山断裂带相一致。

三、区域航磁异常特征

1. 三亚台缘坳陷带航磁异常

该坳陷带有近EW向高峰航磁负异常带，其与九所-陵水断裂带相吻合。

2. 五指山褶皱带航磁异常

该褶皱带有EW向尖峰-五指山市航磁异常带、EW向金波-黎母山航磁异常带、NE向乐东-白沙航磁异常带及NW向千家-槟榔航磁异常带，各异常带分别与尖峰-吊罗断裂带、昌江-琼海断裂带、乐东-黎母山断裂带及大炎村断裂带、千家-槟榔断裂带相吻合。

第四节　区域地球化学特征

一、区域地球化学区分布特征

1. 三亚台缘坳陷带地球化学区

该区地球化学场特征表现为Au、Ag、Hg、Pb、Fe、Cu、Cd、Sn、Bi、P、Mn等背景场。与之对应分布的矿产，在同安岭火山岩中分布有岭壳、雄岭、富田、六罗村等与火山岩成矿有关的金、铜矿点。

2. 五指山造山带地球化学区

根据元素分布规律结合地质构造特点，以白沙坳陷带为界，划分为东部地球化学分区、白沙坳陷带地球化学分区和西部地球化学分区。

东部地球化学分区位于白沙坳陷带东侧。区内地球化学场特征表现为Zn、Sr、Na_2O、K_2O、U、Th、La等高背景：Ba、Sn、SiO_2、Al_2O_3、CaO、Nb、Ta、Pb呈正常背景；Hg、V、Mn、Bi、Au、Co、Li、Cr、W、Ag、MgO、Zn、F、Mo、Fe_2O_3、Y、Be、P等呈低背景；Sb、As、B、Ca、Ni呈甚低背景。区内主要金属、非金属成矿元素异常分布较均匀。

白沙坳陷带地球化学分区位于白沙盆地，区内地球化学特征为Au、Ag、Sb、Cd、Cu、Pb、As、Hg等高背景，主要金属成矿元素异常规模较小，分布不均匀。

西部地球化学分区位于白沙坳陷带西侧。区内地球化学特征表现为Na_2O、Sr、K_2O、Zr、U、Sn、Ba、Th、SiO_2等呈高背景，Li、Pb、Ti、Nb、Al_2O_3等呈正常背景，Sb、Hg、As、Ni、Ca、Au、Cr、Cu、V、Zn、Mn、Mo、Fe_2O_3、Co、MgO、P、Li、B、Ag、F、Bi、Be、W、CaO、Y等呈低背景。大部分元素的高背景场往往是某些地质体的表现，例如，雅加二长花岗岩体以Zr、U、Th、Nb、Sr、Ba、Be、W、Y等高背景为特征，尖峰岭钾长花岗岩体以K_2O、La、Pb、W、Be、Sn、Th、U、Y、Nb、Mo、Bi、Au、Ag、Zn呈高背景为特征。奥陶系和志留系以B高背景为特征。区内主要金属成矿元素呈中、低背景。

二、区域地球化学异常特征

区内分布着约100个1∶20万区域化探异常，大多数异常分布在同安岭火山岩盆地及其与各期侵入岩、古生代地层的内外接触带上、戈枕韧性剪切带上和昌江县石碌、王下、猕猴岭以及白沙县翁村等地区的老地层中。另有一部分异常分布在印支期尖峰岭岩体、黎母岭岩体及燕山期千家岩体中。异常元素主要为 Au、Ag、Cu、Pb、Zn、As、Sb、Sn、Bi、Mo、Hg 等。重点异常为金、铜、铅、锌多金属矿找矿前景较大的异常。

第五节 区域矿产特征

工作区位于华南成矿省海南元古宙、中生代、新生代铁铜钴金银铝土矿水晶高岭土成矿区。

一、区域矿产概况

区域内矿产有金、铅、锌、钨 、锡、钼等金属矿产及硫、砷、萤石、白云岩、水晶等非金属矿产，其中大型金矿床一处，铅锌矿床（点）16 处。

1. 金矿

金矿分布于抱伦，大型规模。产于下志留统陀烈组中。呈脉状成群、成带产出，具品位富、规模大、粒度粗、成色高等特点。围岩蚀变以硅化、绢云母化、绿泥石化、黄铁矿化最为普遍。

2. 铅锌矿

区域内有中型铅锌矿床 2 处，小型铅锌矿床 2 处，矿点 5 处。分布于保由村、南好、千家及黎母岭等地区。铅锌矿床类型主要为矽卡岩型和热液充填型。矽卡岩型主要有红石铅锌矿。热液充填型主要有后万岭铅锌矿、黎母岭铅锌矿、保由铅锌矿和南好锌山-南后山铅锌矿。

3. 钼矿

区域内中型钼矿床一处，分布于千家地区。钼矿床类型主要为热液充填型。

二、区域成矿控制因素

1. 构造对成矿的控制作用

1）区域性九所-陵水断裂带为两个成矿单元的分界线，断裂以南的三亚台缘坳陷带，其主要成矿作用为与中寒武世化学沉积有关的磷、锰矿床成矿系列及与燕山晚期火成作用有关的铁、铜、铅、锌、金、银矿床成矿系列。而断裂以北的五指山造山带则自新元古代开始各个时期的成矿作用均有发生，特别是海西期—印支期与岩浆热液作用和动力变质作用有关的金、钨、锡、铅、锌、银矿床成矿系列极为发育。

2）隆起区和断陷区边部明显控制着金、铅、锌、铜等多金属矿产的分布。而断裂构造直接控制着各矿体的产出，金、铅、锌、铜等多金属矿的控矿构造主要有 NW 向、NE 向和 EW 向三组断裂构造。

3）由酸性、中酸性侵入体及火山构造形成的环形构造或环形体，其直径在 10~25 km 者与矿床的关系密切。菱环式、三角式、方格式影像组合中，金、铅、锌、铜等矿产分布比较密集。

2. 地层对成矿的控制作用

地层对成矿的控制作用主要表现在三个方面。第一是作为矿源层，抱板群和古生代地层中金多金属元素含量较高，与已知金、铜、铅、锌矿床（点）的形成关系密切，是其重要的矿源层；第二是沉积变质型矿床，地层对矿床有明显的控制作用，如沉积变质型石碌铁矿。第三是矽卡岩型矿床，在此，地层仅作为有利的围岩，如同安岭铁硫铜矿床、508 铁铜硫矿床等。

3. 中酸性岩浆岩的控矿作用

本区域金、铜等矿床（点）多数分布在酸性岩浆岩的内部、内外接触带及其周边地带，可见酸性岩浆岩对矿产分布有明显的控制作用。如燕山期千家岩体等侵入体直接控制着区内铜、铅、锌等矿产的分布；印支期尖峰岭岩体边缘外接触带分布有抱伦金矿；牛腊岭、同安岭火山盆地及其周边控制着铜、铅、锌、铁、硫等矿产的分布。

4. 重磁异常与成矿的关系

本区域金、铜、铅、锌多金属矿床（点）与重磁异常梯度带关系极为密切，不同矿种分布与重磁异常的关系如下：铅、锌矿床（点）多分布于局部重力低与重力高的过渡带中；金、铜矿产多分布于重力高的边部；多数铜、铅、锌矿床（点）分布于局部磁力高围限的磁力低或磁力低围限的磁力高过渡带中，即航磁异常急变带中。

5. 地球化学场与成矿的关系

地球化学场与成矿的关系主要为：①三亚台缘坳陷带地球化学场特征为 Au、Cu、Ag、Hg、Pb、Fe、Cd、Sn、Bi、P、Mn 等背景场，与之对应分布有金、铜、铅、磷、锰、铁矿床。②五指山造山带东部地球化学场特征为，区内主要金属成矿元素多呈低背景，但分布较均匀，与之对应分布的矿产有石门山钼、铅锌矿，南好铜、铅锌矿，红石铁矿，南改金矿，什统萤石矿。③五指山褶皱带白沙坳陷地球化学场特征为，主要金属成矿元素背景值不高，元素异常规模较小，仅见一些金银矿化点和铅锌矿分布。④五指山褶皱带西部地球化学场特征为，主要金属成矿元素呈中、低背景，但 Au、Ag、Pb、Zn 等在一些地质体中表现为高背景特征，分布有较大的尖峰岭、猕猴岭、王下等综合化探异常。与之对应的矿产有沿 NE 向戈枕韧性剪切带分布的几个大中型金矿（包括抱伦金矿）、石碌铁铜钴矿和王下金、铜、铅、锌多金属矿床（点）等。

第三章　矿区地质

抱伦金矿床赋矿地层（下志留统陀烈组）呈 NE 向展布于矿区的中部，在东南部隐伏于白垩系之下，西北部与印支期正长花岗岩岩体呈侵入接触。矿床褶皱构造及断裂构造发育，与金成矿关系密切（图 3-1），已发现的矿体主要分布在褶皱核部的含金破碎带中。

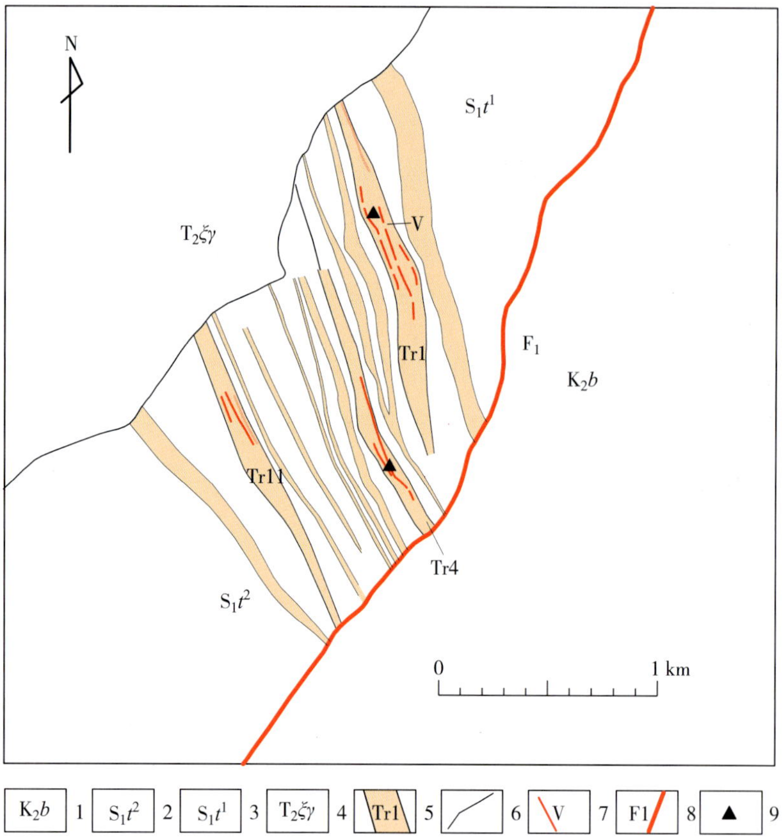

图 3-1　抱伦金矿床地质简图

（据朱训等，2016，有修改）

1—上白垩统报万组；2—下志留统陀烈组中段；3—下志留统陀烈组下段；4—中三叠世花岗岩；5—含矿破碎带；6—地质界线；7—矿体；8—铁湾岭断裂；9—采样位置（含前人采集的稳定同位素样品）均位于井下

第一节　地　层

抱伦金矿区主要出露有下志留统陀烈组（S_1t）中段、下段与白垩系鹿母湾组（K_1l）和报万组（K_2b）。下志留统陀烈组下段是抱伦金矿床的主要赋矿层位，矿体产于下志留统陀烈组下段与中段过渡的含金破碎带中。

一、志留系陀烈组（S_1t）

陀烈组主要分布于矿区中部及西南部，呈 NE-SW 向展布，西北侧与尖峰岩体呈侵入接触，东南侧伏于鹿母湾组之下，为一套浅变质岩，二者呈角度不整合接触后叠加右行斜冲。陀烈组下段主要为绢云母石英千枚岩、绢云母粉砂岩，厚度大于 560 m；陀烈组中段主要为含炭千枚岩，产几丁虫及孢粉化石，厚度 849 m。

绢云母石英千枚岩：岩石为浅灰、深灰色，千枚状构造，粒状鳞片变晶结构，岩石矿物成分主要由石英（40%~60%）、绢云母（30%~45%）和金属矿物（3%~5%）等构成。石英他形粒状，粒径主要在 0.1~0.05 mm，少量略粗或稍细，颗粒间呈弧状，三点状或齿状接触，部分石英颗粒略具拉长现象；绢云母呈鳞片状，粒径 0.01~0.05 mm，局部粒径在 0.1~0.25 mm。岩石中石英定向性不明显，局部显定向性，即与绢云母方向一致，且具弱波状消光。绢云母基本上沿片理近平行定向排列，构成岩石的千枚状构造（图 3-2a），但局部有的方向性较差。原岩主要为泥质岩，经区域变质作用形成。

图 3-2　陀烈组地层岩石照片（正交偏光）

a—绢云母石英千枚岩；b—千糜岩；c—绢云母粉砂岩；d—含炭千枚岩

千枚岩经动力变质后形成千糜岩，层间揉皱强烈，局部形成褶劈理，部分矿物有定向排列和拉长现象，条纹、条带发育，矿物成分变化不大。

绢云母千糜岩：岩石浅灰黑、灰黑色，鳞片变晶结构、糜棱结构，千糜状构造。主要由石英（30%）、绢云母（60%）、钠长石（5%）和金属矿物（5%）等组成。定向排列十分明显，具明显的分异面理和石英的拉长及压溶现象（图 3-2b）。

变质粉砂岩：岩石呈灰、浅灰色，变余粉砂状结构、显微鳞片粒状变晶结构，千枚状构造，矿物成分为石英 55%~80%、绢云母 10%~40%、变余铁泥质 5%~10%，石英呈变余碎屑状或粒状变晶（图 3-2c），粒径大小 0.05 mm 左右，少量略粗或稍细，颗粒间呈弧状、三点状或齿状接触，大部分分布杂乱无章，局部显定向性，即与绢云母方向一致，石英具弱波状消光。绢云母呈显微鳞片状，基本上沿片轴呈平行、近平行定向排列，构成千枚状构造，但局部有的方向性较差，变余铁泥质呈褐红—褐色的团粒状或不规则状集合体，均匀分布在岩石中。

含炭千枚岩：岩石浅灰黑、灰黑色，显微粒状鳞片变晶结构，千枚状、条带状构造，岩石矿物成分主要由绢云母（40%~75%）、石英（15%~30%）、炭质（5%~15%）等构成，偶见少量金属矿物（图 3-2d）。浅色绢云母、石英及深色炭质常各自聚集平行分布，形成条纹状、条带状构造，变形较绢云母石英千枚岩明显，折劈理发育。

总之，矿区下志留统陀烈组的原岩主要为一套具复理石建造的浊积岩系，其中保留了一些浊积岩的沉积特征。虽然受到浅变质作用，但在陀烈组的岩层中仍可见不完整的鲍马序列，露头中所见的鲍马序列主要以 A、B、C 段为主（图 3-3）。其源岩是抱板群或者由其衍生的其他岩石单元，形成于比较闭塞的浅海陆棚浊积扇外扇至陆缘较深海的还原环境。陀烈组经历了绿片岩相的区域变质作用，岩石的原生沉积构造难以识别，仅可见到挤压形成的紧闭褶皱状残余层理，常见钩状形态变形构造。

图 3-3　矿区陀烈组中不完整的鲍马序列

二、白垩系

白垩系分布于矿区东南角，由鹿母湾组及报万组组成。下白垩统鹿母湾组主要为砾质砂岩、含砾砂岩夹紫灰色厚层状含砾富晶屑凝灰岩及紫红色凝灰岩，与陀烈组呈断层接触，上部整合于上白垩统报万组之下。报万组主要为砾质砂岩，含砾砂岩。各岩性特征叙述如下：

砾质砂岩、含砾砂岩：岩石浅灰色，含砾砂状结构，块状构造，硅质胶结，砂质碎屑成分主要为长石、石英，粒径 0.05~1.2 mm，呈次棱角状。砾石含量 5%~20%，砾石成分主要为石英，砾径 2~7 mm，呈次圆状。

凝灰岩：岩石紫红色，凝灰结构，块状构造，岩石主要由晶屑、岩屑、凝灰质和泥质等组成，晶屑成分为石英及少量斜长石，石英呈棱角—次棱角状，大小 0.05~1.0 mm 不等，常具裂纹或溶蚀边，具波状消光。斜长石已绢云母化，仅保留其晶形，大小 0.2~0.5 mm。岩屑呈次棱角—次圆状，成分为千枚岩、硅质岩等，大小 0.1~0.4 mm。玻屑形态不规则，已发生脱玻化。

第二节　岩浆岩

抱伦金矿区火成岩在地表仅西北部出露有尖峰岩体粗中粒斑状黑云母正长花岗岩，井下观察到辉绿岩脉与尖峰岩体边缘相细中粒黑云母正长花岗岩和其派生的专属性花岗细晶岩脉。

中粗粒斑状黑云母正长花岗岩：浅肉红色，块状构造，似斑状结构，斑晶主要为钾长石，含量4%~26%，粒度1.5~3.5cm，短柱状。基质中粗粒花岗结构，粒度2.5~11 mm。主要矿物：石英32%~37%，斜长石（An 12~30）12%~27%，微斜条纹长石37%~54%，黑云母3%~7%，副矿物主要为锆石、钛铁矿等。

花岗细晶岩：黄白、浅肉红色，细粒结构，块状构造，粒度大都为0.1~0.6 mm，部分在1.0~1.5 mm，主要成分是钾长石、斜长石、石英、白云母。钾长石短柱状，半自形晶，发育卡氏双晶，含量20%~35%；斜长石短柱状，半自形，常见聚片双晶、卡钠复合双晶，含量20%~30%，具环带结构，属于中长石。石英，他形粒状，含量35%~60%；白云母半自形鳞片状，含量5%~20%（图3-4）。

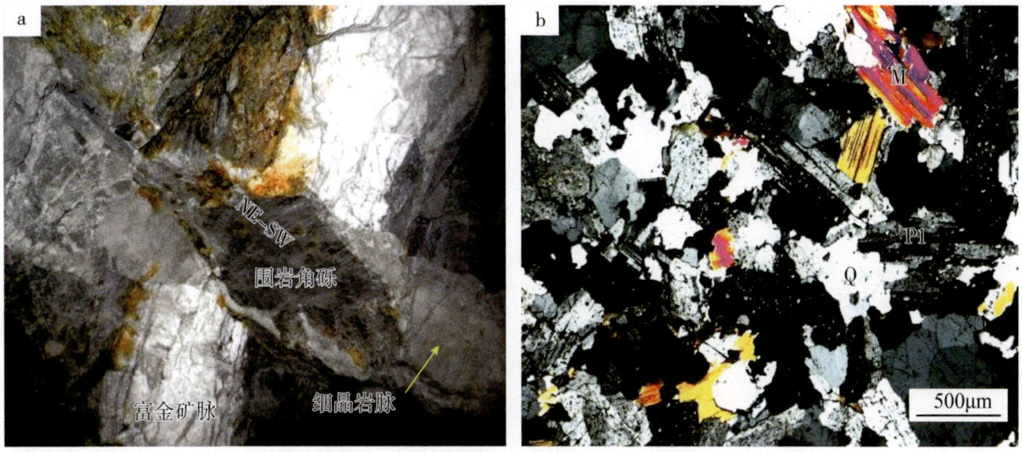

图3-4　细晶岩脉野外照片和显微照片

a—花岗细晶岩岩脉不规则状切穿含金石英脉；b—正交偏光；Q—石英；Pl—斜长石；M—白云母

第三节　构　造

抱伦金矿床褶皱构造和断裂构造较发育，在豪岗岭矿段发育的褶皱构造为豪岗岭复式背斜，断裂构造有NE向铁弯岭断层，以及NNW向控矿构造带。

一、铁湾岭断裂

矿区NE向铁湾岭断裂为多期构造叠加，据Tr4含矿破碎带17线东南方向矿体走向变化特征，其早期应为右行走滑后由于应力场变化形成白沙断陷盆地（图3-5a）最后叠加右行斜冲构造，局部存在松弛滑脱（图3-5b）。

图 3-5 铁湾岭断裂岩芯照片和野外照片

a—钻孔见白垩系与志留系呈角度不整合接触，灰黑色为志留纪千枚岩，灰白色为白垩纪砂岩；
b—地表见白垩系与志留系呈断层接触，左边为志留纪千枚岩，右边为白垩纪砂岩

抱伦矿区内分布于南东部，断裂平面上呈波状弯曲，总体走向 27°~45°，倾向 SE，局部倾向 NW，倾角变化较大，东北端倾角较陡，在 60°以上，西南端倾角较缓，为 34°~35°。

断裂内岩石变形较强烈，以脆性变形为主，局部呈韧性变形。构造岩石为构造角砾岩、碎粒岩、硅化千枚岩等。构造角砾岩角砾成分为石英脉碎块及变质石英细砂岩，呈次棱角状—次圆状。

断裂上盘为鹿母湾组和报万组，下盘为陀烈组，局部地段下盘发育许多次级叠瓦状小裂隙，断裂带岩石具绢云母化、硅化、绿泥石化，见少量硅质脉透镜体分布。该断裂为控岩构造，西北部控制了陀烈组特别是 Tr4 含矿破碎带的展布，东南部控制了白垩系地层的分布。

断层走向和倾向的变化反映了断层呈舒缓波状，倾角变化反映了断层经历了多次构造活动。燕山晚期伸展作用造成高角度正断层及上盘下降，并接受陆相沉积形成断陷盆地，后期由于 NW-SE 向主压应力的作用出现上盘右行斜冲，局部显示了松弛滑脱。

二、豪岗岭复式背斜

该背斜分布在矿床中部豪岗岭一带，是抱伦金矿区的主要构造之一。组成该背斜的地层为陀烈组，轴向 NW-SE 向（约为 345°）延伸，褶皱轴枢扭呈弯曲状，倾伏端为 NW 向，倾伏角在 7°~22°。

褶皱核部和两翼地层岩性为绢云母石英千枚岩，含炭千枚岩，夹薄层变质粉砂岩、变质石英砂岩，核部见尖棱褶皱、紧闭褶皱及鞘褶皱（图 3-6a，图 3-6b），褶皱西南翼倾角略缓，由紧闭褶皱的包络面及褶皱枢纽的起伏可判断，NNW 向紧闭褶皱发育之前志留纪浅变质岩系中发育了 NEE 向宽缓褶皱。当时的地层走向，包括各种岩性的界面，如含炭与不含炭或含少量炭地层的界面也应该是 NEE 走向。

西南翼产状范围在 255°~260°∠57°~72°，东北翼产状范围在 75°~80°∠75°~82°。深部倾角西南翼在 70°~85°，东北翼为 85°或直立。背斜核部 NW 向破碎带发育，控制了矿区矿体的分布、形态与产状（图 3-7a，图 3-7b）。该背斜可能形成于加里东期，后又经过海西期—印支期和燕山期岩浆侵入及构造运动的改造。

三、NNW 向断裂

NNW 向断裂也是抱伦金矿床的主要控矿构造，为矿床主要的成矿期断裂，以一系列平行排列的压扭性脆韧性变形的含金破碎带形式产出，金矿脉赋存于含金破碎带中，且止于陀烈组和尖峰岩体接触界线。

图 3-6　豪岗岭复式背斜核部紧闭褶皱（a）及鞘褶皱（b）

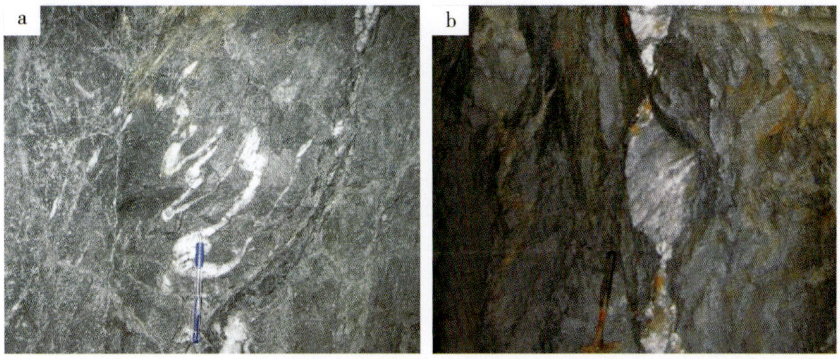

图 3-7　北北西向断裂内压扭性脆韧性变形（Tr4）

a—志留纪浅变质岩系中的变质分异石英脉（不含矿）随着紧闭褶皱的发育而褶皱，褶皱的轴面与千枚岩中剪切面理方向一致；b—志留纪浅变质岩系中的变质分异石英脉随着紧闭褶皱的发育而透镜化

抱伦金矿床目前已圈定 14 条含金破碎带，编号 Tr1～Tr14，破碎带近平行产出，间距一般在 50～80 m，破碎带长 400～2070 m，宽一般 10～50 m，最宽 120 m。破碎带多数发育在背斜核部，沿走向和倾向呈舒缓波状，总体走向 340°，左右摆动范围在 320°～355°，在 Tr4 含矿破碎带 19 线以东方向走向变为 210°；倾向在 240°～265°之间，局部倾向 60°～75°，倾角近直立。破碎带具有良好的分带性，一般中心为含金石英脉充填，两侧依次为硅化千糜岩、碎裂岩化硅化千枚岩，深部具韧性变形特征。各含金破碎带主要特征见表 3-1、图 3-8。

表 3-1　抱伦金矿北北西向各破碎带特征表

破碎带编　号	产状/(°)		规模/m		形态	性质	构造岩
	倾　向	倾　角	长	宽			
Tr1	240～255	60～85	1600	50～120	条带状	压扭性	碎裂石英脉、硅化千枚岩、局部构造角砾岩
Tr2	245～275，局部 65	55～82	2070	30～70	条带状	压扭性	碎裂石英脉、蚀变千枚岩

续表

破碎带编号	产状/(°)		规模/m		形态	性质	构造岩
	倾向	倾角	长	宽			
Tr3	中段 60~75; 北段 240~255; 南段 245~265	中段 60~65; 北段 62~75; 南段 60~65	1800	14~50	条带状	压扭性	同上
Tr4	215~265	65~75	1280	50~80	条带状	压扭性	同上
Tr5	250~260	65~75	1600	90~120	条带状	压扭性	同上
Tr6	250~255	68~81	1300	35~50	条带状	压扭性	碎裂石英脉、硅化千枚岩、碎裂千枚岩
Tr7	236~255	55~57	1250	10~25	条带状	压扭性	碎裂石英脉、碎裂硅化千枚岩
Tr8	242~250	65~72	1415	一般 15	条带状	压扭性	同上
Tr9	240~260	55~83	925	一般 20	条带状	压扭性	同上
Tr10	233~246	53~65	1475	一般 20	条带状	压扭性	同上
Tr11	235~250	40~75	1450	80~100	条带状	压扭性	同上
Tr12	220~240	70~88	1400	80~100	条带状	压扭性	同上
Tr13	240~250	70~88	1400	80~100	条带状	压扭性	同上
Tr14	235~250	70~88	1200	80~100	条带状	压扭性	同上

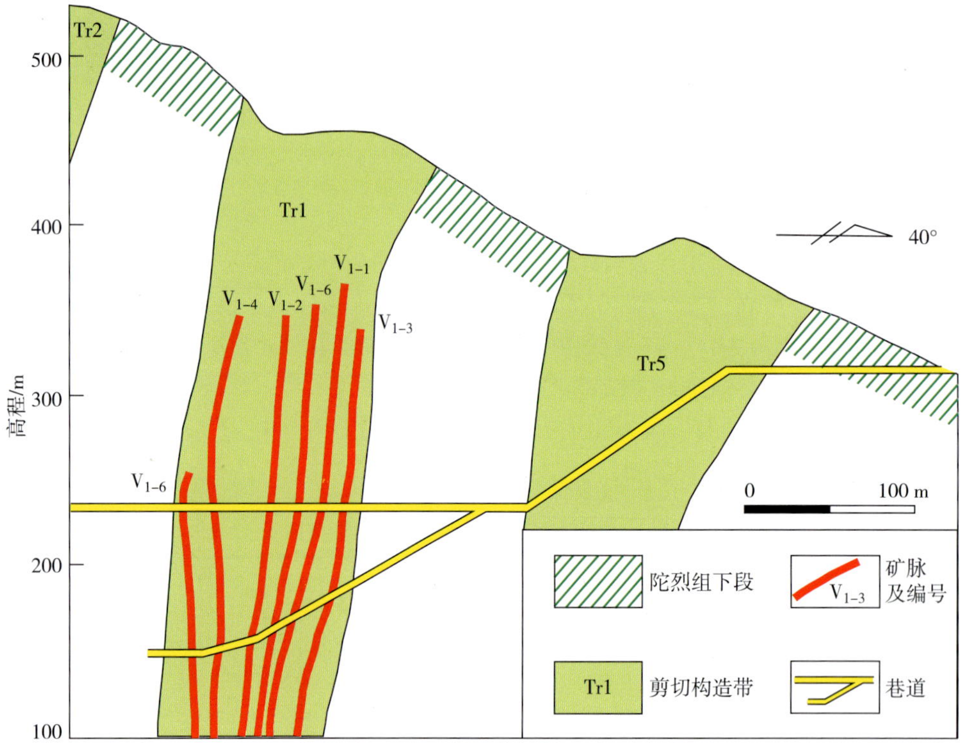

图 3-8 抱伦金矿 CM21 坑道剖面图
(据丁式江等, 2007)

四、其他构造

成矿后断裂规模比较小，走向一般在30°～60°和120°左右，为共轭小断层，断层性质多为逆断层，对含金石英脉有一定破坏。走向30°～60°的断层较发育，倾向以NW向为主，倾角75°～85°，上盘向东北方向上移和斜推，将含矿石英脉错断，造成脉体右行分布；走向120°～125°的断层倾向NE，倾角在70°～80°之间，上盘向东南方向上移斜推。上述小断层错距不大，矿体一般沿走向可以追索。

第四节　变质作用

陀烈组经历了区域变质作用，变质程度较低，形成以千枚岩、变质粉砂岩为主的低级变质岩系。

动力变质作用主要产生在断裂构造中，形成碎裂岩、糜棱岩化千枚岩或千糜岩。

气液变质作用发育在构造带节理裂隙中，使构造带和围岩发生强烈的围岩蚀变和矿化，近矿岩石形成蚀变岩。

热接触变质作用发生在尖峰岩体的外接触带约30 m（烘烤边）内，形成硅质角岩。

第五节　围岩蚀变

抱伦金矿床的围岩蚀变特征在豪岗岭矿段均有所反映，主要有两种情形，其一是与矿化无直接关系的蚀变；其二是与矿化息息相关的蚀变，两者在蚀变类型及其分布上有明显差异。

一、与矿化没有直接关系的蚀变

该类蚀变主要表现为绿泥石化，它波及面较广，在所观察的赋矿围岩薄片中，大都可以见及，因此将该类蚀变称之为面型蚀变。面型绿泥石化，又往往集中发育在千枚岩绢云母分异面内，在石英分层中也有少量分布。此种绿泥石化很可能部分形成于区域变质作用，部分源自后期构造运动的叠加。

二、与矿化密切相关的蚀变

属此情形的蚀变类型比较复杂，主要有硅化、绢云母化、绿泥石化、碳酸盐化、黄铁矿化及白云母化等，偶见钠长石化。此类蚀变分布上比较严格地受到含矿构造带的制约，呈狭窄带状产出，据镜下观察，各蚀变类型不仅在微观产出上具有各种矿化形式的特征，而且常常与不同的矿化紧密伴生或共生。

1. 硅化

此为抱伦金矿床最发育且与成矿最为密切的蚀变类型。它主要发育在控矿破碎带内，如果将含矿石英脉本身作为一种特殊硅化现象，那么其他的硅化主要发生在近含矿石英脉体的围岩中，即含矿石英脉体顶底板硅化较强。显微镜下发现，石英脉体边部围岩，由于硅化作用，局部形成由细粒石英组成的交代石英岩，其中的石英颗粒边界弯曲，微具波状消光，定向不明显，呈他形粒状镶嵌结构，此类硅化常与绢云母化、黄铁矿化相伴。另一种形式的硅化是在含矿石英脉体近侧围岩中，充填在不同形式的裂隙内，组成石英细脉。控制石英细脉的裂隙，为常见的沿千糜岩或流变千枚岩片理方向发育的剥离裂隙，受控的细石英脉形态随片理弯曲，此种裂隙实际上是应变松弛后产生的张裂隙。除此之外，有些硅化细脉沿其他方向裂隙，如沿垂直片理方向的裂隙产出，有时伴有绿泥石化、绢云母化、碳酸盐化或者矿化。

2. 绢云母化

绢云母化在含矿构造带内也是一种比较普遍的蚀变类型。在含矿石英脉外侧千糜岩中，绢云母化有两种表现形式，一是与硅化一起组成细脉，绢云母无定向分布在石英颗粒间，或是呈星散状分布于交代石英岩中；另一种更为发育的形式似为千糜岩经强烈形变，石英含量消减，绢云母含量增加、集中，片状加大，组成绢云千糜岩，系构造动力重结晶的产物。

发育在含矿石英脉中的绢云母化，常呈团块状集合体，发育在不同期次石英粒间，尤其是第一期强形变石英粒间更为明显，亦或发育在局部碎斑硅质岩的基质内，或者与其他蚀变矿物如绿泥石、碳酸盐矿物一起，有时单独构成细脉状，发育在不同形式的裂隙内。此类绢云母片颗粒大，不显定向排列，呈鳞片变晶结构，其产状、形态显示出热液活动的迹象。此外，在含矿石英脉中见有由绢云母组成的围岩残留体，这些绢云母虽然粒度也较大，但与前者不同的是，绢云母显著定向，扭曲强烈，在组成、结构构造上与外侧绢云母千糜岩并无什么差别，因此认为其应属围岩残留体，与前者在成因上有所区别。

3. 白云母化

白云母化远不及绢云母化强烈，仅在局部出现，在镜下所见白云母晶片大于绢云母，集合体有时呈束状，交代石英。

4. 绿泥石化

与成矿有关的绿泥石化，主要被限制在含金破碎带内而且晶体比面型蚀变绿泥石大。无论在含矿石英脉内还是在侧旁的千糜岩中，此种绿泥石多沿不同形式的裂隙发育，与绢云母、方解石或与石英一起组成细脉。在石英粒间或碎斑岩基质中有时也见有绿泥石化，与其他蚀变类似，其中也有与矿化相伴的。

5. 碳酸盐化

碳酸盐化的主要产物为方解石，往往与绿泥石、绢云母化相伴，发育在显微裂隙中，或在石英粒间和晶洞中。碳酸盐化与某些矿化关系更加密切，无论在薄片中还是在光片中，镜下偶见方解石化与矿化在一起，与金属矿物（包括自然金）共同组成细脉。

6. 钠长石化

偶见于千糜岩中，似呈脉状产出，钠长石板状晶体长轴与围岩片理近于垂直。

7. 黄铁矿化

与某些其他地区类似的金矿比较，抱伦金矿床的黄铁矿化不甚发育，但就矿床本身而言，黄铁矿化相对较普遍。黄铁矿化主要集中在含矿石英脉中，其次在千糜岩内。由成分分析得知，黄铁矿有两种，一是普通的黄铁矿，占多数；二是含镍的黄铁矿，二者还往往共生在一起。黄铁矿的产出形式以裂隙充填和粒间分布为主，极少呈包裹体状赋存在其他矿物中。黄铁矿常呈自形、半自形以及他形粒状结构，单体截面形态多呈四方形。黄铁矿化的重要性在于它是抱伦金矿床最重要的载金矿物。

总之，抱伦金矿床中与矿化相关的蚀变是伴随着控矿构造演化进行的。矿化高峰出现在第一期石英发生强烈形变及嗣后阶段，绢云母化、绿泥石化及碳酸盐化高峰期大致也是始于这一阶段。从蚀变矿物彼此之间，或蚀变矿物赋存形式之间的相互关系也可看出，各类蚀变的形成并不是一蹴而就，而是有其阶段性的。如在显微镜下发现如下现象：第一期石英被第二期石英交代，第一期石英粒间和显微裂隙中发生绢云母化、白云母化，并被第二期石英交代；第二期石英粒间和显微裂隙内发生绢云母化、绿泥石化，绢云母化、绿泥石化穿切发育在第二期石英晶洞中的方解石；绢云母化、方解石化与第三期石英相伴并发育在石英粒间。上述一系列现象表明，抱伦金矿床所发生的围岩蚀变与矿化一样经历了一个复杂的过程。

第六节　矿体特征

抱伦金矿区主要分为豪岗岭矿段和南矿段，目前已圈定了27个工业矿体（豪岗岭矿段15个，南矿段12个），豪岗岭矿段圈定的V1-1~V1-15共15个工业矿体分布于Tr1含金破碎带中；南矿段圈定的V2-1、V4-1~V4-4及V4-1-1、V4-1-2、V4-3-1、V11-1~V11-4共12个工业矿体和V2-1-1、V2-2 、V4-5、V4-2-1、V3-1、V6-1等6个低品位矿体分布于Tr4、Tr2和Tr11含矿破碎带中。本次勘查工作共涉及V1-1、V1-2、V1-4、V1-5、V1-6、V1-9、V4-1、V4-3、V4-4、V4-5和V4-1-1等11个矿体。

区内矿体受豪岗岭复式背斜控制，主要分布于背斜核部NNW向含金破碎带内，由含金石英脉、含金硅化脉和含金蚀变岩组成。含金石英脉和含金硅化脉与围岩界线清楚，主要根据与主矿体的分布关系、石英脉的产状、空间位置、厚度、品位等特征进行对比与连接；含金蚀变岩与围岩千枚岩界线不清，呈渐变过渡关系，靠品位圈定，主要根据与能确定的石英脉型矿体的位置关系、矿体的岩性特征、厚度及品位等进行对比连接。

一、矿体产状、形态及规模

抱伦金矿各矿体分布于含金破碎带中，矿体产状与含金破碎带基本一致，走向NW 290°~360°、平均335°，倾向SW，局部NE向，矿体倾角较陡，在45°~85°之间，但在南矿段17线以南矿体走向变为300°（表3-2）。

矿体多呈条带状、细脉、网脉状、碎裂状和角砾状（图3-9）。部分矿体呈膨缩、尖灭再现或尖灭侧现之特点，尖灭再现之间距一般不大，从几十厘米至几米，主要形成右斜列尖灭再现。局部地段发育成矿后小断层，断层对矿体有错动，但错动位移不大，一般在1~2 m之间。因矿体向SE倾伏，自112~119线和3~23线，矿体向东南埋藏越来越深且与岩体和地层界线相关性较好（图3-10）。

矿体赋存标高-315~525 m，Tr1含矿破碎带各矿体主要赋存在-95 m标高（ZK2510702V1-2矿体）以上，Tr4含矿破碎带各矿体主要赋存在-315 m标高（ZK1302V4-3矿体）以上。矿体沿走向长65~782 m，倾向延伸42~663 m，厚度0.26~9.7 m，品位1.31~153.82 g/t。厚度变化系数0~83%，品位变化系数0~228%（图3-11）。

二、主矿体基本特征

1. V1-3矿体特征

V1-3矿体分布于Tr1含金破碎带中，地表仅于D055地质点出露，属于半隐伏—隐伏矿体。坑道控制最高标高+414 m，坑道控制最低标高-90 m（老窿），坑内钻控制最低标高-130 m。+300 m、+275 m、+250 m、+215 m、+130 m、+80 m、+50 m、+25 m、-25 m、-60 m、-90 m中段均已由坑道控制。矿体走向300°~6°，倾向SWW，局部NEE，倾角59°~87°，+130~0 m中段矿体近直立。

表 3-2　抱伦金矿区各矿体特征一览表

破碎带号	矿体编号	勘探线位置	矿体规模						产状/(°)		矿体形态	Au 品位			矿石特征	见矿工程/个
			长度/m	厚度变化/m	平均厚度/m	厚变系数/%	倾向延伸/m	见矿标高/m	倾向	倾角		品位变化/(g·t^{-1})	平均品位/(g·t^{-1})	品变系数/%		
Tr1	V1-1	110~121	782	0.19~3.82	1.13	55	593	464.31~-50	215~82	82~82	脉状、似透镜状	0.41~80	7.79	131	矿石主要为含金石英脉和含金蚀变岩。含金蚀变岩呈不规则状，分布于含金石英脉两侧，与围岩千糜岩呈渐变过渡关系，靠品位圈定	59
	V1-2	112~115	602	0.87~4.20	1.48	72	594	450.65~-95	215~73	53~87	脉状	1.31~142.36	8.26	160		75
	V1-3	112~111	558	0.15~7.49	1.49	72	527	414~-90	219~78	65~85	脉状、透镜状	1.27~108.00	14.34	128		62
	V1-4	102~111	602	0.19~6.81	1.29	65	429	363.42~-90	220~89	70~88	脉状、透镜状	1.38~115.42	6.52	164		77
	V1-5	114~119	723	0.22~3.13	1.20	47	504	363.20~-80	220~90	43~84	脉状、透镜状	0.92~52.67	6	119		59
	V1-6	114~115	637	0.20~6.27	1.26	65	516	301.00~-70	205~90	50~89	脉状、透镜状	0.71~58.63	9.32	119		66
	V1-7	111~113	80	0.49	0.49	0	84	348.19	235	82	脉状、透镜状	98.05	98.05	0		1
	V1-8	102~107	376	0.19~1.84	0.92	44	155	349.78~171.34	238~75	65~84	脉状、透镜状	0.78~76.11	14.65	113		12
	V1-9	104~111	393	0.10~5.70	1.40	72	536	300~-75	235~107	50~86	脉状、透镜状	1.33~117.36	10.05	142		39
	V1-10	101~107	203	0.59~2.21	1.54	37	188	400~222.82	235~20	40~82	脉状、透镜状	1.34~25.27	4.07	144		9
	V1-11	101~113	321	0.40~3.07	1.4	57	171	400~275	200~256	77~86	脉状、透镜状	1.02~22.16	5.03	121		8
	V1-12	106~117	481	0.82~1.15	1.12	33	144	400~300	200~245	77~85	脉状、透镜状	1.00~9.11	5.84	103		5
	V1-13	116~106	270	0.19~9.70	1.4	83	161	303.33~192.50	210~71	77~85	脉状、透镜状	1.15~122.39	8.74	173		53
	V1-14	102~113	140	0.57~1.71	1.07	30	185	362.78~0	225~145	45~87	脉状、透镜状	2.10~19.28	7.03	77		9
	V1-15	102~101	96	1.01~2.39	1.5	29	42	130	215~321	67~85	脉状、透镜状	5.49~12.73	8.95	23		1
Tr2	V2-1	3~21	290	0.67~2.19	1.16	2	390	140~-250	235	66~78	脉状	2.06~23.62	12.92	98.52		8
	V2-1-1	7	75	0.26	0.26	42	100	0~-100			细脉状	5.37	5.37	57.94		2
	V2-2	7~15	265	0.62~1.72	1.18	15	200	50~-150			细脉状、透镜状	1.04~1.67	1.36	24.03		2
Tr4	V4-1	3~23	> 500	0.62~5.52	1.75	69	620	390~-335	220~250	65~88	脉状、透镜状	1.38~43.24	7.01	122		22
	V4-2	3~21	400	0.57~3.15	1.24	28	525	340~-315	250	68~85	脉状、透镜状	1.11~26.40	6.13	228.02		17
	V4-3	3~19	350	0.57~2.82	1.05	53	535	365~-315	250	68~85	细脉状、透镜状	1.39~6.37	4.01	81		15
	V4-4	7~19	180	0.59~1.28	0.88	34	420	330~-305	250	72~85	脉状、透镜状	1.10~7.99	3.35	84		11
	V4-5	15~19	130	0.65~0.69	0.68	1	120	40~-50	250	75~89	脉状	2.00~6.28	4.16	51		2
	V4-1-1	7~21	210	0.63~1.98	1.29	38	265	115~-150	250	68~80	微细脉状	1.23~7.83	4.32	65		4
	V4-1-2	9~11	120	0.63~1.70	0.84	2	230	110~-120			脉状、微细脉状	1.34~4.82	7.04	64.97		3
	V4-2-1	3、15	75	1.18	1.18	1	180	70~-110			脉状、微细脉状	1.31	1.33	44.29		1
	V4-3-1	3~7	145	0.51~0.80	0.98	50	260	360~100	250	67~83	脉状、透镜状	1.14~5.04	7.17	79.05		4
Tr3	V3-1	7	80	0.65	0.65	0	90	180~270			脉状	1.74	1.74	0		1
Tr6	V6-1	11	65	0.82	0.82	9	70	20~90			脉状、微细脉状	1.64	1.64	15.09		1
Tr11	V11-1	228~232	72-197	0.98~1.96	0.99	33	125	330~455	224	65~85	脉状、透镜状	1.14~29、30	2.5	31.58		3
	V11-2				0.99	0					脉状、透镜状		4.31	0		
	V11-3				1.83	42					脉状、透镜状		6.74	46.17		
	V11-4				1.37	27					脉状、透镜状		11.31	92.51		

（据何玉生等，2023）

矿体由含金石英脉和含金蚀变岩组成。含金石英脉呈脉状，走向延长 558 m，倾向延伸 527 m，矿体厚度 0.15～7.49 m，平均厚度为 1.43 m，厚度变化系数 70%，属较稳定类型。矿体品位 1.01～108 g/t，平均品位为 14 g/t，品位变化系数 125%，属较均匀类型。矿体具分段富集特征，金的米·克吨值浓集中心分布于 104 线+285～+335 m 标高和 103～111 线-100～+300 m 标高范围。矿体显示长轴向南侧伏，最厚处位于 103 线南+130 m 标高附近，达 7.49 m。含金蚀变岩呈不规则状，分布于含金石英脉两侧，与围岩千糜岩呈渐变过渡关系，靠品位圈定。含金蚀变岩型矿石品位一般为 2.70～4.18 g/t，远比含金石英脉型矿石品位低。

V1-3 号矿体向南侧伏，侧伏角可达 50°，矿体的侧伏可能与花岗岩和地层的接触界面一致（相关性较好）（图 3-10）。

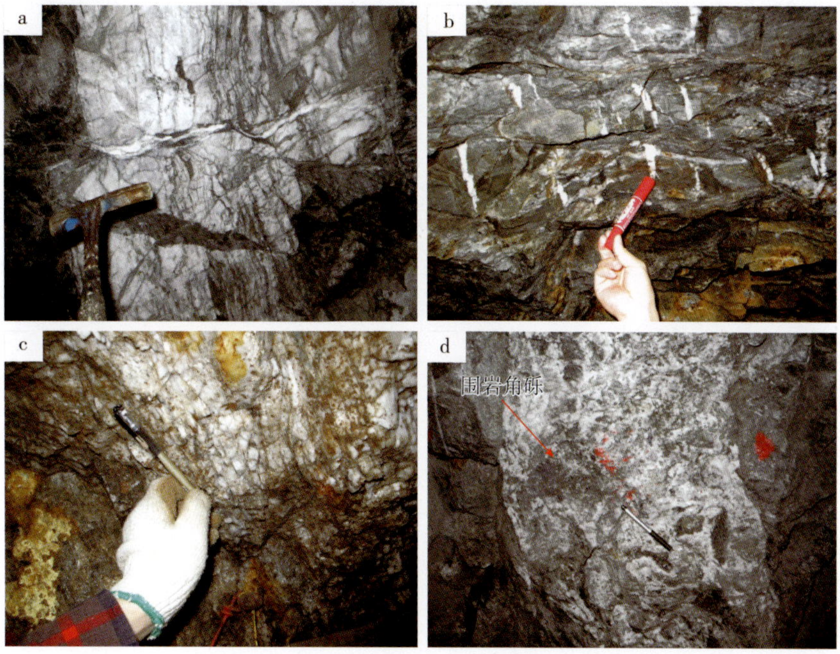

图 3-9 矿体形态特征

a—条带状；b—细脉、网脉状；c—碎裂状；d—角砾状

2. V4-1 矿体特征

V4-1 矿体分布在抱伦金矿南段 Tr4 含矿破碎带中，地表出露标高在 380～410 m（3～23 线），深部由钻探、坑探工程控制，钻探控制最低标高在-230 m（23 线），坑探在 15 线 130 m 标高处。矿体由 26 个工程点控制，其中地表揭露两处，坑探三处，钻孔控制 21 处。

矿体由含金石英脉和含金蚀变岩组成，含金石英脉呈细脉状、透镜状，含金蚀变岩分布在含金石英脉两侧。矿体走向 310°～340°，倾向 SW，15 线 50～100 m 标高倾向 NE，倾角 65°～80°。矿体走向上连续性较好，具右行斜列式分布，后期有小断层切割，但位移不超过 2 m，一般在几十厘米之间。矿体倾向上弯曲，有膨胀和缩小之现象，反映品位有变化。

矿体沿走向控制长度约 500 m（3～23 线直距），工程控制最大斜深 735 m（7 线），矿体单工程厚度在 0.62～5.52 m 之间，平均厚度 1.95 m，厚度变化系数 73%，矿体平均品位在 7.01 g/t、单样最高品位 43.24 g/t，品位变化系数 127%。金的赋集中心大致有三个地段，地表在 7 线附近，100 m 标高上下部位以及-50 m 标高一带，100 m 标高上下部位矿体厚度也相对大，一般在 3.50～5.52 m。

矿体向南东侧伏，侧伏角约 40°，且 19 线东南方向的矿体总体走向由 335°变为 300°。

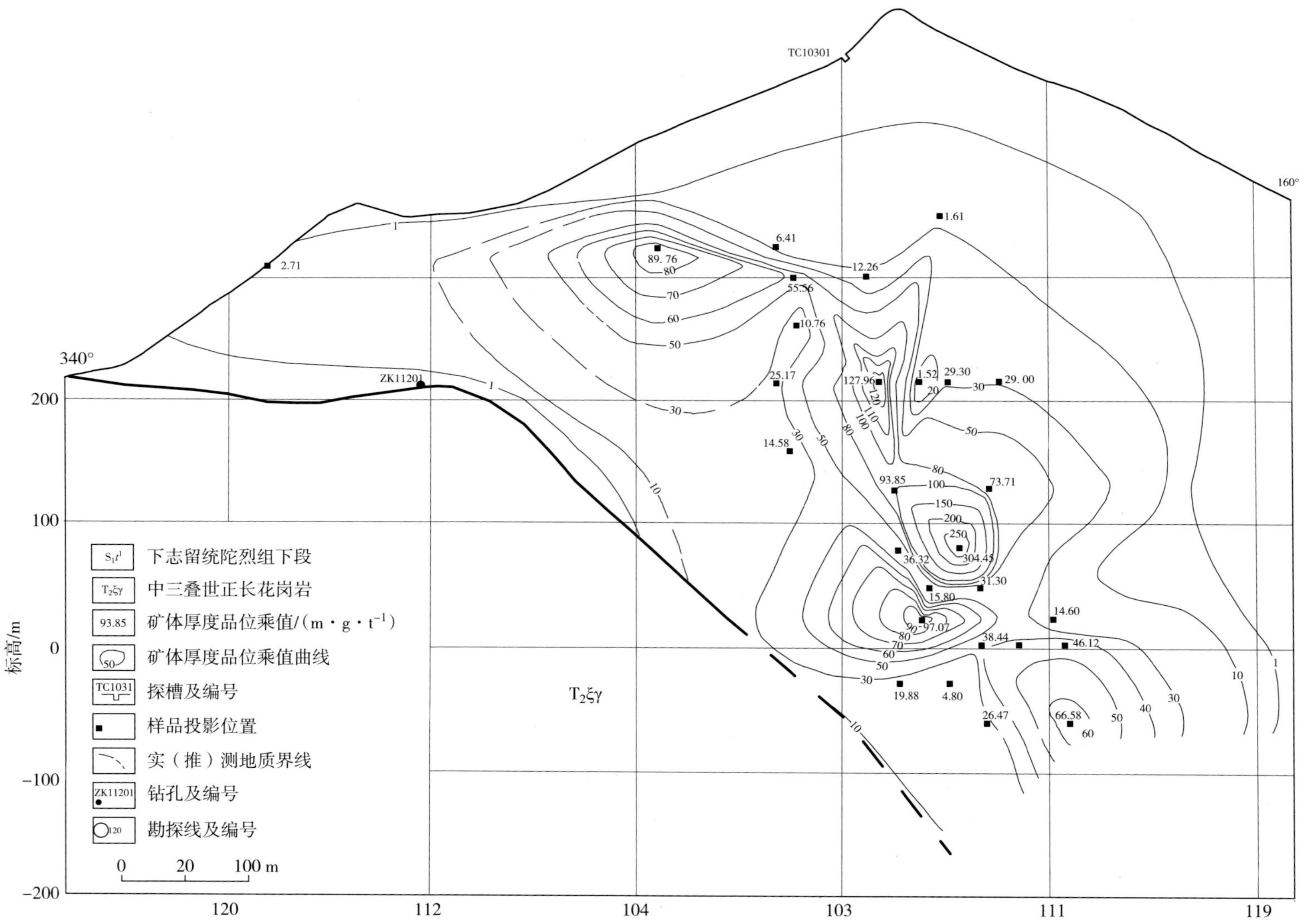

图 3-10 V1-3 号矿体纵投影厚度品位乘值等值线图

（据丁式江等，2007，有修改）

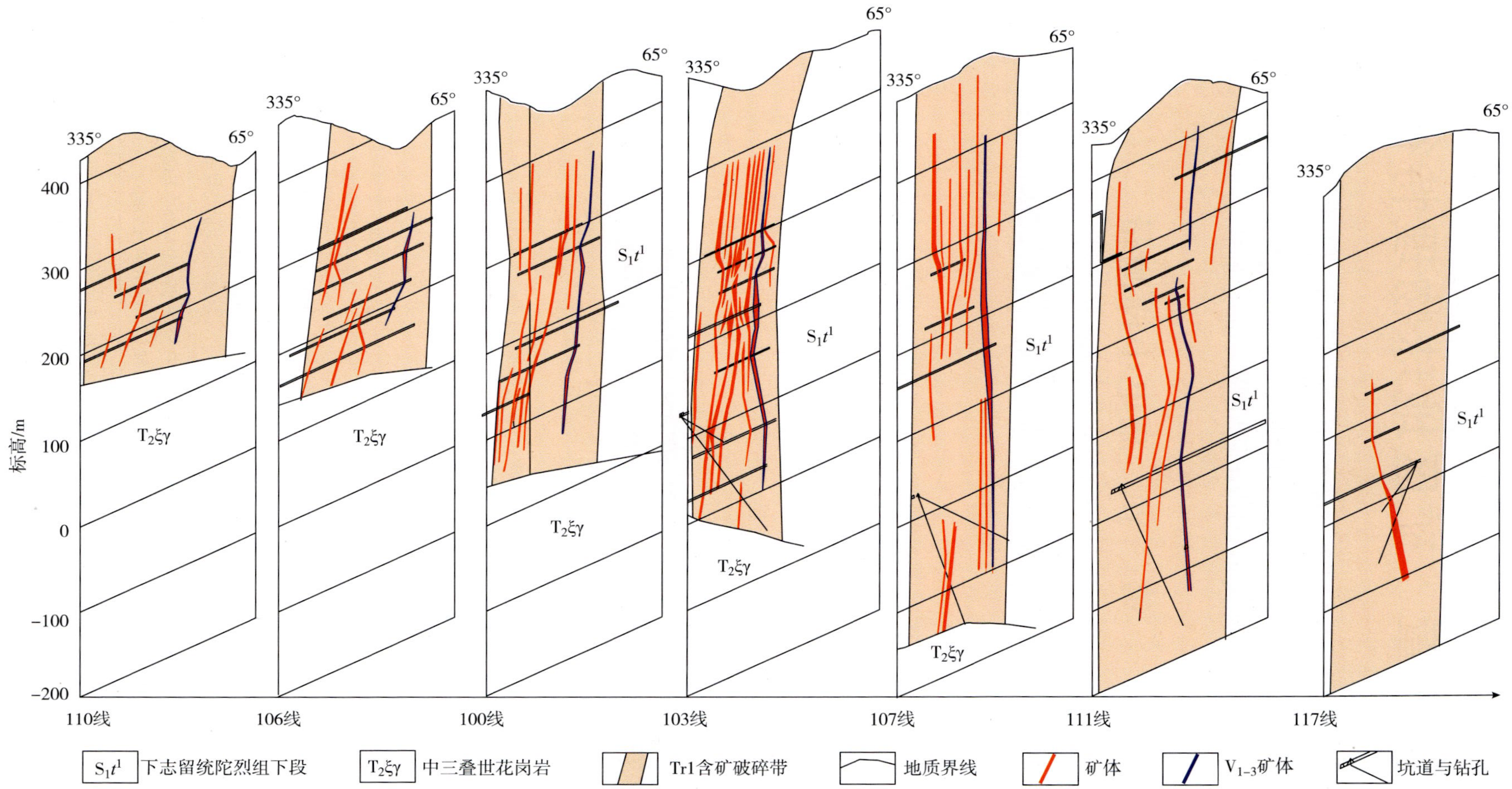

图 3-11　Tr1 含矿破碎带联合剖面图

第四章　矿区地球物理特征

在抱伦矿区开展的物探工作有：激电中梯测量、音频大地电磁测深（EH4）、可控源音频大地电磁测深、激电测井和2000年施工的自然 α 卡法测量。

第一节　激电中梯测量

本次激电中梯测量工作主要布置在矿区外围的狗岭地区、豪岗岭地区和铁弯岭地区。

一、狗岭地区

在视幅频率等值线平面图上（图4-1），测区视幅频率在0.64%~11.59%之间变化，视幅频率总体上呈西北高、东南低的趋势。区内出露的陀烈组视幅频率比报万组视幅频率高。

在视电阻率等值线平面图上（图4-2），测区视电阻率变化范围在11.36~2489.6Ω·m之间，测区视电阻率总体上呈西北低、东南高的特征。区内出露的陀烈组和报万组视电阻率差异不明显。

通过对测区的激电中梯测量资料分析，并结合化探及地质资料，圈定出七处激电异常，分别为IP1、IP2、IP3、IP4、IP5、IP6、IP7（表4-1）。

表4-1　狗岭测区中梯异常推断解释表

异常编号	分布位置	中梯特征	解释推断
IP1	14~18线	视幅频率为6.55%~11.59%，视电阻率为3~351Ω·m，为低阻高极化异常	该异常分布于志留系陀烈组，推断引起该异常的原因为岩层的炭质含量较高
IP2	9~22线	视幅频率为6.55%~16.39%，视电阻率为11.36~210.46Ω·m，为低阻高极化异常	推测该低阻高幅频异常带的高视幅频率是断裂破碎带中金属硫化物相对富集的反映或者由矿化引起
IP3	13~15线	视幅频率为4.44%~8.43%，视电阻率为210.46~620.75Ω·m	推断该处幅频率异常为金属硫化物相对富集的反映或者由矿化引起
IP4	9~14线	视幅频率为6.55%~11.59%，视电阻率为11~115Ω·m，为低阻高极化异常	该异常分布于志留系陀烈组，推断引起该异常的原因为岩层的炭质含量较高
IP5	5~11线	视幅频率为4.44%~7.46%，视电阻率为48~491Ω·m，为低阻高极化异常	推断该处高幅频率、中低阻异常为断裂破碎带中金属硫化物相对富集的反映或者由矿化引起
IP6	5~13线	视幅频率为4.44%~9.15%，视电阻率为24~351Ω·m，为低阻高极化异常	推断该处的低阻高幅频率异常为破碎带中金属硫化物相对富集的反映或者由矿化引起
IP7	4~6线	视幅频率为4.44%~8.43%，视电阻率为72.23~620.75Ω·m，为高极化中高阻异常	推断该处幅频率异常为金属硫化物相对富集的反映或者由矿化引起

1. IP1异常

IP1异常位于测区西北部，分布于14线的50~55号点、15线的46~58号点、16线的47~60号点、17线的49~60号点、18线的52~56号点之间，南北长400 m，东西宽240 m。视幅频率为

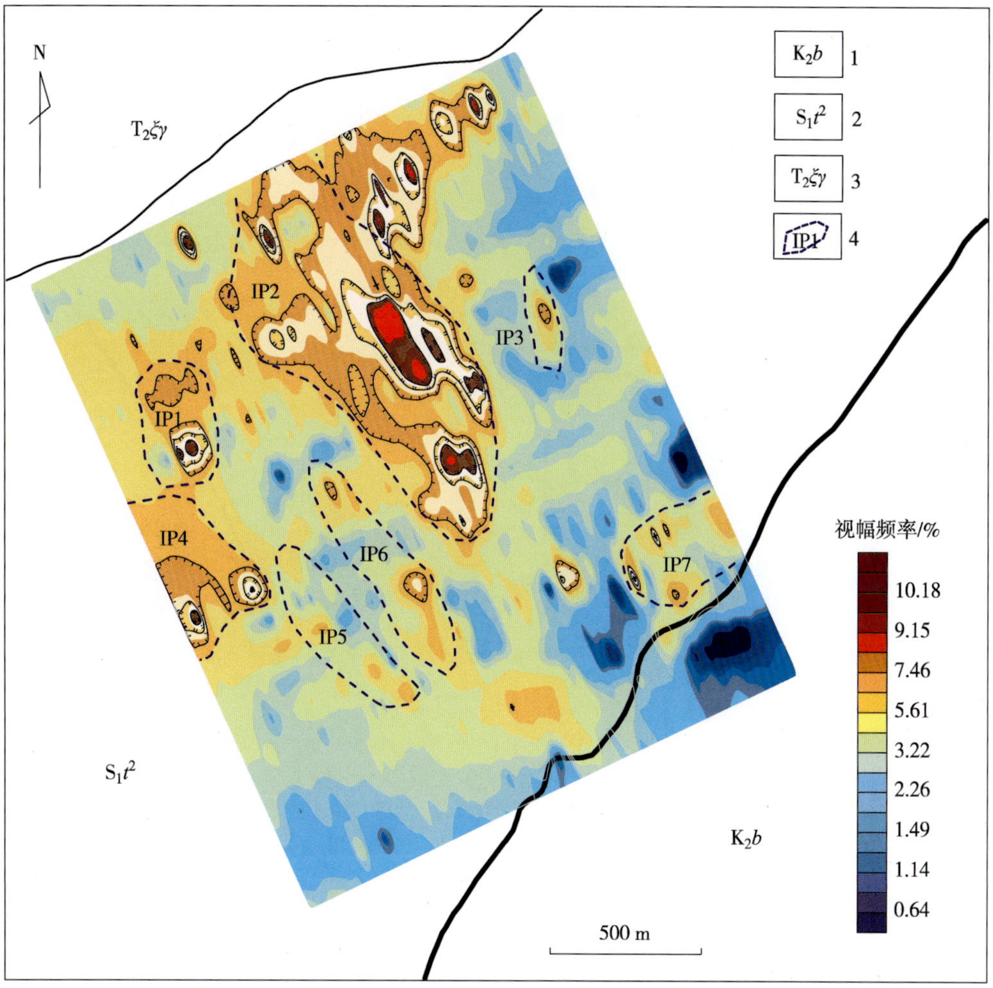

图 4-1　狗岭地区视幅频率等值线平面图

1—上白垩统报万组砾质砂岩、含砾砂岩；2—下志留统陀烈组中段含炭千枚岩；3—中三叠世中粗粒斑状黑云母正长花岗岩；4—物探推断异常带及编号

6.55%~11.59%，视电阻率 3~351Ω·m，异常为低阻高极化异常。该异常分布于志留系陀烈组，推断引起该异常的原因为岩层的炭质含量较高。

2. IP2 异常

IP2 异常为该测区规模最大的激电异常，位于测区北部，分布于 9 线 85~95 号点、10 线 84~97 号点、11 线 82~100 号点、12 线 81~101 号点、13 线 80~102 号点、14 线 79~103 号点、15 线 76~102 号点、16 线 73~100 号点、17 线 70~99 号点、18 线 69~97 号点、19 线 70~95 号点、20 线 73~92 号点、21 线 76~92 号点、22 线 78~92 号点之间。异常呈条带状，呈 NNW 走向，异常在测区内未闭合，异常沿走向延伸 1300 m，垂直于走向延伸 600 m。视幅频率为 6.55%~16.39%，视电阻率为 11.36~210.46Ω·m，异常为低阻高极化异常。该异常带中部及南部分布有金元素化探异常 AP-AU3、AP-AU4、AP-AU9，根据异常形态特征及所处地质环境分析，推测该低阻高幅频异常带的高视幅频率是断裂破碎带中金属硫化物相对富集的反映或者由矿化引起。该异常与 AMT 所推断的 10 号线 83~91 号点之间的 F_3 断裂相对应。

3. IP3 异常

IP3 异常位于测区东北部，分布于 13 线 112~116 号点、14 线 113~118 号点、15 线 114~118 号点之间。异常范围和强度较小，异常走向 SN。异常沿走向延伸 200 m，垂直走向延伸 88 m。视

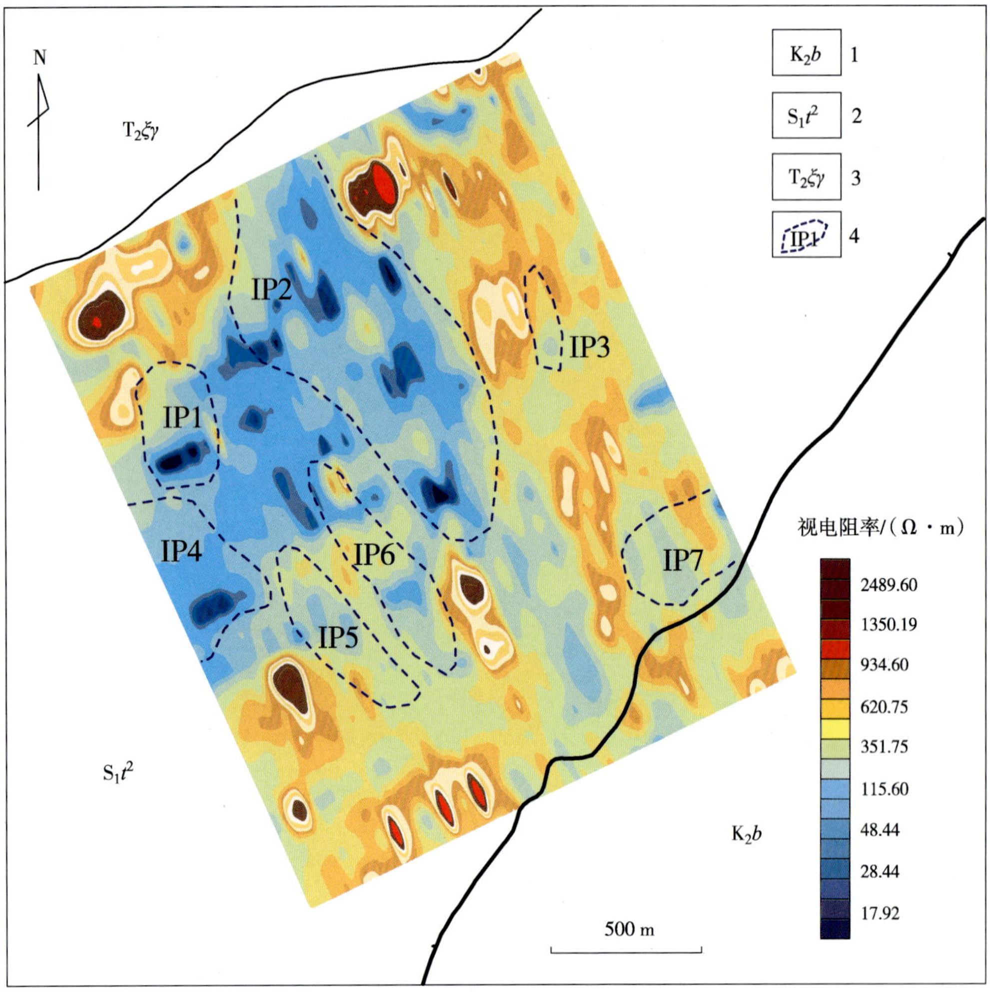

图 4-2　狗岭地区视电阻率等值线平面图

1—上白垩统报万组砾质砂岩、含砾砂岩；2—下志留统陀烈组中段含炭千枚岩；3—中三叠世中粗粒斑状黑云母正长花岗岩；4—物探推断异常带及编号

幅频率为 4.44%～8.43%，视电阻率为 210.46～620.75Ω·m，异常幅频率强度中等，没有明显的电阻率异常。该异常处分布有金元素化探异常 AP-AU7，根据异常形态特征及所处地质环境分析，推断该处幅频率异常为金属硫化物相对富集的反映或者由矿化引起。

4. IP4 异常

IP4 异常位于测区西部，分布于 9 线 40～44 号点、10 线 40～56 号点、11 线 40～55 号点、12 线 40～52 号点、13 线 40～51 号点、14 线 40～48 号点之间。异常在测区内未闭合，异常南北向长 530 m，东西向宽 350 m。视幅频率为 6.55%～11.59%，视电阻率为 11～115Ω·m，为低阻高极化异常。该异常分布于志留系陀烈组，推断引起该异常的原因为岩层的炭质含量较高。

5. IP5 异常

IP5 异常位于测区中南部，分布于 5 线 64～51 号点、6 线 62～70 号点、7 线 59～68 号点、8 线 58～67 号点、9 线 57～66 号点、10 线 58～64 号点、11 线 60～61 号点之间。异常走向 NNW，沿走向延伸 670 m，垂直走向延伸 130 m。视幅频率为 4.44%～7.46%，视电阻率为 48～491Ω·m，该异常为低阻高极化异常。根据 AMT 所推断的 10 号线 63～65 号点处为一断裂破碎带 F_1，IP5 异常区分布有金元素化探异常，根据异常形态特征及所处地质环境分析，推断该处高幅频率、中低阻异常为断裂破碎带中金属硫化物相对富集的反映或者由矿化引起。

6. IP6 异常

IP6 异常位于测区中南部，分布于 5 线 76~78 号点、6 线 73~80 号点、7 线 72~81 号点、8 线 72~81 号点、9 线 70~79 号点、10 线 69~77 号点、11 线 69~75 号点、12 线 69~75 号点、13 线 70~72 号点之间。异常走向 NNW，沿走向延伸 820 m，垂直走向延伸 180 m。视幅频率为 4.44%~9.15%，视电阻率为 24~351Ω·m，为低阻高极化异常。该异常处分布有金元素化探异常，根据异常形态特征及所处地质环境分析，推断该处的低阻高幅频率异常为破碎带中金属硫化物相对富集的反映或者由矿化引起。该异常与 AMT 所推断的 10 号线 75~77 号点之间的 F_2 断裂相对应。

7. IP7 异常

IP7 异常位于测区东南部，分布于 4 线 113~128 号点、5 线 110~128 号点、6 线 111~128 号点之间。异常在测区内未闭合，异常南北向长 310 m，东西向长 380 m。视幅频率为 4.44%~8.43%，视电阻率为 72.23~620.75Ω·m，异常为高极化中高阻异常。该异常处分布有金元素化探异常，根据异常形态特征及所处地质环境分析，推断该处幅频率异常为金属硫化物相对富集的反映或者由矿化引起。AMT 推断在该异常北面 10 号线 91~131 号点的深部 650 m 以下存在侵入岩，据此推断 IP7 的中高阻异常为侵入岩引起。

二、豪岗岭地区

在视极化率等值线平面图上，测区视极化率在 0.6%~12%之间变化，视极化率总体上呈西北高、东南低的趋势。区内出露的陀烈组视极化率比报万组视极化率高。

在视电阻率等值线平面图上，测区视电阻率在 25~2100Ω·m 之间变化，测区视电阻率总体呈西北低、东南低、中部高的趋势。区内出露的陀烈组和报万组视电阻率差异不明显（图 4-3 至图 4-7）。

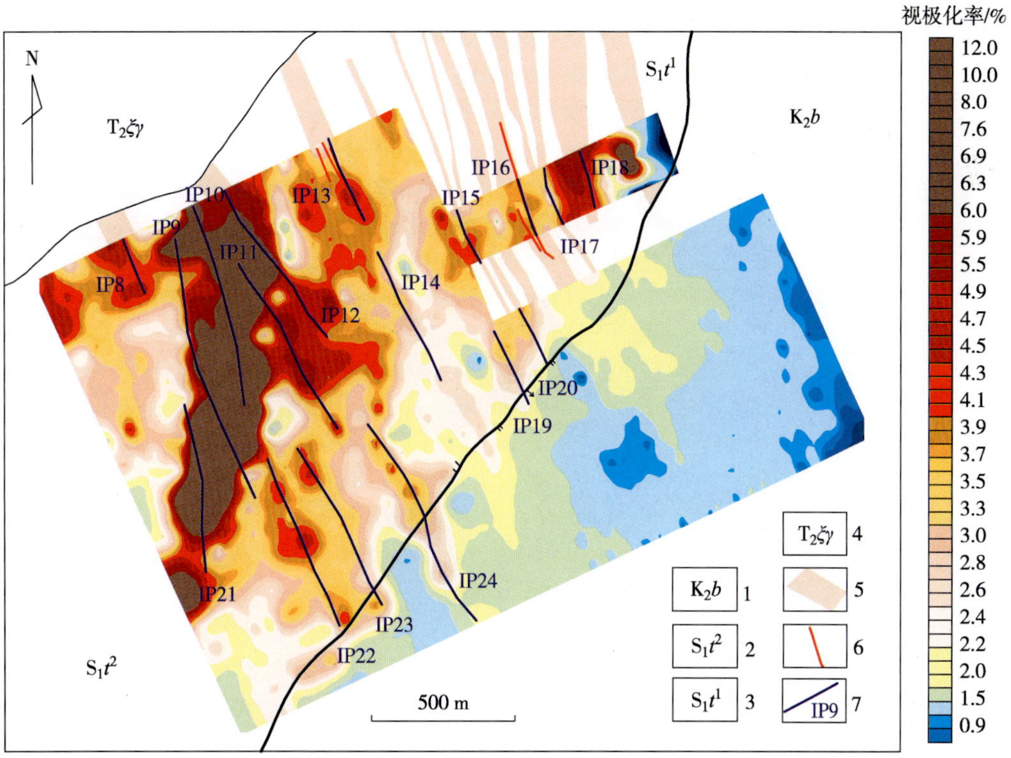

图 4-3　豪岗岭地区视极化率等值线平面图

1—上白垩统报万组砾质砂岩、含砾砂岩；2—下志留统陀烈组中段含炭千枚岩；3—下志留统陀烈组下段千枚岩；4—中三叠世中粗粒斑状黑云母正长花岗岩；5—破碎带；6—矿体；7—物探推断异常及编号

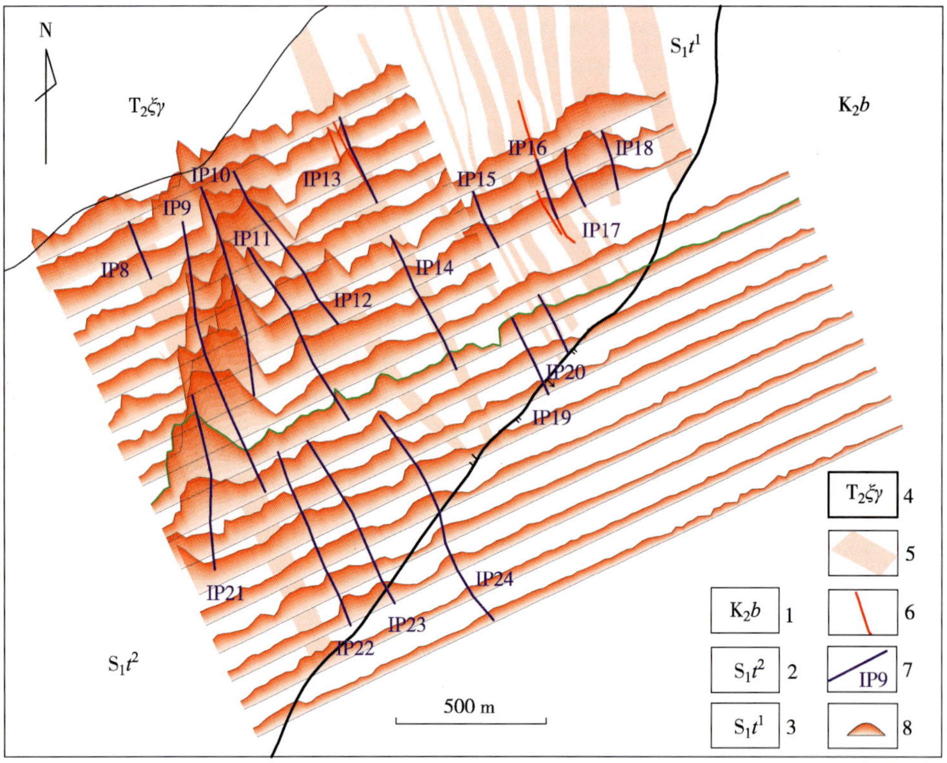

图 4-4　豪岗岭地区视极化率剖面图

1—上白垩统报万组砾质砂岩、含砾砂岩；2—下志留统陀烈组中段含炭千枚岩；3—下志留统陀烈组下段千枚岩；4—中三叠世中粗粒斑状黑云母正长花岗岩；5—破碎带；6—矿体；7—物探推断异常及编号；8—极化率色标

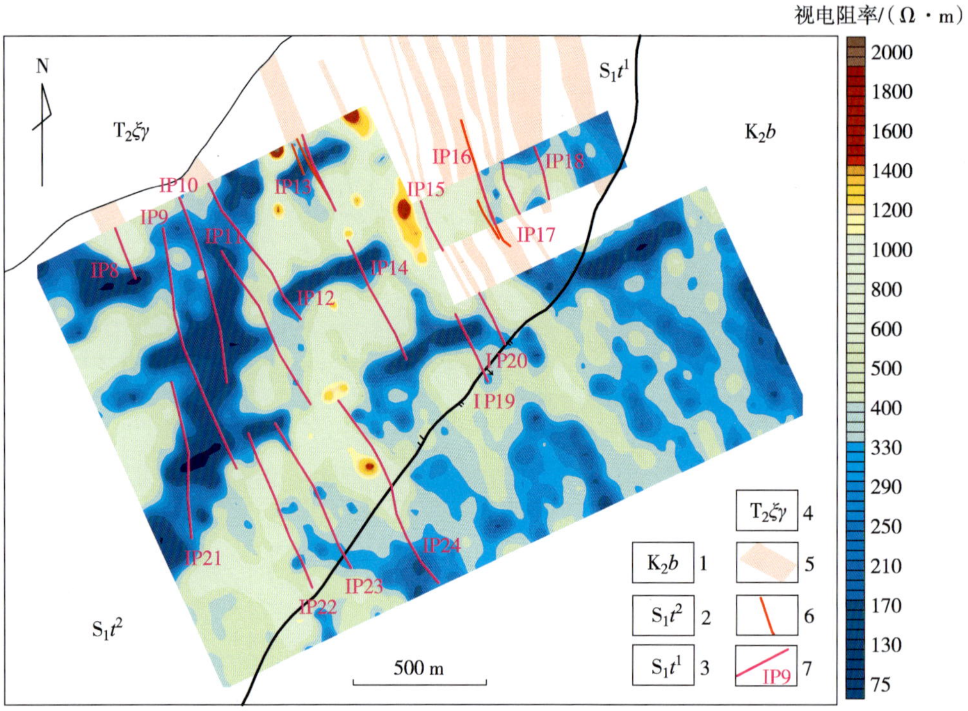

图 4-5　豪岗岭地区视电阻率等值线平面图

1—上白垩统报万组砾质砂岩、含砾砂岩；2—下志留统陀烈组中段含炭千枚岩；3—下志留统陀烈组下段千枚岩；4—中三叠世中粗粒斑状黑云母正长花岗岩；5—破碎带；6—矿体；7—物探推断异常及编号

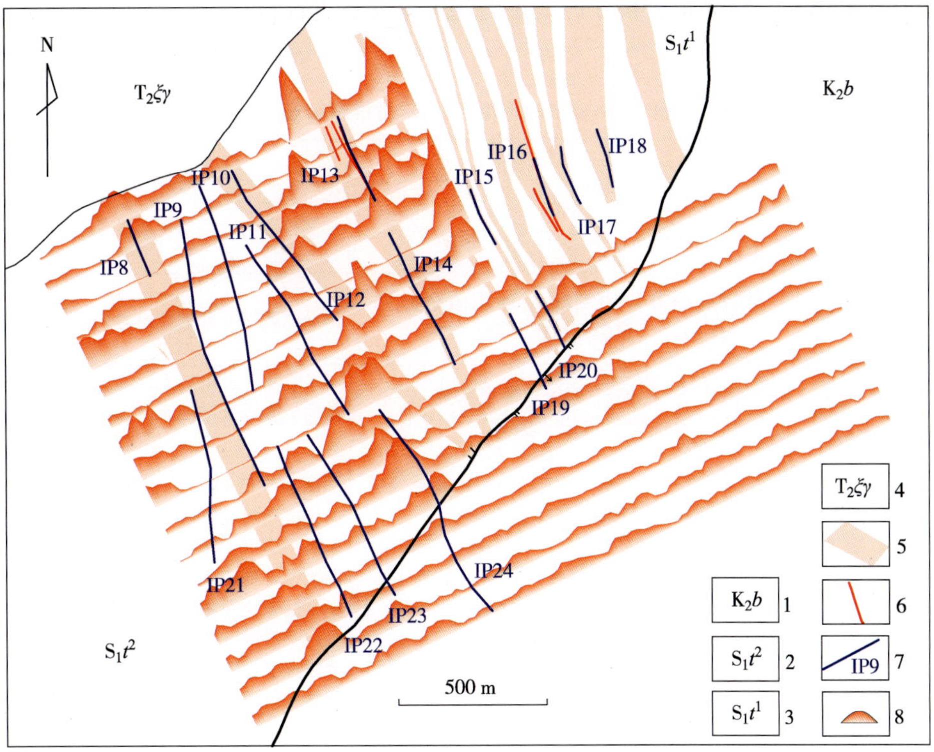

图 4-6　豪岗岭地区视极化率剖面图

1—上白垩统报万组砾质砂岩、含砾砂岩；2—下志留统陀烈组中段含炭千枚岩；3—下志留统陀烈组下段千枚岩；4—中三叠世中粗粒斑状黑云母正长花岗岩；5—破碎带；6—矿体；7—物探推断异常及编号；8—电阻率色标

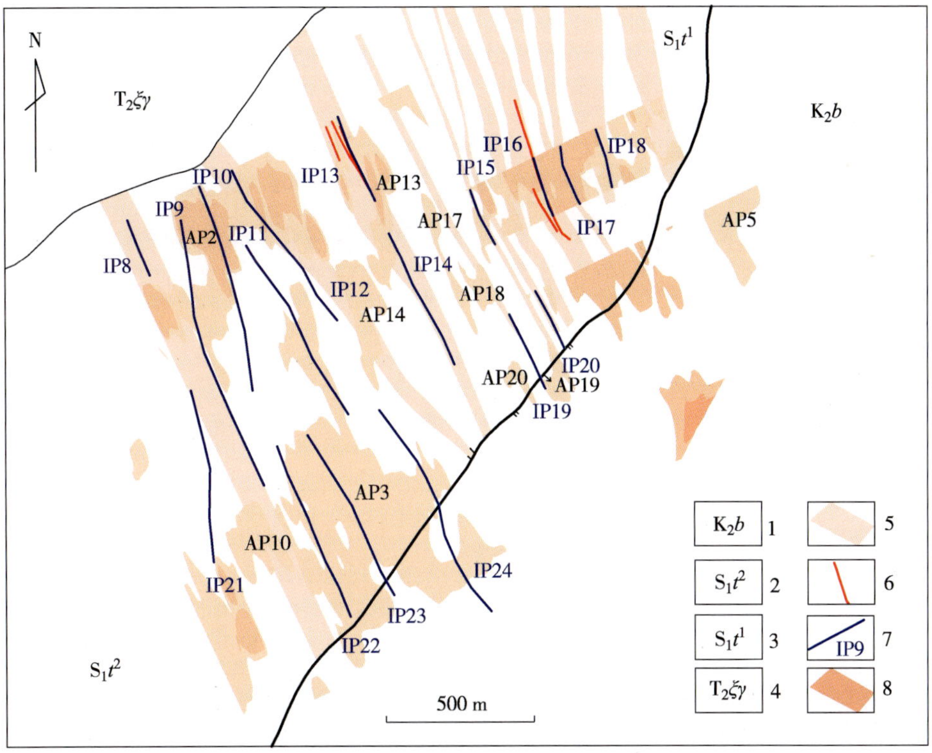

图 4-7　豪岗岭地区 Au 元素化探异常图

1—上白垩统报万组砾质砂岩、含砾砂岩；2—下志留统陀烈组中段含炭千枚岩；3—下志留统陀烈组下段千枚岩；4—中三叠世中粗粒斑状黑云母正长花岗岩；5—破碎带；6—矿体；7—物探推断异常及编号；8—金化探异常及编号

通过对测区的激电中梯测量资料分析，并结合化探及地质资料，圈定出17处激电异常，编号IP8~IP24（表4-2）。

表4-2 豪岗岭测区中梯异常推断解释表

异常编号	分布位置	中梯特征	解释推断
IP8	20~22线	该异常视极化率为4%~5.5%，视电阻率为25~1000Ω·m，为低阻高极化异常	推测推测为岩层的炭质含量较高的反映
IP9	12~21线	视极化率为3.9%~23%，视电阻率为75~270Ω·m，为低阻高极化异常	推断引起该异常的原因为岩层的炭质含量较高
IP10	15~22线	视极化率为6%~12%，视电阻率为50~340Ω·m，为低阻高极化异常	推断引起该异常的原因为岩层的炭质含量较高
IP11	14~19线	视极化率为3.7%~9%，视电阻率为160~650Ω·m，为中低阻高极化异常	推测该中低阻高极化率异常带的为断裂破碎带中金属硫化物相对富集的反映或者由矿化引起
IP12	16~22线	视极化率为4%~7.6%，视电阻率为160~650Ω·m，为中低阻高极化异常	推测该中低阻高极化率异常带为断裂破碎带Tr12中金属硫化物相对富集的反映或者由矿化引起
IP13	19~22线	视极化率为2.9%~5%，视电阻率为150~650Ω·m，为中低阻中极化异常	推断该中低阻中极化异常带由破碎带Tr11中已知矿脉所引起
IP14	13~18线	视极化率为2.0%~3.6%，视电阻率为50~700Ω·m，为中低阻低极化异常	该异常带位于已知破碎带Tr11上，据此推断中低阻为破碎带的反映
IP15	16~18线	视极化率为2.9%~4.2%，视电阻率为700~800Ω·m，为中阻中极化异常	推断此处异常为破碎带Tr8中金属硫化物相对富集的反映或者由矿化引起
IP16	16~18线	视极化率为3.6%~3.9%，视电阻率为260~550Ω·m，为中低阻中极化异常	推断此处的中低阻中极化由破碎带Tr4中已知矿脉所引起
IP17	16~18线	视极化率3.3%~4.2%，视电阻率为110~700Ω·m，为中低阻中极化异常	推断此处的中低阻中极化异常由破碎带Tr2中已知矿脉V2—1所引起
IP18	16~18线	视极化率为4.3%~5.7%，视电阻率为270~600Ω·m，为中低阻中高极化异常	推断此处的中低阻中高极化异常为破碎带Tr1中金属硫化物相对富集的反映或者由矿化引起
IP19	11~14线	视极化率为2.2%~3.8%，视电阻率为75~450Ω·m，为中低阻异常	推断引起该异常带中低阻为破碎带Tr9向东南延伸的一段
IP20	12~14线	视极化率为1.8%~3.8%，视电阻率为280~400Ω·m，为中低阻异常	推断引起该异常带的中低阻由Tr7引起
IP21	11~16线	视极化率为3%~12%，视电阻率为24~350Ω·m，为低阻及高极化异常	推断引起该异常的原因为岩层的炭质含量较高
IP22	7~13线	视极化率为3.4%~4.8%，视电阻率为250~750Ω·m，为中低阻中极化异常	推测该中低阻中等极化异常带由断裂破碎带中金属硫化物相对富集的反映或者由矿化引起
IP23	7~13线	视极化率为3%~4.5%，视电阻率为120~700Ω·m，为中低阻中极化异常	推断该处中低阻中等极化异常为断裂破碎带中金属硫化物相对富集的反映或者由矿化引起
IP24	5~13线	视极化率为2%~4.1%，视电阻率为160~800Ω·m，为中低阻中极化异常	推断该处中低阻中等极化异常为断裂破碎带中金属硫化物相对富集的反映或者由矿化引起

1. IP8 异常

IP8 异常位于测区西北部，分布于 20~22 线的 146 号点附近，视极化率峰值位于 146 号点上。该异常视极化率为 4%~5.5%，视电阻率为 25~1000Ω·m，异常为低阻高极化异常，推测为岩层炭质含量较高的反映。

2. IP9 异常

IP9 异常位于测区西北部，分布于 12 线 148 号点、13 线 148 号点、14 线 148 号点、15 线 149 号点、16 线 148 号点、17 线 148 号点、18 线 149 号点、19 线 151 号点、20 线 154 号点、21 线 155 号点之间。视极化率为 3.9%~23%，视电阻率为 75~270Ω·m，异常为低阻高极化异常。该异常分布于志留系陀烈组，推断引起该异常的原因为岩层的炭质含量较高。

3. IP10 异常

IP10 异常位于测区西北部，分布于 15 线 154 号点、16 线 156 号点、17 线 157 号点、18 线 158 号点、19 线 159 号点、20 线 160 号点、21 线 160 号点、22 线 160 号点之间。视极化率为 6%~12%，视电阻率为 50~340Ω·m，异常为低阻高极化异常。该异常分布于志留系陀烈组，推断引起该异常的原因为岩层的炭质含量较高。

4. IP11 异常

IP11 异常位于测区中部，分布于 13 线 167 号点、14 线 166 号点、15 线 166 号点、16 线 165 号点、17 线 165 号点、18 线 164 号点、19 线 163 号点之间。视极化率为 3.7%~9%，视电阻率为 160~650Ω·m，异常为中低阻高极化异常。该异常带南段分布有化探异常，根据异常形态及所处地质环境分析，推测该中低阻高极化率异常带为断裂破碎带中金属硫化物相对富集的反映或者由矿化引起。

5. IP12 异常

IP12 异常位于测区北部，分布于 16 线 172 号点、17 线 170 号点、18 线 169 号点、19 线 168 号点、20 线 168 号点、21 线 166 号点、22 线 166 号点之间。视极化率为 4%~7.6%，视电阻率为 160~650Ω·m，异常为中低阻高极化异常。该异常带北段分布有化探异常，且该异常分布在已知破碎带 Tr12 上，且和可控源所推断断裂 F_4 对应较好。根据异常形态及所处地质环境分析，推测该异常带为金属硫化物相对富集的反映或者由矿化引起，并与构造破碎带 Tr12 吻合。

6. IP13 异常

IP13 异常位于测区北部，分布于 19 线 185 号点、20 线 185 号点、21 线 185 号点、22 线 185 号点之间。视极化率为 2.9%~5%，视电阻率为 150~650Ω·m，异常为中低阻中极化异常。该异常带分布有化探异常，异常带位于已知破碎带 Tr11 上，且异常带上分布有已知矿脉 V11-1、V11-2、V11-3。据此推断该异常带由破碎带 Tr11 中已知矿脉所引起。

7. IP14 异常

IP14 异常位于测区中部，分布于 13 线 187 号点、14 线 187 号点、15 线 186 号点、16 线 186 号点、17 线 186 号点、18 线 186 号点之间。视极化率为 2.0%~3.6%，视电阻率为 50~700Ω·m，异常为中低阻低极化异常。该异常带位于已知破碎带 Tr11 上，据此推断为 Tr11 破碎带的反映。

8. IP15 异常

IP15 异常位于测区东部，分布于 16 线 199 号点、17 线 199 号点、18 线 199 号点之间。视极化率为 2.9%~4.2%，视电阻率为 700~800Ω·m，异常为中阻中极化异常。该异常带上分布有化探异常，且该异常带位于已知破碎带 Tr8 上，且该异常和可控源所推断断裂 F_5 对应较好。据此推断此处异常为破碎带 Tr8 中金属硫化物相对富集的反映或者由矿化引起。

9. IP16 异常

IP16 异常位于测区东部，分布于 16 线 210 号点、17 线 211 号点、18 线 211 号点之间。视极化率为 3.6%~3.9%，视电阻率为 260~550Ω·m，异常为中低阻中极化异常。该异常带上分布有化探异常，且该异常带位于已知破碎带 Tr4 上，此外该异常带上还分布有已知矿脉 V4-1、V4-2。该异常和可控源所推断断裂 F_9 对应较好。据此推断此处的中低阻中极化异常由破碎带 Tr4 中已知矿脉所引起。

10. IP17 异常

IP17 位于测区东部，分布于 16 线 215 号点、17 线 215 号点、18 线 216 号点之间。视极化率为 3.3%~4.2%，视电阻率为 110~700Ω·m，异常为中低阻中极化异常。该异常带上分布有化探异常，且异常带分布在已知破碎带 Tr2 上，异常带处还分布有已知矿脉 V2-1。据此推断此处的中低阻中极化异常由破碎带 Tr2 中已知矿脉 V2-1 所引起。

11. IP18 异常

IP18 位于测区东部，分布于 16 线 221 号点、17 线 222 号点、18 线 223 号点之间。视极化率为 4.3%~5.7%，视电阻率为 270~600Ω·m，异常为中低阻中高极化异常。该异常带上分布有化探异常，且异常带分布在已知破碎带 Tr1 上。此异常和可控源所推断断裂 F_{10} 对应较好。据此推断此处的中低阻异常为破碎带 Tr1 的反映，而中高极化异常为金属硫化物相对富集的反映或者由矿化引起。

12. IP19 异常

IP19 位于测区东部，分布于 11 线 197 号点、12 线 197 号点、13 线 197 号点、14 线 197 号点附近。视极化率为 2.2%~3.8%，视电阻率为 75~450Ω·m，异常为中低阻及中低极化异常。该异常带位于地质所推断破碎带 Tr9 的东南面，推断引起该异常带中低阻异常为破碎带 Tr9 向东南延伸的反映。

13. IP20 异常

IP20 位于测区东部，分布于 12 线 203 号点、13 线 203 号点、14 线 203 号点附近。视极化率为 1.8%~3.8%，视电阻率为 280~400Ω·m，异常为中低阻及低极化异常。该异常带分布在已知破碎带 Tr7 上。据此推断该中低阻异常由 Tr7 引起。

14. IP21 异常

IP21 异常位于测区西部，分布于 11 线 136 号点、12 线 138 号点、13 线 140 号点、14 线 142 号点、15 线 145 号点、16 线 146 号点附近。视极化率为 3%~12%，视电阻率为 24~350Ω·m，异常为低阻及高极化异常。该异常分布于志留系陀烈组，推断引起该异常的原因为岩层的炭质含量较高。

15. IP22 异常

IP22 异常位于测区南部，分布于 7 线 152 号点、8 线 152 号点、9 线 152 号点、10 线 152 号点、11 线 152 号点、12 线 152 号点、13 线 152 号点附近。视极化率为 3.4%~4.8%，视电阻率为 250~750Ω·m，异常为中低阻中极化异常。该异常带上分布有化探异常，根据异常形态及所处地质环境分析，推测该异常带的中等极化异常为金属硫化物相对富集的反映或者由矿化引起，推断该处中低阻异常由断裂破碎带引起。

16. IP23 异常

IP23 异常位于测区南部，分布于 7 线 160 号点、8 线 160 号点、9 线 160 号点、10 线 160 号点、11 线 159 号点、12 线 159 号点、13 线 158 号点附近。视极化率为 3%~4.5%，视电阻率为 120~700Ω·m，异常为中低阻中极化异常。该异常带上分布有化探异常，根据异常形态及所处地质环境分析，推测该异常带的中等极化异常为金属硫化物相对富集的反映或者由矿化引起，推断该处中低阻异常由断裂破碎带引起。

17. IP24 异常

IP24 异常位于测区南部，分布于 5 线 174 号点、6 线 173 号点、7 线 172 号点、8 线 172 号点、9 线 173 号点、10 线 173 号点、11 线 173 号点、12 线 172 号点、13 线 171 号点附近。视极化率为 2%~4.1%，视电阻率为 160~800Ω·m，异常为中低阻中极化异常。该异常带上分布有化探异常，根据异常形态及所处地质环境分析，推测该异常带的中等极化异常为金属硫化物相对富集的反映或者由矿化引起，推断该处中低阻异常由断裂破碎带引起。

三、铁弯岭地区

从铁弯岭测区视幅频率等值线平面图及平剖图（图 4-8、图 4-9）上可见，测区视幅频率变化范围为 0.3%~5.1%，测区幅频率背景值为 1.2%，视幅频率总体上呈西高东低的趋势。区内出露的陀烈组幅频率比鹿母湾组幅频率高。在视电阻率等值线平面图及平剖图（图 4-10，图 4-11），测区视电阻率变化范围在 50~4000Ω·m 之间，测区视电阻率背景值为 600Ω·m，测区视电阻率总体上呈西高东低的趋势。区内出露的陀烈组视电阻率值比鹿母湾组视电阻率值高。通过分析，并结合地质资料，圈定出 12 处激电异常，编号 IP25~IP36（表 4-3）。

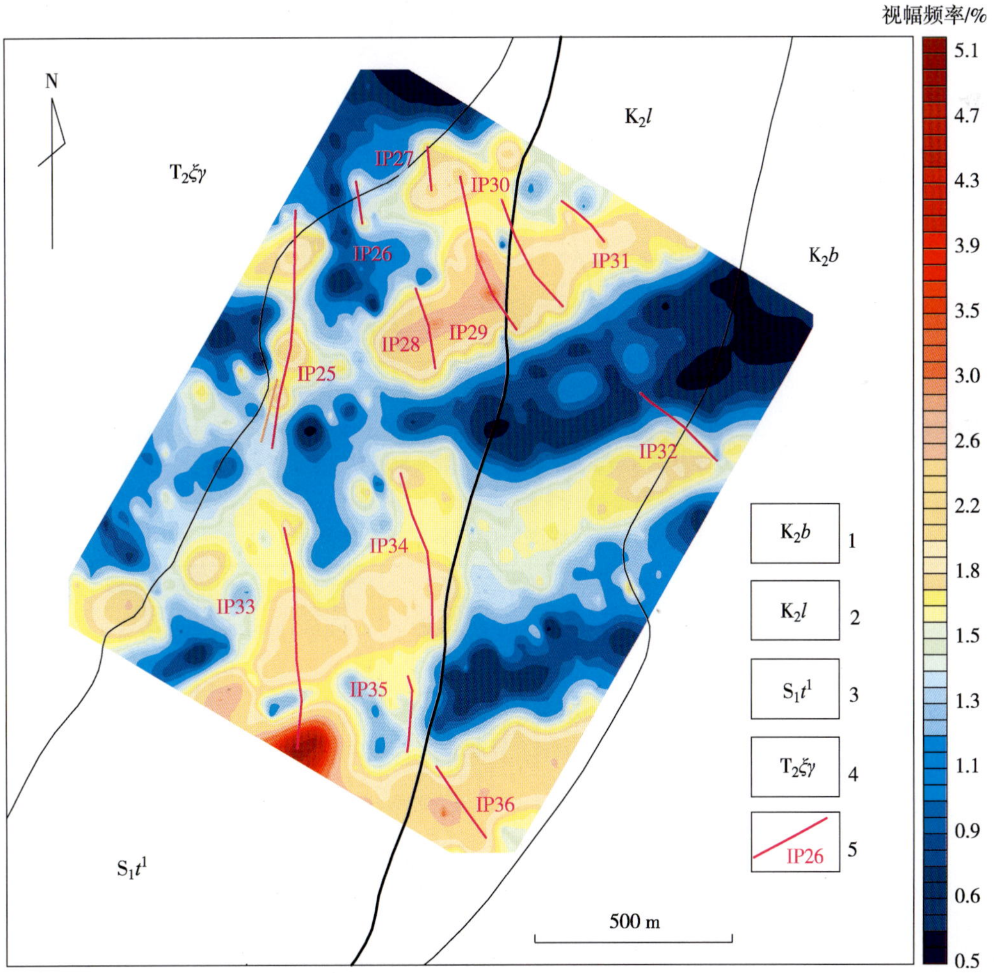

图 4-8　铁弯岭地区视幅频率等值线图

1—上白垩统报万组砾质砂岩、含砾砂岩；2—上白垩统鹿母湾组含砾砂岩、凝灰岩；3—下志留统陀烈组下段千枚岩；4—中三叠世中粗粒斑状黑云母正长花岗岩；5—物探推断异常及编号

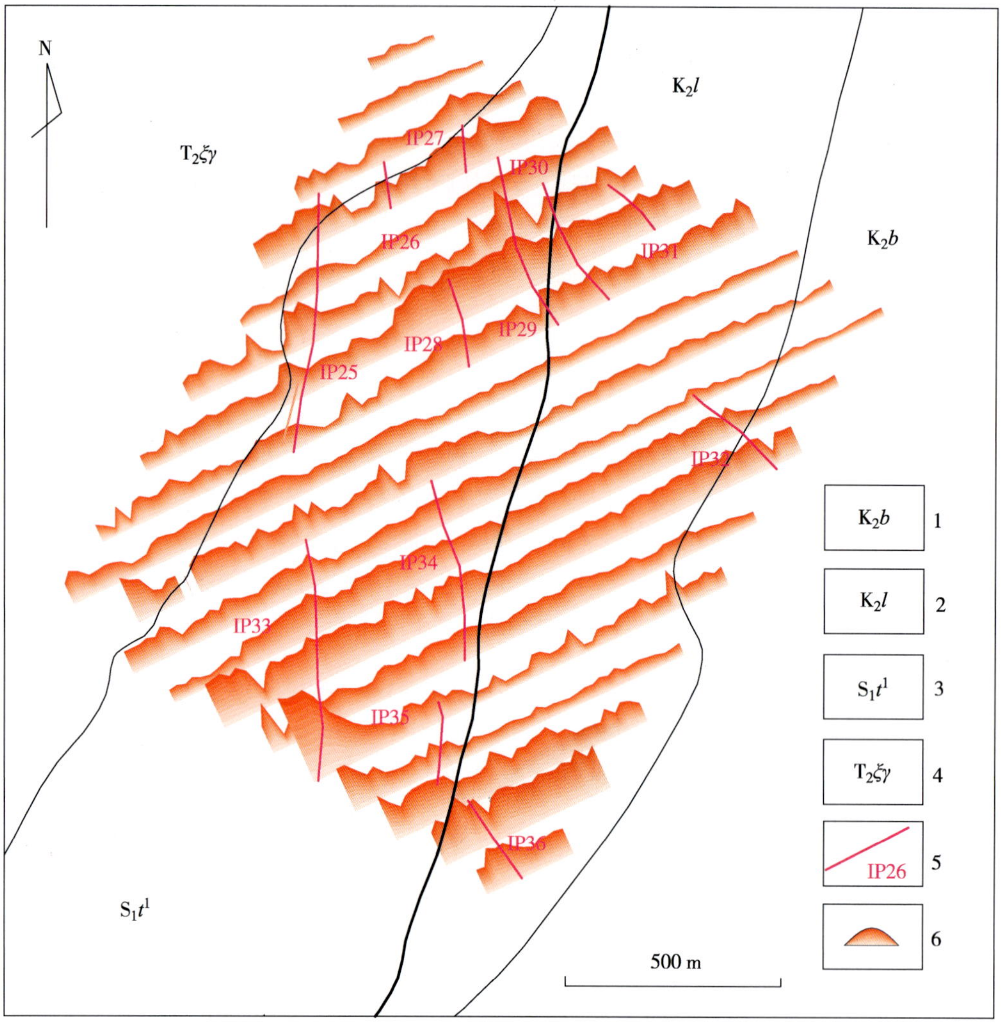

图 4-9　铁弯岭地区视幅频率平剖图

1—上白垩统报万组砾质砂岩、含砾砂岩；2—上白垩统鹿母湾组含砾砂岩、凝灰岩；3—下志留统陀烈组下段千枚岩；4—中三叠世中粗粒斑状黑云母正长花岗岩；5—物探推断异常及编号；6—幅频率色标

表 4-3　铁弯岭测区中梯异常推断解释表

异常编号	分布位置	中梯异常特征	解释推断
IP25	39~44 线	该异常视幅频率为 1.35%~2.4%，视电阻率为 200~500Ω·m，为中低阻中高极化异常	推断该中低阻中高极化异常为断裂破碎带中金属硫化物相对富集的反映或者由矿化引起
IP26	43~44 线	该异常视幅频率为 1.2%~1.7%，视电阻率为 500~900Ω·m，为中高极化异常	推断此中高极化为金属硫化物相对富集的反映或者由矿化引起
IP27	43~44 线	该异常视幅频率为 1.7%~2.1%，视电阻率为 700~1250Ω·m，为高极化异常	推断此高极化率为金属硫化物相对富集的反映或者由矿化引起
IP28	39~41 线	该异常视幅频率为 1.5%~3.0%，视电阻率为 200~600Ω·m，为低阻高极化异常	推断该低阻高极化异常为断裂破碎带中金属硫化物相对富集的反映或者由矿化引起
IP29	39~43 线	该异常视幅频率为 1.5%~3.2%，视电阻率为 600~1250Ω·m，为高极化异常	推断该异常的高极化率为金属硫化物相对富集的反映或者由矿化引起
IP30	39~42 线	该异常视幅频率为 1.5%~2.5%，视电阻率为 250~900Ω·m，为低阻高极化异常	推断该异常的低阻高极化为铁弯岭断裂中金属硫化物相对富集的反映或者由矿化引起

续表

异常编号	分布位置	中梯异常特征	解释推断
IP31	40~41线	该异常视幅频率为1.4%~2.1%，视电阻率为250~500Ω·m，为高极化异常	推断该异常的低阻高极化率为断裂破碎带中金属硫化物相对富集的反映或者由矿化引起
IP32	34~36线	该异常视幅频率为1.3%~1.9%，视电阻率为300~700Ω·m，为低阻中极化异常	推断该异常的中极化率为金属硫化物相对富集的反映或者由矿化引起
IP33	32~37线	该异常视幅频率为1.6%~5.1%，视电阻率为250~2750Ω·m	推断引起该异常低阻高极化的原因为断裂破碎带中金属硫化物相对富集的反映或者由矿化引起
IP34	33~37线	该异常视幅频率为1.6%~2.1%，视电阻率为100~1500Ω·m	推断该异常高极化为金属硫化物相对富集的反映或者由矿化引起
IP35	31~32线	该异常视幅频率为1.4%~1.6%，视电阻率为900~1500Ω·m，为中等极化异常	推断该异常中等极化为金属硫化物相对富集的反映
IP36	28~30线	该异常视幅频率为2.1%~3.2%，视电阻率为250~500Ω·m，为低阻高极化异常	推断该低阻高极化异常为断裂破碎带中金属硫化物相对富集的反映或者由矿化引起

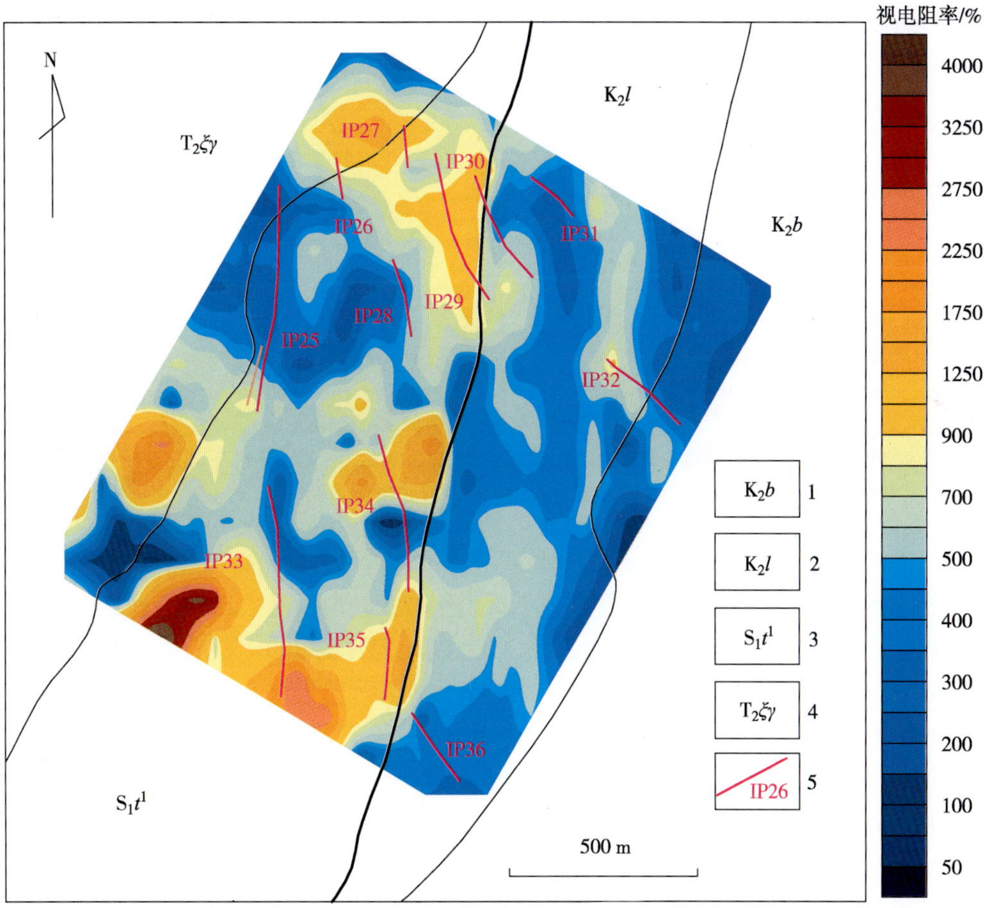

图4-10　铁弯岭地区视电阻率等值线图

1—上白垩统报万组砾质砂岩、含砾砂岩；2—上白垩统鹿母湾组含砾砂岩、凝灰岩；3—下志留统陀烈组下段千枚岩；4—中三叠世中粗粒斑状黑云母正长花岗岩；5—物探推断异常及编号

1. IP25 异常

IP25异常位于测区西北部。异常呈条带状，走向南北向，分布于39线227号点、40线231号

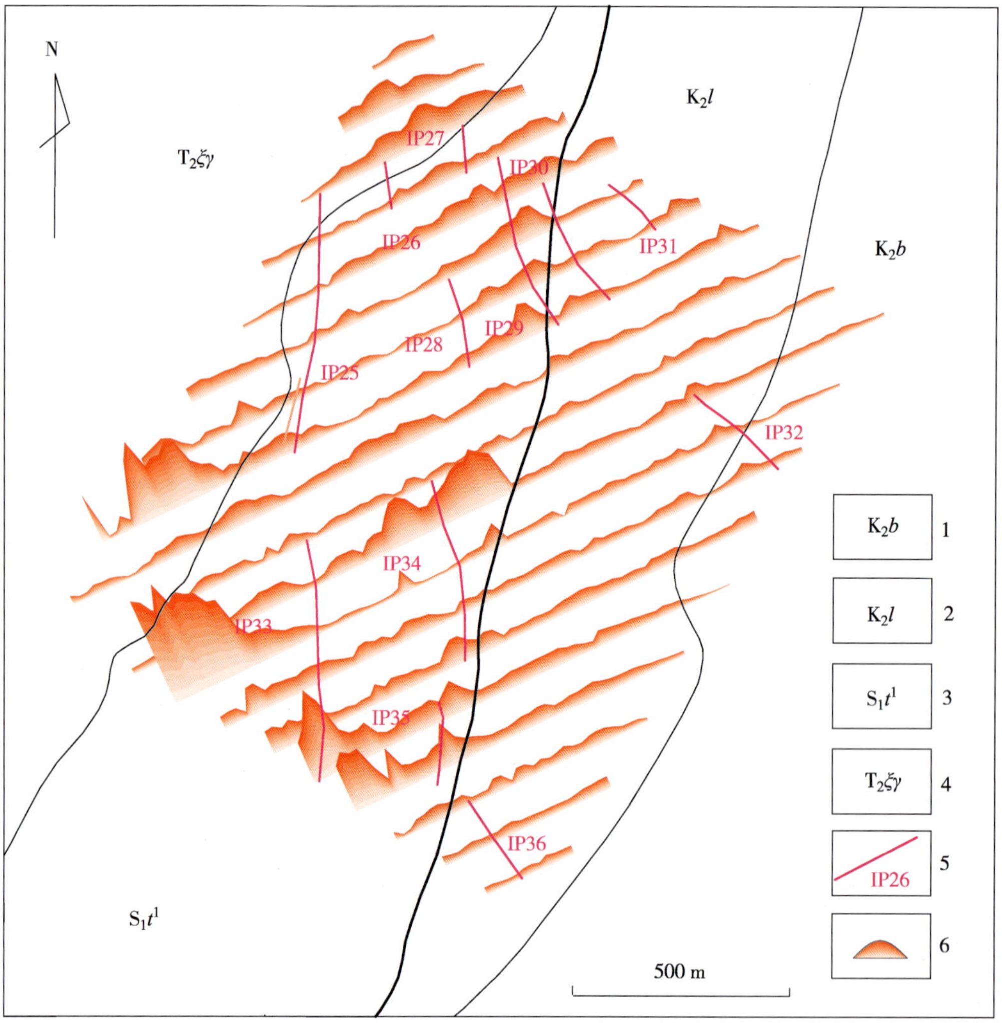

图 4-11　铁弯岭地区视电阻率平剖图

1—上白垩统报万组砾质砂岩、含砾砂岩；2—上白垩统鹿母湾组含砾砂岩、凝灰岩；3—下志留统陀烈组下段千枚岩；4—中三叠世中粗粒斑状黑云母正长花岗岩；5—物探推断异常及编号；6—幅频率色标

点、41 线 234 号点、42 线 237 号点、43 线 240 号点、44 线 242 号点上。异常南部出露地层为陀烈组下段，主要岩性为千枚岩；北部出露有中三叠世中粗粒斑状黑云母二长花岗岩。异常南部有一走向南北的矿化带。该异常视幅频率为 1.35%~2.4%，视电阻率为 200~500Ω · m，为中低阻中高极化异常。结合物探及地质资料分析，推断该异常由矿化蚀变带所引起。

2. IP26 异常

IP26 异常位于测区北部。异常范围较小，强度较低。异常分布于 43 线 249 号点、44 线 250 号点上，走向北北西。异常位于陀烈组千枚岩和中三叠世中粗粒斑状黑云母二长花岗岩的岩性接触带上。该异常视幅频率为 1.2%~1.7%，视电阻率为 500~900Ω · m，为中高极化异常。结合物探及地质资料分析，推断此中高极化异常为金属硫化物相对富集的反映或者由矿化引起。

3. IP27 异常

IP27 异常位于测区北部。异常范围较小，异常分布于 43 线 259 号点、44 线 260 号点上，走向南北。异常位于志留系陀烈组下段中，岩性为千玫岩，异常西侧分布有一细粒花岗岩脉。该异常视幅频率为 1.7%~2.1%，视电阻率为 700~1250Ω · m，为高极化异常。结合物探及地质资料分析，推断此高极化异常为金属硫化物相对富集的反映或者由矿化引起。

4. IP28 异常

IP28 异常位于测区中部。异常分布于 39 线 250 号点、40 线 251 号点、41 线 252 号点周围，走向北北西。异常位于志留系陀烈组下段中，岩性为千枚岩。该异常视幅频率为 1.5%~3.0%，视电阻率为 200~600Ω · m，为低阻高极化异常。结合物探及地质资料分析，推断该高极化异常由矿化蚀变带引起。

5. IP29 异常

IP29 异常位于测区中部。异常分布于 39 线 261 号点、40 线 260 号点、41 线 261 号点、42 线 262 号点、43 线 263 号点周围，走向北北西。异常带上出露志留系陀烈组下段（岩性为千枚岩）和下白垩统鹿母湾组（岩性为砂砾岩夹凝灰岩），异常带东侧为铁弯岭断层。该异常视幅频率为 1.5%~3.2%，视电阻率为 600~1250Ω · m，为高极化异常。结合物探及地质资料分析，推断该高极化异常为金属硫化物相对富集的反映或者由矿化引起。

6. IP30 异常

IP30 异常位于测区北东部。异常分布于 39 线 268 号点、40 线 267 号点、41 线 267 号点、42 线 267 号点周围，走向北西。异常区出露志留系陀烈组下段（岩性为千枚岩）和下白垩统鹿母湾组（岩性为砂砾岩夹凝灰岩），异常带斜穿过铁弯岭断层。该异常视幅频率为 1.5%~2.5%，视电阻率为 250~900Ω · m，为低阻高极化异常。结合物探及地质资料分析，推断该高极化异常为矿化蚀变带的反映。

7. IP31 异常

IP31 异常位于测区东部。异常分布于 40 线 274 号点、41 线 276 号点上，走向北西。异常区出露地层为下白垩统鹿母湾组，岩性为砂砾岩夹凝灰岩。该异常视幅频率为 1.4%~2.1%，视电阻率为 250~500Ω · m，为低阻高极化异常。结合物探及地质资料分析，推断该异常的高极化率为金属硫化物相对富集的反映或者由矿化蚀变带引起。

8. IP32 异常

IP32 异常位于测区东部。异常分布于 34 线 278 号点、35 线 276 号点、36 线 272 号点之间，走向北西。异常区出露地层为下白垩统鹿母湾组（岩性为砂砾岩夹凝灰岩）和上白垩统报万组（岩性为砾质砂岩、含砾砂岩）。该异常视幅频率为 1.3%~1.9%，视电阻率为 300~700Ω · m，为低阻中极化异常。结合物探及地质资料分析，推断该异常的中极化率为金属硫化物相对富集的反映或者由矿化引起。

9. IP33 异常

IP33 异常位于测区南部。异常呈条带状展布，走向南北，分布于 32 线 214 号点、33 线 217 号点、34 线 219 号点、35 线 222 号点、36 线 223 号点、37 线 225 号点之间。异常区出露地层为陀烈组下段，主要岩性为千枚岩。该异常视幅频率为 1.6%~5.1%，视电阻率为 250~2750Ω · m。结合物探及地质资料分析，推断引起该异常低阻高极化的原因为断裂破碎带中金属硫化物相对富集的反映或者由矿化蚀变带引起。

10. IP34 异常

IP34 异常位于测区中部。异常呈条带状展布，走向北北西，分布于 33 线 235 号点、34 线 238 号点、35 线 240 号点、36 线 240 号点、37 线 241 号点之间。异常区出露地层为陀烈组下段，主要岩性为千枚岩。该异常视幅频率为 1.6%~2.1%，视电阻率为 100~1500Ω · m。结合物探及地质资料分析，推断该异常高极化为金属硫化物相对富集的反映或者由矿化引起。

11. IP35 异常

IP35 异常位于测区南部。异常范围较小，强度较低。异常分布于 31 线 227 号点、32 线 230 号点上，走向北北东。异常区出露地层为陀烈组下段，主要岩性为千枚岩。该异常视幅频率为 1.4%~1.6%，视电阻率为 900~1500Ω·m，为高阻中等极化异常。结合物探及地质资料分析，推断该异常中等极化为金属硫化物相对富集的反映。

12. IP36 异常

IP36 异常位于测区南部。异常分布于 28 线 231 号点、29 线 230 号点、30 线 229 号点周围，走向北西。异常区出露地层为白垩系鹿母湾组，主要岩性为砂砾岩夹凝灰岩。该异常视幅频率为 2.1%~3.2%，视电阻率为 250~500Ω·m，为低阻高极化异常。结合物探及地质资料分析，推断引起该异常低阻高极化的原因为断裂破碎带中金属硫化物相对富集的反映或者由矿化蚀变带引起。

第二节　音频大地电磁测深

本次施工的音频大地电磁测深测量（EH4）1 条测线位于外围（西南）狗岭地区且重叠于激电中梯的 10 号线。根据电性特征及解释推断下志留统陀烈组绢云母石英千枚岩和含炭千枚岩电阻率在 100~1000Ω·m，局部含炭较高可小于 100Ω·m。由电性特征，大致可以分为两层，上层为土层和相对破碎基岩，下层为相对完整基岩（图 4-12）。

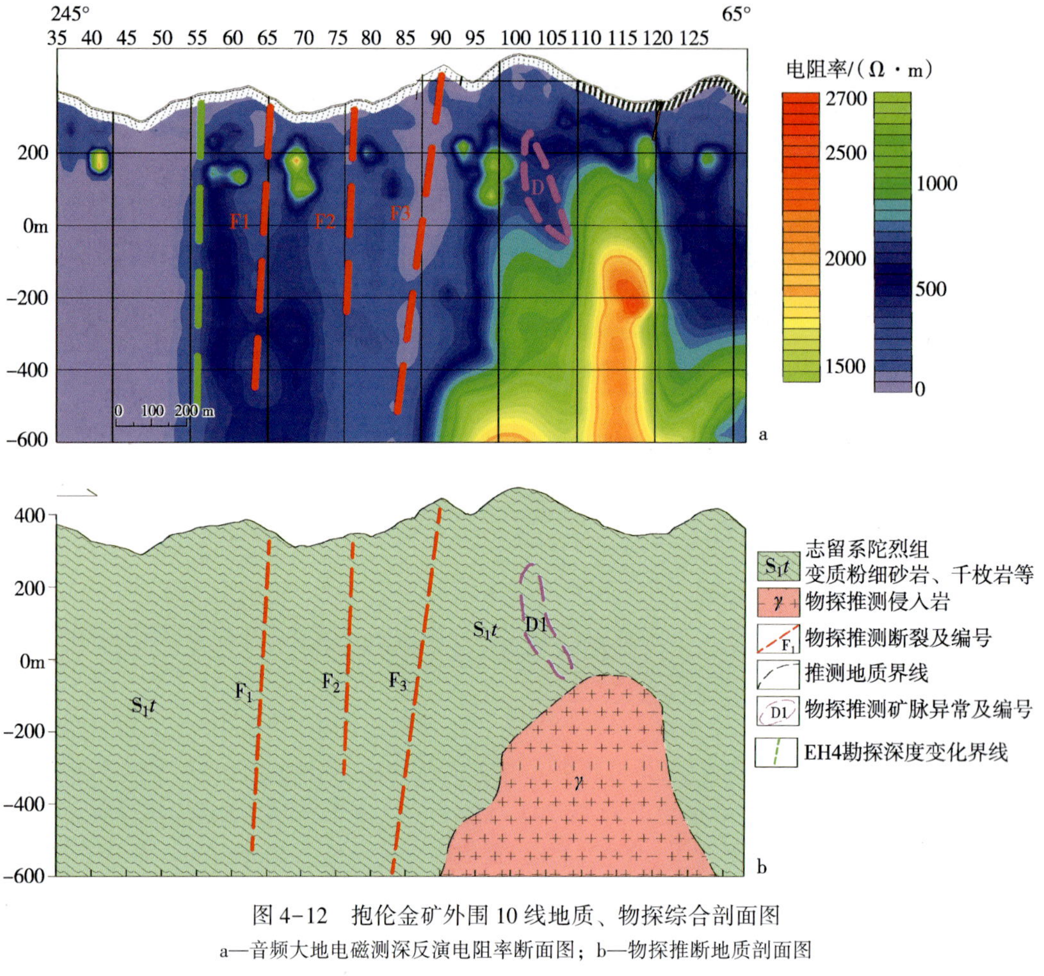

图 4-12　抱伦金矿外围 10 线地质、物探综合剖面图

a—音频大地电磁测深反演电阻率断面图；b—物探推断地质剖面图

35~55 号点，反演电阻率很低，探测深度基本小于 500 m，初步推断为含炭千枚岩。在 55 号点两侧电阻率变化较大，推断存在岩性接触带。

55~95 号点，反演电阻率为中低，初步推断为下志留统陀烈组绢云母石英千枚岩，地层厚度多大于 1000 m。

63~65 号点附近、75~77 号点附近分别有低阻异常带存在，宽度均约 20 m，推断为构造破碎带 F_1、F_2 的反映，这两条构造破碎带可能呈北北西走向，倾向南西，倾角 70°~80°。

83~91 号点，有一宽度较大（约 80 m）、并且向深部延伸大于 1000 m 的低阻异常带，可能为较大规模的构造破碎带反映，编号 F_3，走向可能为北北西，倾向南西，倾角 70°~80°。

95~12 号点附近，反演电阻率为中高阻，推断为基岩相对完整，可能为中三叠世花岗岩体的反映，呈岩株状；其中 95、121 号点附近侵入较浅。95、121 号点附近电阻率界线较为明显，这两处可能为隐伏侵入岩体与下志留统千枚岩的最浅接触部位（为隐伏侵入岩体的顶界面）。

101~109 号点，标高-50~200 m 有一低阻异常 D1，可能为侵入岩体顶部受区域地质作用导致破碎而引起。

121~133 号点，反演电阻率浅部约 650 m 以上为中低阻，约 650 m 以下为相对高阻，推断浅部约 650 m 以上为千枚岩的反映，深部约 650 m 以下可能为侵入岩体引起。

与土壤异常的对比分析从推断结果可知：推断 F_2 构造破碎带分布于土壤异常 AP15 的西南部，推断 F_3 构造破碎带处于土壤异常 AP9 的中段，D1 异常与 AP8 位置基本吻合。综上所述，音频大地电磁测深异常与土壤异常基本一致。进一步分析可知，这些土壤异常很可能是地下矿脉层通过断裂或者裂隙的元素迁移异常，这对进一步找矿有非常重要的指导意义。

依据音频大地电磁测深（EH4）工作结果，共推断了 3 条构造破碎带和 1 处低阻异常带，这些推断的构造破碎带和低阻异常带均与土壤化探异常及地质构造特征对应较好。

第三节　可控源音频大地电磁测深

从可控源视电阻率断面图可以看出（图 4-13），大致可以分为两层，上层视电阻率变化较大，为土层和相对破碎基岩；下层视电阻率相对稳定高阻，为相对完整基岩。

131~146 号点，反演电阻率为中高。标高为 200~-100 m 处有一珠状的高阻异常带，推断为硅质含量较高的变质粉砂岩。

147~159 号点，标高 200~-200 m 有一低阻异常带 D2，视电阻率极小值小于 100Ω · m。根据激电中梯资料，视极化率极大值大于 10%。此处地表出露岩石里多见有炭质。结合钻孔资料，推断引起该低阻高极化异常的原因为含炭千枚岩的破碎富水引起。

160~178 号点，反演电阻率为中低阻。169~173 号点标高 350~-270 m 内有一低阻异常带，推断为一断裂破碎带 F_4，倾向西南，倾角 80°。结合地质资料，推断该破碎带可能为已知破碎带 Tr12。

179~190 号点，反演电阻率为高阻，推断为基岩相对完整，可能为硅化岩层的反映。

191~209 号点，反演电阻率为中低，初步推断为下志留统陀烈组绢云母石英千枚岩；视电阻率变化剧烈，推断此处构造活动强烈，存在多条断裂破碎带。191~199 号点标高-350~-30 m 内有一低阻异常带，推断为一断裂破碎带 F_5，倾向南西；结合地质资料，推断该破碎带可能为异常破碎带 Tr8 的深部延伸。194~196 号点标高为 20~-270 m 内，有一低阻异常带，推断为一断裂破碎带 F_6，为一近乎直立断裂，结合地质资料，推断该断裂破碎带可能为地质所推断破碎带 Tr9 的浅部反映。200~203 号点标高 250~-200 m 内有一低阻异常带，推断为断裂破碎带 F_7，倾向南西，和已知

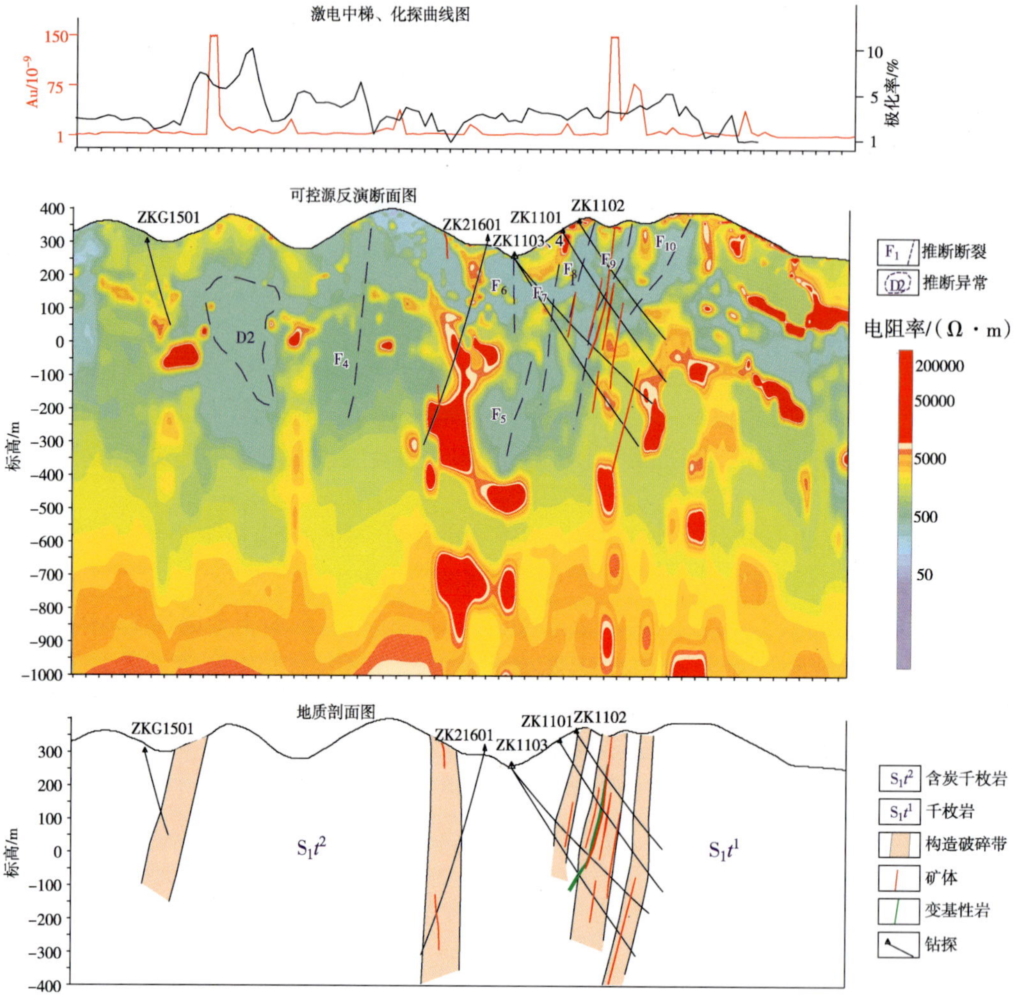

图 4-13 抱抡金矿 17 线地质-物探-化探综合剖面图

的断裂破碎带 Tr7 对应良好，推断为 Tr7 的反映。205~207 号点标高 40~370 m 内有一低阻异常带，推断为断裂破碎带 F_8，倾向南西，倾角较陡，和已知断裂破碎带 Tr6 对应良好。

210~223 号点，标高 100 m 以上反演为中低阻，100 m 以下反演为高阻，推断为受坑道施工影响的潜水位线的反映。210~213 号点附近有一从地表向下延伸 670 m 低阻异常带，倾向南西，推断为断裂破碎带 F_9，和已知破碎带 Tr4 对应较好。217~223 号点附近，标高 400~-50 m 内有一低阻异常带，倾向南西，推断为断裂 F_{10}，和已知的断裂破碎带 Tr1 对应较好。

237 号点，两侧电阻率变化较大，往小号点一侧，视电阻率值为中低，往大号点一侧，视电阻率值相对较高，结合地质资料，推断此处存在岩性界线。

第四节 激电测井

本次工作共完成 4 个钻孔的测井工作，分别为 ZK20801、ZK21501、ZK22201、ZKL0101，完成测井工作量 2130 m。

根据本次完成的物探电法工作，结合在本工区测定钻孔岩芯视电阻率、视极化率（表 4-4）

可总结出本测区岩（矿）石电性特征如下：

1）碎裂千枚岩、碎裂变质粉砂岩的视极化率最高，视电阻率最低。

2）碎裂千枚岩视极化率7.3%~8.22%，视电阻率112~152 Ω·m；而围岩绢云母石英千枚岩的视极化率4.6%~5.5%，视电阻率227~254 Ω·m，两者有一定的电性差异。

3）碎裂变质粉砂岩视极化率8.54%，视电阻率714 Ω·m；而围岩变质粉砂岩视极化率5.38%，视电阻率909 Ω·m，两者电性差异明显。

4）豪岗岭地区的视极化率背景值为4.6%~5.5%，狗岭地区视极化率背景值为5.38%，铁弯岭地区的视极化率背景值为4.6%。

5）此次测井工作可以在一定程度上反映该区的岩石电性特征，但测井的工作量较少，代表性较差。

表4-4 激电测井岩石电性特征表

岩性		极化率/%		视电阻率/(Ω·m)	
		平均值	变化范围	平均值	变化范围
ZK21501	变质粉砂岩	5.38	2~13	909	369~1815
	碎裂变质粉砂岩	8.54	3~27	714	177~1489
	硅化变质粉砂岩	4.19	3~7	1085	639~1466
	含炭变质粉砂岩	5.75	4~14	836	348~1103
	闪长岩	5.77	4~14	822	349~1104
	石英脉	7.20	2~27	897	806~1816
ZK20801	绢云母石英千枚岩	5.5	1.6~20	254	23~681
	碎裂千枚岩	7.3	2~20	152	40~508
	硅化千枚岩	3.3	2.4~5.6	337	185~442
ZK22201	绢云母石英千枚岩	4.6	1.05~15	227	4.7~819
	碎裂千枚岩	8.22	2~15	112	5~668
	硅化千枚岩	2.8	1.35~12.6	337	49~505
ZKL0101	绢云母石英千枚岩	4.6	1.05~15	227	4.7~819
	石英脉	1.2	1~1.4	818	814~819
	硅化千枚岩	1.8	1~5.2	680	218~819
	绿片岩脉	1.9	1.2~2.4	719	372~819

第五章　矿区地球化学特征

第一节　土壤地球化学测量

外围狗岭预测区 1：1 万土壤地球化学测量共分析测试了 Au、Ag、As、Sb、Te、Cu、Mo、Pb、Zn、Bi、W、Hg 等 12 种元素含量（图 5-1），共圈定了 Au、Ag 等主要元素异常合计 122 处，综合异常 20 处（图 5-2）。元素异常参数、单异常基本特征见表 5-1、表 5-2。

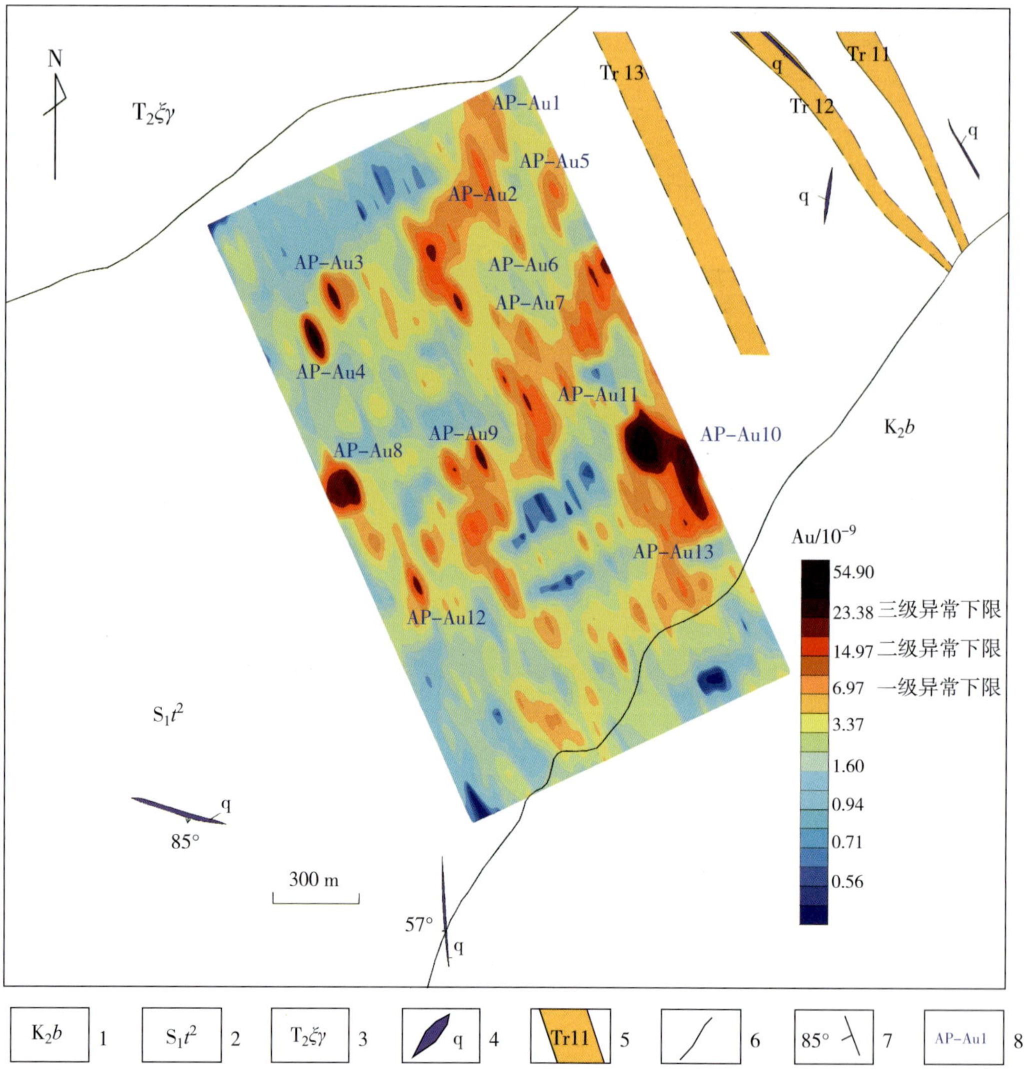

图 5-1　抱伦金矿土壤化探 Au 元素地球化学及异常图

1—上白垩统报万组砾质砂岩或含砾砂岩；2—志留系陀烈组中段含炭千枚岩；3—中三叠世中粗粒斑状黑云母正长花岗岩；4—石英脉；5—破碎带及编号；6—实测地质界线；7—产状；8—化探异常编号

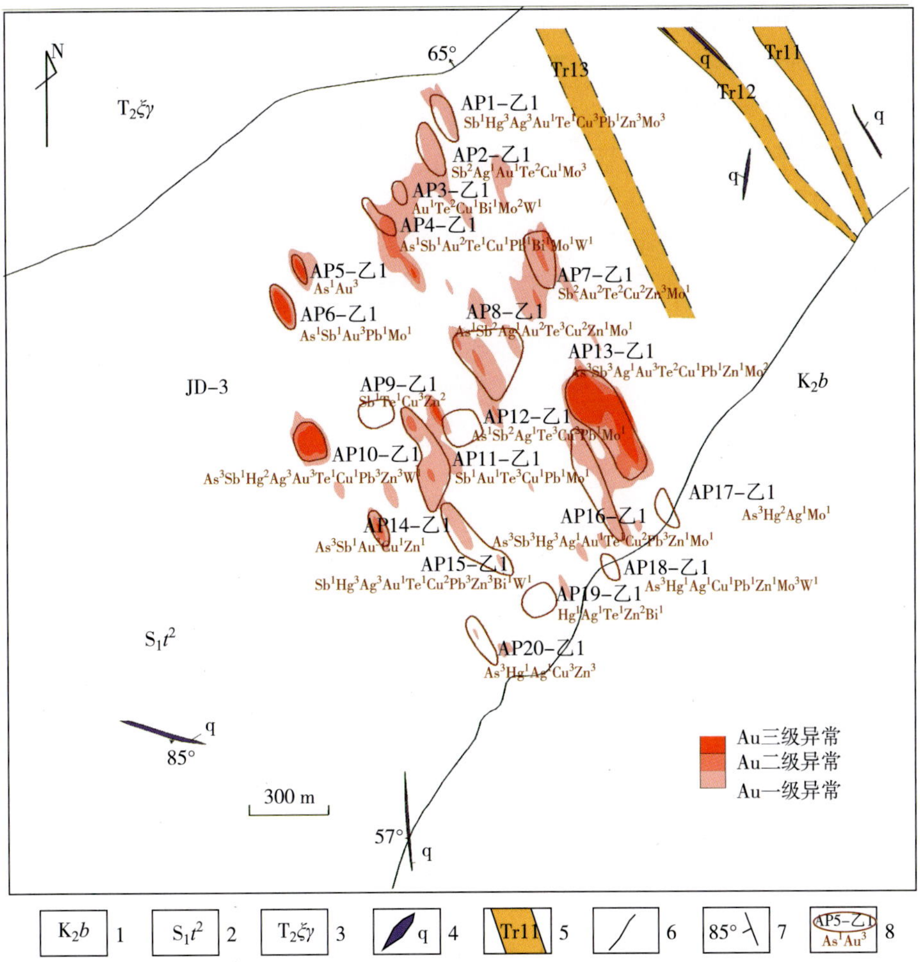

图 5-2 抱伦金矿土壤化探综合异常图

1—上白垩统报万组砾质砂岩或含砾砂岩；2—志留系陀烈组中段含炭千枚岩；3—中三叠世中粗粒斑状黑云母正长花岗岩；4—石英脉；5—破碎带及编号；6—实测地质界线；7—产状；8—综合异常、编号、异常元素和异常级别

表 5-1　抱伦金矿外围 1∶1 万土壤测量异常下限、背景平均值统计表

异常元素	Au	Ag	Cu	Mo	Zn	Sb	Pb	W	As	Bi	Te	Hg
背景平均值	1. 72	0. 075	14. 25	0. 93	41. 37	1. 26	17. 76	3. 05	25. 02	0. 46	41. 21	80. 82
标准离差	2. 4	0. 038	14. 41	2	23. 96	0. 84	13. 94	1. 06	27. 9	0. 19	40. 76	29. 11
异常下限	6. 97	0. 147	43. 02	6. 39	85. 3	2. 82	45. 45	4. 38	75. 85	0. 77	120. 32	112. 93

注：Au 含量为 10^{-9}；其他元素含量为 10^{-6}。

表 5-2　抱伦金矿外围 1∶1 万土壤测量单元素异常特征表

异常元素	异常编号	异常个数	异常下限	异常值		异常点数	异常面积 km²	浓度分带	衬度	规模
				最高值	平均值					
Ag	AP-Ag1	1	0. 147	0. 53	0. 254	11	0. 024	3	1. 73	0. 041
	AP-Ag2	1	0. 147	0. 504	0. 501	1	0. 002	3	3. 41	0. 007
	AP-Ag3	1	0. 147	1. 174	0. 313	6	0. 011	3	2. 13	0. 023
	AP-Ag4	1	0. 147	0. 733	0. 365	13	0. 032	3	2. 48	0. 079
	AP-Ag5	1	0. 147	0. 292	0. 218	2	0. 003	2	1. 48	0. 004
	AP-Ag6	1	0. 147	0. 49	0. 222	18	0. 035	3	1. 51	0. 053

续表

异常元素	异常编号	异常个数	异常下限	异常值		异常点数	异常面积 km²	浓度分带	衬度	规模
				最高值	平均值					
Ag	AP-Ag7	1	0.147	0.543	0.23	84	0.177	3	1.56	0.277
	AP-Ag8	1	0.147	0.231	0.201	3	0.005	1	1.37	0.007
	AP-Ag9	1	0.147	0.459	0.222	18	0.036	3	1.51	0.054
	AP-Ag10	2	0.147	0.291	0.2	13	0.021	2	1.36	0.029
	AP-Ag11	1	0.147	0.186	0.173	3	0.004	1	1.18	0.005
	AP-Ag12	1	0.147	0.236	0.186	6	0.009	1	1.27	0.011
	AP-Ag13	1	0.147	0.272	0.207	4	0.006	2	1.41	0.008
Au	AP-Au1	1	6.97	10.63	10.05	3	0.01	1	1.44	0.014
	AP-Au2	1	6.97	33.9	12.5	33	0.071	3	1.79	0.127
	AP-Au3	1	6.97	61.73	20.15	5	0.012	3	2.89	0.035
	AP-Au4	1	6.97	153.28	43.92	4	0.009	3	6.30	0.057
	AP-Au5	1	6.97	15.95	12.39	4	0.009	1	1.78	0.016
	AP-Au6	1	6.97	31.28	13.23	22	0.043	3	1.90	0.082
	AP-Au7	1	6.97	15.85	8.97	5	0.007	1	1.29	0.009
	AP-Au8	1	6.97	59.17	26.8	9	0.021	3	3.85	0.081
	AP-Au9	1	6.97	55.63	13.07	27	0.053	3	1.88	0.099
	AP-Au10	1	6.97	29.41	12.72	17	0.033	3	1.82	0.060
	AP-Au11	1	6.97	16.13	12.6	2	0.004	1	1.81	0.007
	AP-Au12	1	6.97	34.77	19.21	3	0.007	3	2.76	0.019
	AP-Au13	1	6.97	181.7	25.11	55	0.108	3	3.60	0.389
As	AP-As1	1	75.85	120.86	94.7	4	0.008	1	1.25	0.010
	AP-As2	1	75.85	255.75	113.6	29	0.069	3	1.50	0.103
	AP-As3	2	75.85	95.21	85.7	7	0.009	1	1.13	0.010
	AP-As4	1	75.85	219.41	134.2	16	0.033	3	1.77	0.058
	AP-As5	1	75.85	153.2	132.5	6	0.014	2	1.75	0.024
	AP-As6	1	75.85	99.13	92.08	3	0.004	1	1.21	0.005
	AP-As7	2	75.85	184.88	117.6	9	0.015	2	1.55	0.023
	AP-As8	1	75.85	235.9	163.1	4	0.008	3	2.15	0.017
	AP-As9	1	75.85	95.75	90.73	5	0.007	1	1.20	0.008
	AP-As10	1	75.85	812.14	147	88	0.181	3	1.94	0.351
	AP-As11	1	75.85	347.95	184	7	0.013	3	2.43	0.032
Cu	AP-Cu1	1	43.02	54.74	50.56	6	0.008	1	1.18	0.009
	AP-Cu2	1	43.02	72.35	60.77	3	0.005	2	1.41	0.007
	AP-Cu3	1	43.02	92.34	68.65	17	0.035	3	1.60	0.056
	AP-Cu4	1	43.02	81.11	61.06	11	0.019	3	1.42	0.027
	AP-Cu5	1	43.02	86.32	60.35	32	0.064	3	1.40	0.090
	AP-Cu6	1	43.02	75.56	60.69	10	0.019	2	1.41	0.027
	AP-Cu7	1	43.02	99.27	70.56	10	0.022	3	1.64	0.036
	AP-Cu8	1	43.02	92.99	63.85	33	0.07	3	1.48	0.104

续表

异常元素	异常编号	异常个数	异常下限	异常值		异常点数	异常面积 km²	浓度分带	衬度	规模
				最高值	平均值					
Cu	AP-Cu9	1	43.02	53.03	49.79	5	0.006	1	1.16	0.007
	AP-Cu10	1	43.02	96.01	56.82	49	0.098	3	1.32	0.129
	AP-Cu11	1	43.02	129.1	81.94	5	0.008	3	1.90	0.015
	AP-Cu12	1	43.02	266.5	100.5	13	0.019	3	2.34	0.044
Mo	AP-Mo1	1	6.39	38.99	22.02	28	0.066	3	3.45	0.227
	AP-Mo2	1	6.39	25.33	12.16	15	0.028	3	1.90	0.053
	AP-Mo3	1	6.39	12.79	10.27	3	0.004	1	1.61	0.006
	AP-Mo4	1	6.39	11.74	9.19	2	0.002	1	1.44	0.003
	AP-Mo5	2	6.39	43.36	18.21	54	0.108	3	2.85	0.308
	AP-Mo6	2	6.39	22.45	10.85	15	0.031	2	1.70	0.053
	AP-Mo7	1	6.39	42.01	14.36	66	0.14	3	2.25	0.315
Pb	AP-Pb1	1	45.45	68.73	68.73	1	0.006	2	1.51	0.009
	AP-Pb2	1	45.45	189.8	95.68	18	0.052	3	2.11	0.109
	AP-Pb3	1	45.45	70.41	69.03	2	0.004	1	1.52	0.006
	AP-Pb4	1	45.45	105.7	67.22	3	0.004	2	1.48	0.006
	AP-Pb5	1	45.45	81.58	57.52	6	0.007	2	1.27	0.009
	AP-Pb6	1	45.45	674.6	145.4	9	0.017	3	3.20	0.054
	AP-Pb7	1	45.45	59.06	58.43	3	0.006	1	1.29	0.008
	AP-Pb8	1	45.45	59.27	49.83	4	0.003	1	1.10	0.003
	AP-Pb9	1	45.45	74.91	64.11	4	0.007	1	1.41	0.010
	AP-Pb10	1	45.45	215.4	69.37	44	0.086	3	1.53	0.131
	AP-Pb11	1	45.45	75.12	67.19	2	0.004	1	1.48	0.006
	AP-Pb12	1	45.45	177.9	68.96	68	0.14	3	1.52	0.212
	AP-Pb13	1	45.45	86.89	68.35	7	0.013	2	1.50	0.020
	AP-Pb14	1	45.45	140.4	98.19	3	0.006	3	2.16	0.013
Zn	AP-Zn1	1	85.3	400.2	155.7	18	0.041	3	1.83	0.075
	AP-Zn2	1	85.3	105.4	96.17	3	0.003	1	1.13	0.003
	AP-Zn3	1	85.3	175.8	111.4	3	0.003	3	1.31	0.004
	AP-Zn4	1	85.3	158.3	125.2	7	0.015	3	1.47	0.022
	AP-Zn5	1	85.3	157.3	107	27	0.046	3	1.25	0.058
	AP-Zn6	1	85.3	181.6	119.5	8	0.017	3	1.40	0.024
	AP-Zn7	1	85.3	176.5	114.9	9	0.017	3	1.35	0.023
	AP-Zn8	1	85.3	127.8	105.8	9	0.017	2	1.24	0.021
	AP-Zn9	1	85.3	125.5	101.7	6	0.011	2	1.19	0.013
	AP-Zn10	1	85.3	181.5	113	33	0.064	3	1.32	0.085
	AP-Zn11	1	85.3	144.4	100	58	0.117	3	1.17	0.137
	AP-Zn12	1	85.3	113.5	98.99	7	0.009	1	1.16	0.010
	AP-Zn13	1	85.3	270.6	150.8	6	0.013	3	1.77	0.023

续表

异常元素	异常编号	异常个数	异常下限	异常值		异常点数	异常面积 km²	浓度分带	衬度	规模
				最高值	平均值					
Sb	AP-Sb1	1	2.82	9.64	4.27	25	0.055	3	1.51	0.083
	AP-Sb2	1	2.82	7.23	4.26	64	0.133	3	1.51	0.201
	AP-Sb3	1	2.82	6.23	3.82	5	0.006	3	1.35	0.008
	AP-Sb4	1	2.82	4.28	3.54	21	0.041	1	1.26	0.051
	AP-Sb5	1	2.82	6.62	3.7	39	0.073	3	1.31	0.096
	AP-Sb6	1	2.82	10.39	5.46	42	0.09	3	1.94	0.174
Bi	AP-Bi1	1	0.77	1.16	0.99	4	0.006	3	1.29	0.008
	AP-Bi2	1	0.77	3.46	1.21	38	0.1	3	1.57	0.157
	AP-Bi3	1	0.77	4.16	1.28	56	0.136	1	1.66	0.226
	AP-Bi4	1	0.77	1.14	1.04	2	0.003	1	1.35	0.004
	AP-Bi5	1	0.77	1.8	1.04	29	0.061	2	1.35	0.082
	AP-Bi6	1	0.77	1.41	1.16	3	0.006	1	1.51	0.009
	AP-Bi7	1	0.77	1.77	1.05	9	0.018	2	1.36	0.025
	AP-Bi8	1	0.77	0.92	0.84	4	0.006	1	1.09	0.007
W	AP-W1	1	4.38	19.71	7.56	86	0.214	3	1.73	0.369
	AP-W2	1	4.38	13.44	6.21	28	0.064	3	1.42	0.091
	AP-W3	1	4.38	5.76	5.32	5	0.01	1	1.21	0.012
	AP-W4	1	4.38	5.95	5.56	3	0.006	1	1.27	0.008
	AP-W5	1	4.38	5.03	4.87	4	0.005	1	1.11	0.006
	AP-W6	1	4.38	5.42	4.96	3	0.004	1	1.13	0.005
	AP-W7	1	4.38	5.3	5.02	3	0.004	1	1.15	0.005
	AP-W8	1	4.38	7.42	5.33	13	0.024	2	1.22	0.029
Hg	AP-Hg1	1	112.93	384.32	161.58	10	0.015	3	1.43	0.021
	AP-Hg2	1	112.93	123.19	118.64	3	0.004	1	1.05	0.004
	AP-Hg3	1	112.93	206.21	157.71	6	0.011	3	1.40	0.015
	AP-Hg4	1	112.93	294.46	150.67	132	0.274	3	1.33	0.366
	AP-Hg5	1	112.93	223.24	179.49	3	0.006	3	1.59	0.010
	AP-Hg6	1	112.93	144.1	128.1	3	0.004	1	1.13	0.005
	AP-Hg7	1	112.93	205.65	160	8	0.011	3	1.42	0.016
Te	AP-Te1	1	120.32	206.9	170.26	13	0.028	3	1.42	0.040
	AP-Te2	1	120.32	187.5	148.8	4	0.004	2	1.24	0.005
	AP-Te3	1	120.32	168.4	139	5	0.006	1	1.16	0.007
	AP-Te4	1	120.32	312.1	166.1	106	0.21	3	1.38	0.290
	AP-Te5	1	120.32	185.6	138.6	14	0.021	2	1.15	0.024
	AP-Te6	1	120.32	156.4	135.5	9	0.014	1	1.13	0.016
	AP-Te7	1	120.32	156.8	131.28	4	0.004	1	1.09	0.004
	AP-Te8	1	120.32	253.2	153.9	45	0.093	3	1.28	0.119
	AP-Te9	1	120.32	165.2	158.4	5	0.009	2	1.32	0.012
	AP-Te10	1	120.32	137.1	134.4	4	0.005	1	1.12	0.006

注：Au 含量为 10^{-9}；其他元素含量为 10^{-6}。

成矿元素及其共伴生元素地球化学异常特征：

抱伦金矿外围主要成矿元素为 Au，共伴生元素为 Cu、Mo、Te、Sb、Ag、Pb、Zn 等元素。现分别叙述如下：

金：Au 异常主要以北西向呈不规则面状、条带状分布在区内东南部、北东部、中部的志留系陀烈组中段含炭千枚岩中。异常具三级浓度分带和明显的浓集中心，异常总体与 Te、Cu、Sb、Mo 等元素异常基本重叠，与 Pb、Zn、Ag 等异常部分重叠，而与 Hg 异常几乎不重叠。其中 AP-Au13 最高值为 181.7×10^{-9}，平均值为 25.11×10^{-6}，与 AP-As10 完全重叠。从整体来看，Au 异常的分布沿北东向分布，推断内部发育两条平行的断裂带。

碲、砷、锑、铜、钼：区内这五种元素分布特征基本相似，呈不规则状分布在区内中部、东南部一带的志留系陀烈组中段含炭千枚岩中。衬度、规模大，强度高，具明显的三级浓度分带，有多个浓集中心，浓集中心的走向大约沿北东向分布，与 Au 等异常基本重叠。中低温元素与高温元素的重合，对寻找碲化型金多金属隐伏矿体有重要的指示作用。

银：Ag 异常主要以北西向呈不规则状分布在区内东南部、中部一带，部分分布在西部、北东部一带的志留系陀烈组中段含炭千枚岩中。异常连续性好，具明显的三级浓度分带，衬度、规模较大，强度高。其中 AP-Ag7 最高值为 0.543×10^{-6}，平均值为 0.23×10^{-6}。异常与 Au、As、Hg、Pb、Zn 等元素部分重叠。

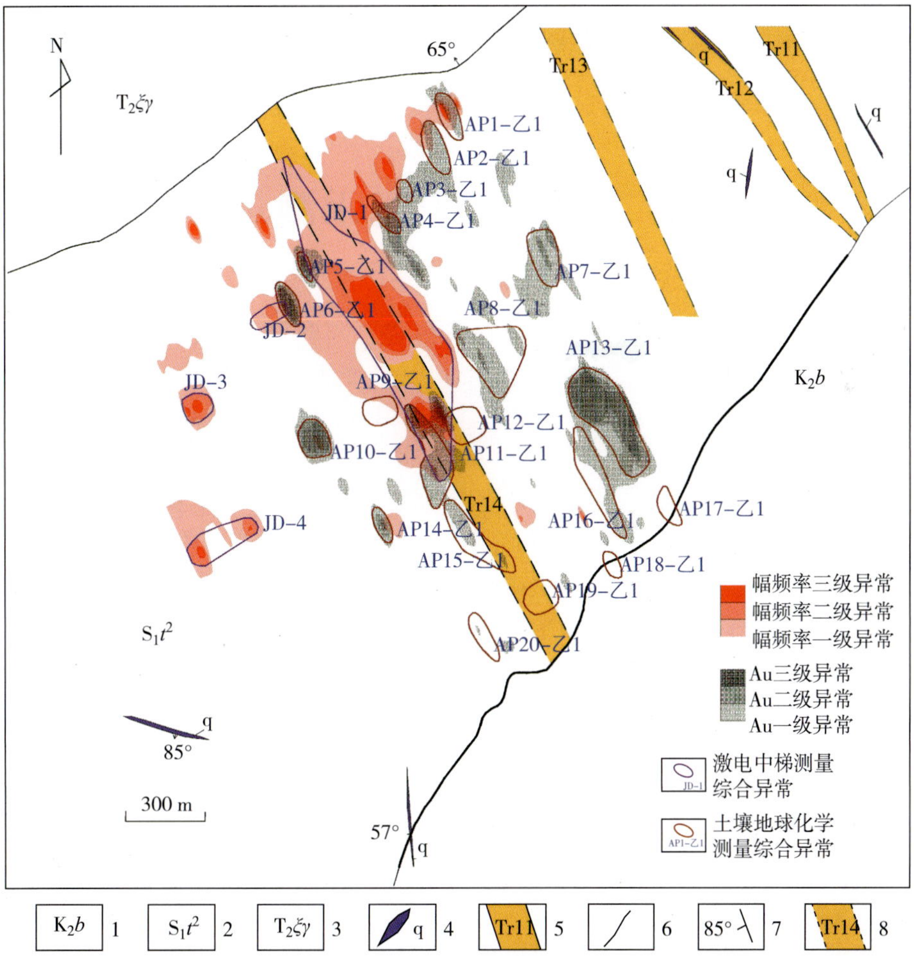

图 5-3　抱伦金矿土壤物化探综合异常及异常解释推断图

1—上白垩统报万组砾质砂岩或含砾砂岩；2—志留系陀烈组中段含炭千枚岩；3—中三叠世中粗粒斑状黑云母正长花岗岩；4—石英脉；5—破碎带及编号；6—实测地质界线；7—产状；8—物化探异常推断含矿破碎带及编号

铅和锌：Pb、Zn异常主要呈不规则状发育在区内北东部、中部、东南部一带的志留系陀烈组中段含炭千枚岩中。其中，AP-Pb12最高值为177.9×10^{-6}，平均值为68.96×10^{-6}；AP-Zn11最高值为144.4×10^{-6}，平均值为100×10^{-6}。与Au、As、Ag、Cu、Mo等异常部分重叠。

汞：Hg异常主要呈不规则面状发育在区内中部偏南一带的志留系陀烈组中段含炭千枚岩中。异常连续性好，衬度、规模较大，强度高。具明显的浓度分带，有多个浓集中心。异常分布在AP-Au13的西侧，推测异常主要由区内南部的北东向断裂引起的。

铋和钨：区内Bi、W异常主要呈不规则面状发育在区内北部一带，部分分布在区内中部偏南一带的志留系陀烈组中段含炭千枚岩中。具三级浓度分带，浓集中心明显，异常连续性好，强度高，异常的大规模发育可能是受北西部的三叠纪花岗岩影响。

从异常特征、空间分布及其所处的成矿地质背景分析，初步有如下的看法：

1）区内Au异常发育，并与As、Sb、Cu、Mo、Te等元素相关性好，与已知开采区的矿石矿物成分一致。

2）从单元素的分布来看，AP-Au13应该是个隐伏的矿体，由岩体往西南方向依次为Pb、Zn、Hg等元素，从中温到低温元素分带。而典型的低温指示元素As和Sb却不发育，证明此处Hg的发育受断裂带影响。但与AP-Au13具相同的地质背景，因而要注重AP-Au13西南侧Pb、Zn异常重叠之处的隐伏矿前景。

3）Bi与W受北部三叠纪钾长花岗岩体影响显著，限制了高温元素的成矿成晕指示作用。

4）结合物探激电中梯测量成果，可圈出一条北北西向的线性异常带，命名为Tr14含矿破碎带（图5-3）。

第二节　壤中气汞测量

在豪岗岭南部开展了壤气汞测量共计完成测线13条，测点1522点，对全体测量数据按其分布的地质背景分成两大区：即砂岩区，包括30线和14线；变质岩区，包括其余各线。砂岩区，背景值为270 ng/m^3，异常下限为500 ng/m^3。变质岩区，背景值为300 ng/m^3，异常下限为600 ng/m^3。在制作平面异常图时，由于点线距差别很大，采用了带各向异性校正的克立格网格化方法。为了突出显示异常，取异常下限600 ng/m^{3}为首根等值线。结果Tr3、Tr2、Tr1构造破碎带均有明显反映，其异常值均在1000 ng/m^{3}以上，宽度30~50 m不等，唯有5号带没有异常，原因是该区地表的废石堆很厚，难以取得可靠的壤气汞数据。主矿脉所在的1号破碎带的异常宽而强度高，显示汞浓度可能与含金品位有正相关关系，但不能指示破碎带中的个别石英脉的位置。变质岩区异常与本区的含矿构造破碎带很好地重合Tr1、Tr2、Tr3、Tr4号破碎带与壤气汞的异常重合更为良好。从异常强度来看，Tr1带延伸至31线基本尖灭。而Tr2、Tr3、Tr4三个带则可向南东延伸至55线，地表矿化情况在23~47线之间可能较差，但47线以南又再次变好。Tr6、Tr7、Tr8三个破碎带在壤气汞图上分辨不清，合成了一个复合异常带，该带经过31~47线的贫化后也可继续追索到55线。值得特别指出的是在23线12点左右到55线的相应位置出现一条连续的异常带，（推测9号带）其异常强度向南东不断升高，在55线和Tr6、Tr7、Tr8带相交，在其交汇处应是最有利的矿化部位，值得重点投入勘探工作量。

在矿区外围南西部的重烂岭一带开展了汞气测量，测量网度为160 m×10 m，共计完成测线12条，测点2412个，确定异常下限为539 ng/m^3，圈定出汞异常呈北北西向线性展布，揭示出本区存在隐伏的北北西向构造破碎带Tr13、Tr14（图5-4）。

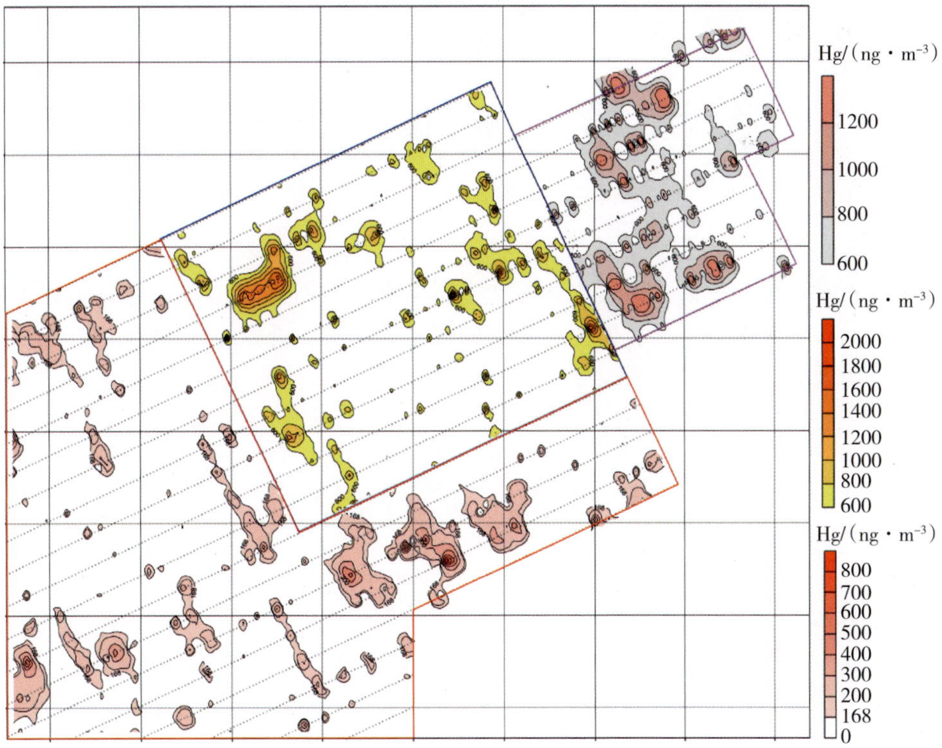

图 5-4 抱伦及外围壤中气汞测量异常图

第六章　矿物学特征

矿区内的矿石基本为原生矿，矿石主要是含金石英脉型矿石抗氧化力强近地表有少量氧化矿，因早期民采破坏而不能连接成带。矿山生产开采的多是原生矿，资源储量估算的也是原生矿，矿石主要由含金石英脉及含金蚀变岩组成。

第一节　矿石矿物

一、矿物成分

矿石主要由石英组成，硫化物充填在石英之间形成金属硫化物细脉，而自然金颗粒则产于金属硫化物颗粒周边、石英颗粒和金属硫化物颗粒之间、或包裹在硫化物矿物中间。石英脉多金属硫化物阶段以黄铁矿-磁黄铁矿-黄铜矿为主，少量含方铅矿-闪锌矿，同时，多金属硫化物阶段还见磁黄铁矿交代黄铁矿。碳酸盐矿物则产于金属硫化物细脉和细粒石英颗粒之间。

矿石矿物（金属矿物）主要为自然金、黄铁矿、磁黄铁矿。次要金属矿物为毒砂、含镍黄铁矿、黄铜矿、闪锌矿、方铅矿、自然铋、黑铋金矿、硫金铋矿、辉铋矿、硫铋铅矿、斜方硫铋铅矿、柱硫铋铅矿、卡辉铋铅矿、柱辉铋铅矿、辉锑镍矿、赫碲铋矿和微量铁砷混合物，硫铁混合物，金铋混合物，硫铁砷混合物及氧化铁等。

脉石矿物主要为石英，次要脉石矿物为白云母、绢云母、绿泥石、方解石、金红石及黏土矿物等。

1. 金属硫化物

抱伦金矿床中除铋、碲有关硫化物外的其他金属硫化物主要有黄铁矿、磁黄铁矿、毒砂、闪锌矿、辉铋矿、自然铋、辉铋铅矿、斜方硫铋铅矿等。

（1）黄铁矿

黄铁矿在矿石中的含量较多，粒度相差悬殊，最大者大于 7 mm，小者则不到 0.002 mm，自形晶、半自形晶、不规则的他形晶均有。横切面多显正方形、长方形及三角形、五角形，由切面几何形状推断，黄铁矿的晶形以立方体居多。黄铁矿在矿石中多沿裂隙发育，组成矿化细脉。细脉形态多样，如沿千枚岩片理剥离裂隙成生的黄铁矿细脉，呈复杂的叶片状，脉幅较小，约 0.1 mm 左右。另一些黄铁矿嵌布在脉石矿物粒间、晶洞内或呈浸染状分布在矿石中。浸染状黄铁矿往往以细粒居多，粒径大都小于 0.002 mm。

根据显微镜下观察，黄铁矿大致可分为三个世代。

第一世代的黄铁矿粒度呈自形-半自形晶，粒度 0.1~0.3 mm。

第二世代黄铁矿最为发育，呈半自形-他形晶，粒度粗，一般在 0.2~1 mm，主要与磁黄铁矿一起形成细脉，常伴生其他金属矿物。它与磁黄铁矿的形成时间基本一致，二者接触界线平直，无相互交代、穿插，有时则略晚于磁黄铁矿，在磁黄铁矿的边部和裂隙中呈细粒状。

第三世代的黄铁矿主要呈细脉状或网脉状，半自形粒状或他形集合体，粒度较细。这一世代的黄铁矿有时与碳酸盐矿物一起形成细脉。

在光片鉴定时发现，黄铁矿形成之后，除个别粗粒黄铁矿产生碎裂外，大都保持完好，同时还看到有的黄铁矿虽然没有碎裂，但整颗黄铁矿晶粒或晶粒中的一部分已具有非均质性，在正交镜下显示得极为清晰。黄铁矿非均质性的出现，可能与黄铁矿生成过程中受到构造应力影响有关，构造应力使黄铁矿内部结构发生变异，从而导致光性产生变化。

黄铁矿往往被其他金属矿物包括自然金交代，成为金矿物的重要载体。

(2) 含镍黄铁矿

含镍黄铁矿与黄铁矿的特征类似，二者往往呈连晶共生，反射色前者比后者黄。通过电子探针成分测定，含镍 1.17%~1.19%。

(3) 磁黄铁矿

磁黄铁矿在矿石中的含量仅次于黄铁矿，多呈他形粒状集合体，粒度 1~0.002 mm，一般为 0.1~0.02 mm 左右。反射色呈奶油色，且具有微弱的粉红棕色色调，双反射显著，非均质性强。常与其他金属矿物一起，充填在各种裂隙内以及黄铁矿和脉石矿物粒间，交代黄铁矿、毒砂的现象非常普遍。同时又经常与黄铜矿、辉锑镍矿、自然金构成连晶或共生，且被方铅矿及铋复硫盐矿物交代。

磁黄铁矿的成分与标准值基本相同，硫的含量略高，相当于结构式 $Fe_{1-X}S_{1+X}$，其中，$X \approx 0.06 \sim 0.08$。

磁黄铁矿与金关系密切，常与金紧密共生。

(4) 毒砂

毒砂在矿石中的含量远低于黄铁矿及磁黄铁矿，所见毒砂一般呈自形、半自形，他形不多，粒度 0.5~0.005 mm。毒砂一般常与黄铁矿为伴，似有被黄铁矿和磁黄铁矿交代的现象，同时在不同毒砂晶粒内发现有自然金的嵌布，因此毒砂亦是金的重要载体矿物。

(5) 黄铜矿

黄铜矿在镜下能见概率较高，能见到三个世代，但在矿石中的含量低于黄铁矿和磁黄铁矿，然而高于毒砂。第一世代黄铜矿与粗粒石英共生，呈他形粒状，粒度较粗，第二世代黄铜矿与黄铁矿、磁黄铁矿、闪锌矿、方铅矿、毒砂等共生，一般呈他形集合体，粒度 0.02~0.3 mm，另外，这一阶段的黄铜矿还与多种铋、碲的矿物以及方铅矿、自然金等共生。有时黄铜矿与磁黄铁矿连生，并经常发现黄铜矿呈乳滴状分布在闪锌矿中构成固溶体分离结构。因此，它与金矿化作用的关系非常密切，第三世代的黄铜矿交代黄铁矿，磁黄铁矿和闪锌矿，表明其形成时代略晚。

(6) 闪锌矿

闪锌矿与黄铜矿类似，多为他形集合体，经常与黄铁矿、黄铜矿相伴或与其他矿物共同组成细脉，亦或产在脉石晶洞内。自然金赋存在闪锌矿中的现象时有发现，它也是金的载体矿物。

(7) 方铅矿

在矿石中能见概率低于闪锌矿，多呈他形粒状集合体。通常与自然铋及铋复硫盐矿物相伴。有时与自然铋呈文象状连晶，有时又交代自然铋。单矿物方铅矿仅在石英粒间绢云母化和绿泥石化集中微区有所发现，似被蚀变矿物所交代。在镜下只看到方铅矿交代自然金，还未见相反的现象。

2. 铋与碲的矿物

抱伦金矿矿铋与碲的矿物非常丰富，计有硫金铋矿、辉铋矿、自然铋、硫碲铋矿、硫铋铅矿、黑铋金矿、硫铋金矿、斜方硫铋铅矿、卡辉铋铅矿、柱辉铋铅矿、赫碲铋矿以及金铋混合物等，这些矿物与金紧密共生，是重要的载金矿物。

铋与碲的矿物有时与硫化物共生，主要共生组合有磁黄铁矿+铋金矿+辉铋矿、磁黄铁矿+碲铋矿、磁黄铁矿+自然金+辉铋矿等。

铋与碲的矿物常与自然金共生，有时在金颗粒周围形成环带结构。

这些铋、碲、金的矿物与一期绿泥石-绢云母化蚀变有关，有时这些矿物形成细长条状，显示原始流动构造。

铋与碲矿物主要产于石英中，相互之间存在复杂的共生关系，但这些矿物的颗粒往往非常细小，多数只有几微米到几十微米，且交生在一起，因此，光学显微镜下一般不易辨认，只有更高分辨率如电子探针下，才能将各种矿物区分开来。

（1）辉铋矿

在矿石中的含量大于方铅矿，单体呈长柱状、针状、放射纤维状，集合体呈云雾状（地毯状）。反射色呈淡灰色且具蓝色色调，非均质性显著（鼠灰-棕色带蓝）。常与铋复硫盐矿物相伴，有时交代自然铋，有时与自然铋呈文象连晶，且经常交代自然金或围绕自然金交代呈现环带状结构。

（2）自然铋

呈他形粒状集合体，反射色为白色，微带粉红色调，非均质性明显。经常与辉铋矿、方铅矿、黑铋金矿、自然金相伴，有时与方铅矿、辉铋矿、辉铋铅矿形成文象连晶，与自然金形成蠕虫状连晶，可视为黑铋金矿的分解物。还可见自然铋单独或自然金一起充填在脉石矿物的裂隙内，呈不规则的细脉状。

（3）碲化物

在矿石中，碲化物比较少见，在镜下仅发现赫碲铋矿和碲铋矿两种矿物。赫碲铋矿反射色为白色，非均质性明显，与自然铋连晶，与磁黄铁矿、黄铜矿相伴。碲铋矿反射色白色带奶油色，显著的非均质性（淡灰蓝色至淡黄灰色），与自然金呈连晶。

（4）铋复硫盐矿物

矿石中铋复硫盐矿物种类比较多，其中有硫铋铅矿、斜方硫铋铅矿、柱硫铋铅矿、卡辉铋铅矿、柱辉铋铅矿及辉铅铋矿、辉铋铅矿等。尽管种类多，但在矿石中总的含量少。镜下发现，硫铋铅矿、柱硫铋铅矿和斜方硫铋铅矿及辉铋矿经常伴生一起，似呈蠕虫状连晶，卡辉铋铅矿与磁黄铁矿连晶，柱辉铋铅矿又与自然金连生或被自然金交代。辉铋铅矿与自然铋连生。

铋与碲矿物的主要组合有：

1）自然金+铋金矿+硫铋铅矿+硫锑铋铅矿。

2）自然铋+自然金+铋金矿+方铅矿。

3）碲铋矿+辉铋矿+方铅矿。

4）自然金+硫铋金矿+辉铋矿+方铅矿。

5）自然铋+铋金矿+硫铋铅矿+自然金+碲铋矿+方铅矿。

6）铋金矿+自然铋+辉铋矿+方铅矿+黄铜矿。

7）铋金矿+方铅矿+自然金+自然铋+辉铋矿。

8）自然铋+硫铋铅矿。

9）自然金+铋金矿+辉铋矿+磁黄铁矿。

10）碲铋矿+磁黄铁矿。

3. 金属氧化物和非金属矿物

抱伦金矿床矿石中金属氧化物和非金属矿物主要有金红石、石英、方解石、红柱石、白云母、绿泥石、黏土矿物等。

（1）金属氧化物

与成矿有关的原生金属氧化物不多见，唯一比较常见的只有金红石，它与金的矿化作用关系密切。

金红石：在矿化的各个阶段都能见到，呈叶片状，长柱状自形-半自形晶，长度0.05~0.3 mm。在透射单偏光下成金红色，反射光下为灰白色，反射率中等，均质性。主要与黄铁矿共生，有时也与磁黄铁矿共生，或者三者交互生长在一起，有时与方铅矿、自然金、石英共生，又被后期的蚀变矿物侵蚀交代。

（2）非金属矿物

方解石：一般呈细粒他形变晶结构分布在石英粒间，如呈脉状或充填在晶洞内，晶体较大，自形程度较好，但难见解理或双晶纹。

红柱石：发现于含矿石英脉外侧围岩中，呈长柱状晶体，一般属热变质矿物，对矿床成因有何指示意义值得重视。

绢云母：绢云母化是各类金矿最重要的蚀变之一。抱伦金矿矿的围岩是绢云母石英千枚岩，其中含有大量绢云母，因此导致成矿期形成的绢云母与区域变质期的绢云母难以区分。本次研究中在矿石内见到细脉状绢云母，无疑属于成矿期形成的，为今后开展蚀变作用研究和成矿时代研究奠定了基础。

绿泥石：绿泥石化也是金矿床中一种重要的蚀变类型。抱伦金矿矿石中绿泥石较常见，与自然金、辉铋矿等伴生，侵蚀交代石英或黄铁矿、磁黄铁矿，说明其形成时间可能略晚于硫化物阶段，是一次重要的成金阶段。

二、金矿物特征

抱伦金矿床中独立金矿物的种类有自然金、含银自然金、黑铋金矿、硫金铋矿、金铋矿等，其中以自然金为最主要。

1. 自然金

（1）自然金的形态特征

自然金的形态是指矿石切片在镜下所观察到的自然金晶粒某一部分上的截面几何形状，并非完全是自然金的真实形态。镜下发现，自然金的截面形状千姿百态，有树枝状、乳滴状、椭圆状、浑圆状、半月状、木鱼状、菱角状、河马状、似五角形状等不规则状。总体截面形态以不规则状居多。因为自然金的形状往往受控于其成生的空间形态和成生的方式，如有的充填在各式各样的矿物显微裂隙内，有的则以不同的方式交代其他矿物，造成了自然金截面形状的多样性。

（2）自然金的粒度

据不完全统计，抱伦金矿自然金的粒度相对较粗（表6-1），可见金占51.9%，其中巨-中粒金占34.4%，镜下可见1.4 mm的金颗粒，显微金占48.1%。

表6-1　抱伦金矿床自然金的粒度统计表

粒度/mm	颗粒数	百分数/%	备　注
巨粒金>0.3	>8	4.3	可见金
粗粒金 0.3~0.07	305	16.8	
中粒金 0.07~0.04	240	13.3	
细粒金 0.04~0.02	317	17.5	
显微金 0.02~0.0002	873	48.1	不可见金
超显微金 0.0002~0.00002			
电子衍射金<0.00002			

（3）自然金的组成及成色

自然金的组成主要为金元素，同时含有微量的其他元素（表6-2）。自然金一般含金92.61%~96.54%，微量银（2.17%~5.65%），在某些自然金内还含有微量的Fe、Co、Cu、Ni、Zn、Sb等元素。根据对20粒自然金的测定，金的成色在942‰~978‰之间，平均为965.4‰，全部高于940‰，表明抱伦金矿自然金的成色总体比较高。

表 6-2　自然金电子探针分析结果

矿石类型	矿物	Au	Ag	Co	Ni	As	S	Fe	Cu	Zn	Bi	总量	Au/Ag	成色	Fe/Ni
金-石英脉	自然金	92.61	5.65	0.06	0.11	—	—	0.28	0.19	0.23	0.75	99.88	16.39	942	2.55
	自然金	92.71	5.56	0.02	0.12	—	—	0.3	0.16	0.24	0.75	99.86	16.67	943	2.50
	自然金	92.82	5.44	—	0.11	—	0.02	0.32	0.15	0.29	0.84	99.99	17.06	945	2.91
	自然金	92.68	4.65	0.03	0.1	—	0.08	0.27	0.16	0.19	0.73	98.89	19.93	952	2.70
	自然金	93.26	4.67	0.04	0.11	—	0.1	0.3	0.15	0.19	0.76	99.58	19.97	952	2.73
金-碳酸盐石英脉	自然金	92.92	5.57	0.01	0.12		0.02	0.07	0.19	0.21	0.7	99.81	16.68	943	0.58
	自然金	94.89	3.51	0.02	0.09	0.02	0.01	0.12	0.19	0.23	0.74	99.82	27.03	964	1.33
	自然金	94.85	3.45	—	0.09	—	0.03	0.1	0.17	0.24	0.74	99.67	27.49	965	1.11
	自然金	95.37	3.04	0.01	0.1	—	0.03	0.12	0.2	0.23	0.71	99.81	31.37	969	1.20
	自然金	95.75	2.63	—	0.12	0.01	0.03	0.08	0.16	0.23	0.75	99.76	36.41	973	0.67
含金蚀变岩	自然金	94.84	3.51	0.01	0.14	—	0.03	0.08	0.23	0.21	0.79	99.81	27.02	964	0.57
	自然金	95.12	3.08	0.02	0.11	—	0.05	0.18	0.16	0.19	0.8	99.71	30.88	970	1.64
	自然金	95.36	2.91	0.01	0.1	—	0.1	0.1	0.2	0.2	0.87	99.85	32.77	970	1.00
	自然金	95.75	3.05	0.01	0.06	—	0.04	0.21	0.15	0.2	0.77	100.24	31.39	969	3.50
	自然金	96.49	2.33	—	0.07	0.02	0.03	0.23	0.18	0.21	0.77	100.33	41.41	977	3.29
含金多金属硫化物	自然金	95.71	2.33	—	0.07	—	0.11	2.38	0.17	0.2	0.84	99.76	38.6	975	34.00
	自然金	93.86	2.36	0.03	0.13	—	0.11	2.38	0.17	0.21	0.79	100.04	39.77	975	18.31
	自然金	96.3	2.17	—	0.1	—	—	0.13	0.18	0.22	0.8	99.9	44.38	978	1.30
	自然金	96.94	2.29	0.01	0.08	—	—	0.18	0.16	0.22	0.84	100.72	42.33	977	2.25
	自然金	96.54	2.18	0.03	0.11	—	0.04	1.03	0.2	0.21	0.72	101.06	44.28	978	9.36

注：元素含量单位为%。

由于 Au 的沉淀过程中，pH 大（碱性），E_h 值降低（还原性增强），Au 主要以 HS^- 络合物搬运，早期则可能有 Cl 络合物的参与，导致 Pb^{2+}、Zn^{2+}、Cu^{2+} 等离子在早期沉淀较为缓慢，而晚期 Ca^{2+}、K^+ 等浓度急剧降低使得金的成色增高。

2. 黑铋金矿

黑铋金矿属于金的铋化物矿类，在矿石光片中时有发现，颗粒通常细小，他形不规则状。反光下呈黄白色，有时带淡绿色调，常与自然铋、辉铋矿、自然金共生，有时黑铋金矿与自然金呈连晶，或自然金与自然铋呈蠕虫状连晶，偶有黑铋金矿的残留体，显然是黑铋金矿分离所致。

3. 硫金铋矿

矿物在反光镜下呈淡乳黄色，有时微具灰色，常与自然铋、自然金及方铅矿共生，有时产在脉石英粒间。

4. 金铋混合物

在镜下见金铋混合物（或金铋矿）呈乳黄色，晶形不规则，常与自然金、自然铋及辉铋矿共生，另外还显示围绕自然铋交代，呈环带结构，或又被辉铋矿交代。

三、矿石主要有益组分和有害组分含量

矿石中伴生的组分主要有银、铜、铅、锌、汞、砷、硫、钨、钼、锑和碳，各种组分在矿床中分布比较均匀。Ag 含量一般为 $0.016\times10^{-6}\sim1.88\times10^{-6}$（平均为 0.388×10^{-6}），Cu 含量一般为

0.000793%~0.008279%，Pb 含量一般为 0.001%~0.0979%，Zn 含量一般为 0.0016%~0.011%，均未达到伴生有益组分的含量要求，无综合利用价值。有害组分主要有汞、砷、硫等，其含量分别为汞 $3.18\times10^{-9}\sim90\times10^{-9}$，砷 $3.5\times10^{-9}\sim254.49\times10^{-6}$，硫 0.092%~1.09%，均低于允许的最大值，对矿石质量没有大的影响。

四、矿石结构构造

1. 矿石结构

矿石结构主要有：自形不等粒状结构、半自形不等粒状结构、他形不等粒状结构、等粒结构、斑状变晶结构、交代结构、包含结构、鳞片变晶结构、交代残留结构（图 6-1）、环状交代结构、筛状结构、固溶体分离结构、文象或蠕虫状结构、扇形（或放射状）变晶结构等。

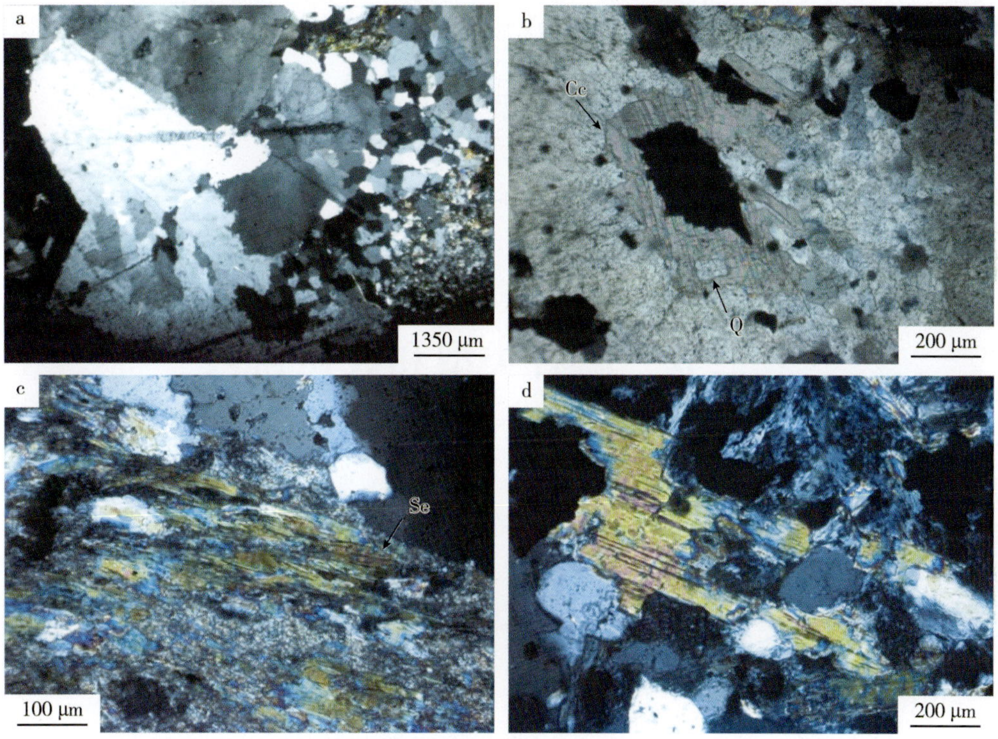

图 6-1　矿石结构特征（正交偏光）

a—半自形不等粒状结构；b—包含结构；c—鳞片变晶结构；d—交代残余结构；
Cc—方解石；Q—石英；Se—绢云母

2. 矿石构造

矿石构造主要有：细脉状或网脉状构造、似条带状构造、稀疏浸染状构造、团块浸染状构造、片状构造、揉皱状构造、劈理构造、晶洞构造、梳状构造、碎裂及碎斑构造等。

五、金的赋存状态和嵌布形式

1. 金的赋存状态

抱伦金矿金的赋存状态主要有独立的金矿物和含金矿物两种形式，以独立金矿物形式出现的金占绝对优势。

独立金矿物的种类有自然金、含银自然金、黑铋金矿、硫金铋矿、金铋矿等，其中以自然金为最主要。

含金矿物主要有黄铁矿、磁黄铁矿、毒砂、闪锌矿、辉铋矿、自然铋、辉铋铅矿和斜方硫铋铅矿等，这些矿物或多或少含有一定量的金，最高达 1.15%，金在含金矿物中是以类质同相、混入物或吸附状态存在，金元素可能呈超分散状态分布于含金矿物中。

其中，由 Au 与 S 和 As 相近的电负性和离子半径（Au 为 0.134 nm，S 为 0.104 nm，As 为 0.121 nm）推断，黄铁矿中结合金很可能是类质同象置换 S 而和 As 形成共价键结合而位于对阴离子中。毒砂为砷矿物，据前人研究毒砂中金多以不可见的形式存在，而且比黄铁矿金含量更高，因此，毒砂更易于以结合金类质同象置换 S 而和 As 形成共价键结合，位于对阴离子中。此外，毒砂中金质点大多<0.1 μm，在选矿过程中要考虑到毒砂中金的提取。

2. 金的嵌布形式

抱伦金矿床中金的嵌布形式主要有裂隙金、晶隙金、包裹体金与超分散金。

裂隙金与晶隙金：金矿物（及金矿物集合体）呈细脉状嵌布在脉石英或其他较早形成的矿物如黄铁矿等晶粒之间或晶洞中。

包裹体金：粒度较细的金矿物呈包体状分布载金矿物诸如黄铁矿、毒砂、磁黄铁矿、黄铜矿、闪锌矿及石英等矿物中。

超分散金：在显微镜下难以察，借助电子探针可分析出有不可见金分布在有关载金矿物内（主要分布在黄铁矿、毒砂等含砷矿物中）。

第二节　矿石类型和成矿阶段

据矿石岩石特征，矿石类型分为含金石英脉型和含金蚀变岩型，其中以含金石英脉型居多；由矿物组合特征，含金石英脉型还可分为含金-石英脉型、含金-多金属硫化物-石英脉型和含金-碳酸盐-石英脉型。根据野外调查，光薄片和流体包裹体片观察研究的含金石英脉的穿插和充填关系与矿物组合，抱伦金矿成矿阶段分为金-中粗粒石英阶段、金-硫化物-细粒石英阶段和碳酸盐阶段（表 6-3）。

1. 金-中粗粒石英脉阶段

中粗粒石英脉在早期变质分异并已发生脆韧性变形的石英脉基础上重结晶、交代或充填而成，其构成含金石英脉的主体格架，后期成矿大都在其基础上充填，改造而形成。

含金石英脉主要呈中粗粒结构和镶嵌结构，浸染状构造、网脉状构造和角砾状构造。脉石矿物主要为石英，少量绢云母和绿泥石。石英呈乳白色、灰白色，中粗粒结构（图 6-2a），1 mm 左右，自形-半自形。裂隙较发育，局部可见早期石英亚颗粒、波状消光等韧性变形特征。金属矿物含量低（2%~5%），主要为黄铁矿和磁黄铁矿，及少量黄铜矿和毒砂等。

金主要以半自形中粗粒自然金形式存在于石英晶体裂隙间，且两者之间接触界线较平直（图 6-2b），可见黄铁矿和磁黄铁矿等少量矿物，表明自然金和石英结晶时间大致相同，成矿温度较高，且含矿热液在较长时间内提供高浓度的金。

2. 金-硫化物-细粒石英脉阶段

细粒石英主要位于中粗粒石英上部或共生，金属硫化物和细粒石英复合脉常呈不规则细脉状充填于中粗粒石英（图 6-2c，d）裂隙中。

脉石矿物主要为烟灰色石英，油脂光泽，他形细粒结构，粒度 0.3 mm 左右，半透明，含量可达 85%，变形程度较弱；及少量绢云母、绿泥石、金红石和炭质等，并富含 CO_2 包裹体。金属矿

表 6-3　海南抱伦金矿的成矿阶段和矿物生成顺序表

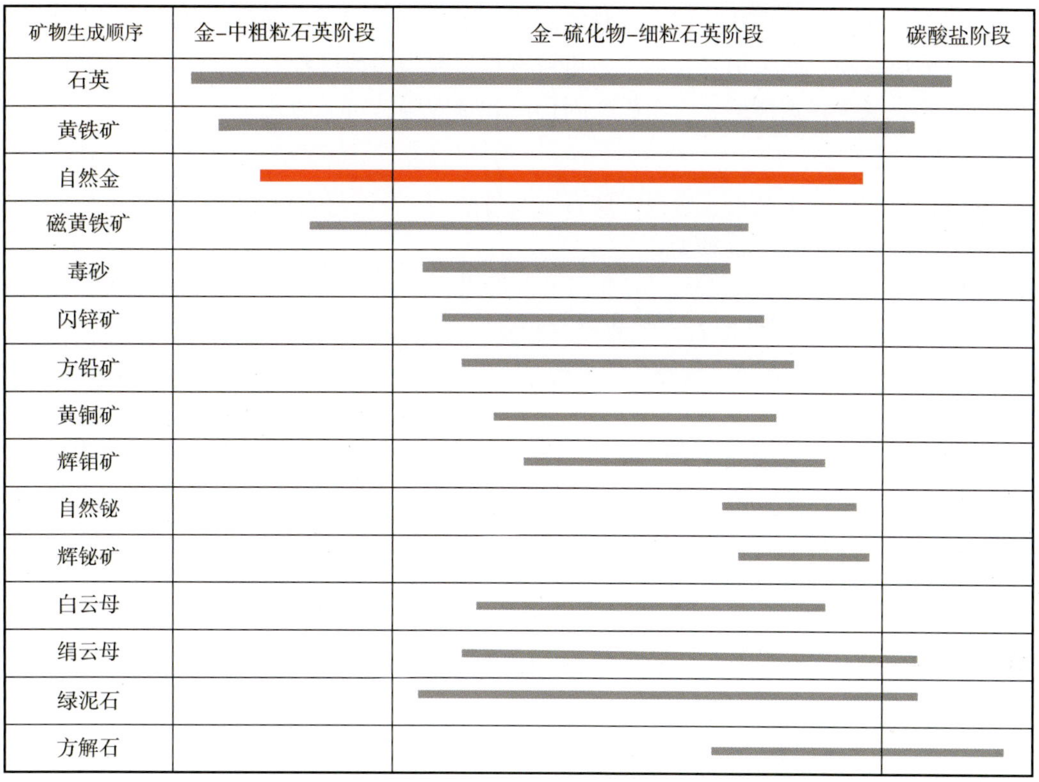

图 6-2　各成矿阶段矿物间关系特征

a—金-中粗粒石英脉和金-硫化物-细粒石英脉界线；b—半自形中粗粒自然金；c，d—金属硫化物和细粒石英复合脉常呈不规则细脉状充填于中粗粒石英裂隙中物含量8%~20%，主要为黄铁矿、辉铋矿、方铅矿、闪锌矿、黄铜矿及少量毒砂等，具鳞片变晶结构、交代残余结构、似条带状构造和揉皱状构造等。

金主要以他形细粒自然金形式充填于中粗粒石英裂隙中，或细粒石英晶隙间。硫化物主要有黄铁矿和磁黄铁矿，及少量黄铜矿、方铅矿、闪锌矿和毒砂等，可见硫化物细脉间的相互穿插。

3. 碳酸盐阶段

碳酸盐阶段成矿已基本结束，常以方解石脉或方解石-石英复合脉的形式充填于早期含矿石英脉的张性裂隙中，金属矿物含量较少。

脉石矿物主要为方解石，占25%~40%，半自形中粒结构，无色；石英含量55%~65%，主要呈乳白色。金属矿物含量15%左右，主要是黄铁矿、闪锌矿和方铅矿，少量黄铜矿、磁黄铁矿。碳酸盐-石英脉型矿石中石英晶形较好，常见梳状结构和石英晶簇，说明结晶空间较大，其可能沿张性裂隙中形成。

另据，位于含金石英脉两侧蚀变带内见含金蚀变岩，脉石矿物主要为绢云母和绿泥石，次为石英；金属矿物主要有黄铁矿、磁黄铁矿、自然金和毒砂等，具鳞片变晶结构和交代残余结构等变质结构，条带状、片状构造等。产出部位具硅化并见浸染状金属硫化物发育。

第三节　矿体围岩与夹石

1. 矿体围岩特征

（1）围岩种类及成分

矿体顶底板围岩主要为志留系陀烈组的千枚岩，部分为千糜岩或硅化千糜岩，石英含量60%~80%，绢云母15%~20%，岩石常受挤压作用，石英颗粒具压扁拉长现象，定向排列明显，石英常聚集呈条带状，局部沿张裂隙充填石英细网脉，石英呈锯齿状紧密镶嵌接触，表面较混浊。围岩中金品位在1 g/t以下，伴生有用、有益、有害组分的含量均较低。

（2）近矿围岩蚀变

矿区内近矿围岩的蚀变类型主要有硅化、绢云母化、绿泥石化、碳酸盐化、黄铁矿化及白云母化等，偶见钠长石化。蚀变分布上比较严格地受到含矿构造带的制约，呈狭窄带状产出，常常与不同的矿化紧密伴生或共生。

2. 矿体夹石特征

矿体夹石数量少，一般分布在规模较大的矿体中，多产于矿脉厚大部位或矿体产状变化之处。呈透镜状，其次呈脉状，宽度大都小于2 m，产状与矿体一致。夹石岩性主要为千枚岩，与矿体区分相对明显，夹石一般根据岩性和品位及产出部位来确定，夹石单样含金品位为0~0.94 g/t。

第七章　构造变形特征

第一节　构造样式

抱伦金矿与构造作用关系极为密切，矿体严格受豪岗岭 NNW 向断裂破碎带控制（丁式江等，2001；陈柏林等，2004）。据调查，这些断裂破碎带实际为高角度脆韧性剪切带。

一、毫稳松向斜

分布于毫稳松一带中，长约 6.2 km，出露宽度 3.0 km，由 SW 往 NE，轴迹走向 NE 至近 SN，略呈弧形弯曲，其凸端指向 SE（图 7-1）。核部为陀烈组中段炭质千枚岩、含炭千枚岩，发育对称褶皱；两翼为陀烈组下段石英绢云母千枚岩和绢云母石英千枚岩等，发育不对称褶皱（图 7-2）。北西翼地层走向 16°~28°，倾向 SE，倾角 35°~78°，南东翼走向 10°~35°，倾向 NW，倾角 41°~83°，为一近对称向斜。向斜北西翼被三叠纪尖峰超单元侵入；南东翼与白垩系报万组呈断层接触，靠近断层处地层受到扰动，导致向斜 SE 端轴迹走向 NE，与断裂走向一致。

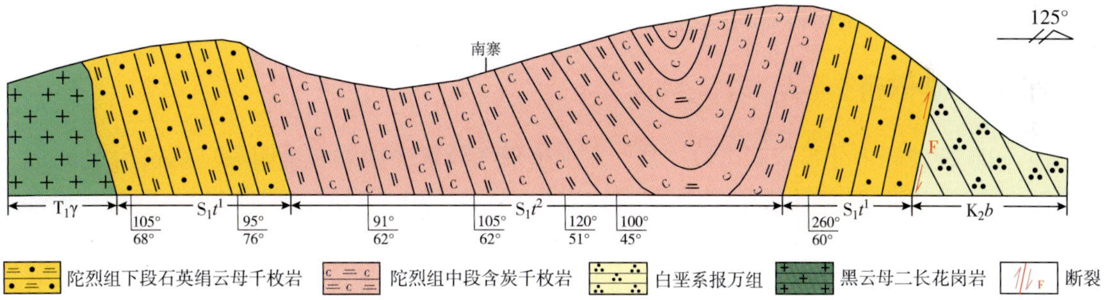

图 7-1　毫稳松向斜地质剖面图

二、豪岗岭背斜

豪岗岭背斜出露于矿区豪岗岭一带，长约 1.5 km，宽约 0.8 km，轴迹 NNW 向，向南倾伏，倾伏角 48°~60°。核部为陀烈组下段绢云母石英千枚岩，两翼为陀烈组中段含炭千枚岩，东翼因断层切割而出露不全。东翼地层倾向北东，倾角 60°~88°，西翼地层倾向南西，倾角 60°~80°，为一紧闭倾伏背斜（图 7-3）。

强烈的构造作用形成 NNW 向紧闭褶皱，紧闭褶皱轴迹在 320°~350°之间，轴面多数近直立。紧闭褶皱的发育，加之强烈的构造置换，使平行于紧闭褶皱轴面的 NNW 向新生面理成为区内的主要面理，也是现在所见的最显著面理。由紧闭褶皱的包络面及褶皱枢纽的起伏判断，NNW 向紧闭褶皱发育之前志留系浅变质岩系中发育了 NEE 向宽缓褶皱。在一些构造作用稍弱或刚性程度较高的变质粉砂岩仍可见未被完全置换的原生层理残余，呈两翼紧闭、核部肥大的无根褶皱，轴面与新

图 7-2　毫稳松向斜核部发育对称褶皱（a）和翼部发育不对称褶皱（b）

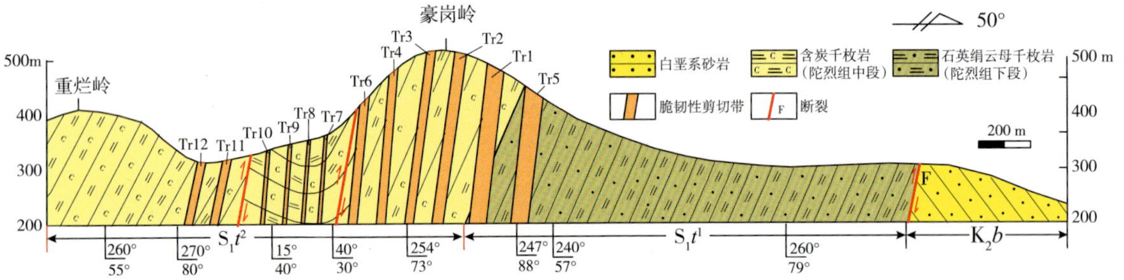

图 7-3　豪岗岭背斜地质剖面图

生面理平行，褶皱枢纽向北西倾伏，当无根褶皱进一步发展，两翼或一翼被挤压拉断时，呈递进变形改造为构造透镜体（图 7-4）。局部还见杆状构造、石香肠构造和透入性线理。上述伴生构造具有明显一致的 NNW 向优选方位，表明具有成因上的一致性，并通常发育在褶皱带，且与大型褶皱枢纽平行，因此，暗示豪岗岭背斜枢纽呈 NNW 向缓倾伏。

三、断裂破碎带

NNW 向断裂破碎带分布于豪岗岭一带，在土壤汞气异常上体现较为明显，总长约 1.9 km，影响宽度达 1.3 km，走向与矿区陀烈组层理大致相同，走向 330°~355°，倾向 240°~265°，局部倾向 60°~75°，倾角 55°~82°，明显切割新生面理。断裂主要表现为由多条相互呈近等距平行破碎带组成，破碎带间距一般为 50~80 m，长 400~1300 m，宽一般 10~30 m，最宽 80 m。破碎带具有良好的分带性，中心一般为千糜岩、糜棱岩，被石英脉充填，两侧为碎裂硅化千枚岩，直至正常岩石（千枚岩）。岩石蚀变有硅化、绢云母化、绿泥石化、碳酸盐化、金属硫化物矿化等。根据构造变形特征分析表明 NNW 向断裂破碎带为脆韧性剪切带，可细分为早晚两个阶段，早阶段具右行剪切性质，晚阶段具左行剪切性质。

NNW 向右行剪切带发育不对称褶皱、鞘褶皱、δ 型旋转碎斑及千糜岩（图 7-5）。不对称褶曲及 δ 旋转碎斑指示右行剪切性质；不对称褶皱轴面近直立，叠加于早期透入性线理和新生面理，使早期透入性线理发生弯曲变形，表明该期构造变形晚于褶皱作用的形成。千糜岩肉眼所观察到的剪切带面理、片理，在镜下为典型的分异层（differentiated layering）或剪切面理，由热动力学驱使下强烈分异作用形成的，具富石英域和富层状硅酸盐矿物（如绢云母）域的域组构。纤细的石英脉、透镜状石墨（炭）集合体平行面理排列，富石英域中石英颗粒边界呈锯齿状和拖尾，压溶现象明显，显示了变形与溶解-沉淀机制相结合、变余砂状结构消失。镜下可见一组或多组破裂面（或带）切穿分异面理，其中充填有硫化物，也说明含矿石英脉是伴随剪切带的发育或剪切带形成之后贯入的，是抱伦金矿主要的容矿构造。按矿体展布特征，遵循 Reidel 简单剪切系统模式（图 7-

图 7-4　豪岗岭背斜伴生构造

a—褶皱核部肥大、两翼紧闭、轴面平行于新生面理；b—构造透镜体长轴平行于变质面理；
c—单个石香肠构造；d—透入性线理

6)，赋矿裂隙以 D 型裂隙为主，其次为 R 型、P 型裂隙。此外，T 型裂隙中也分布有一些石英细脉，但因规模小，未能构成工业矿体。

NNW 向左行剪切带变形强度和发育程度较右行剪切弱，左行剪切叠加于右行剪切带之上，且变形程度相对较弱。在尖峰岭花岗岩与围岩接触带的角岩化地层发育左行剪切，表明左行剪切形成时间晚于尖峰岭岩体侵入年龄。此外，由于该阶段剪切作用也表现出脆韧性变形特征，因此也常形成一些分划性剪切面，被石英脉充填。但由于该阶段变形强度弱于右行剪切作用，因此总体上形成的剪裂空间不多，且规模较小。

下志留统陀烈组原岩为一套硅质碎屑岩，岩性主要为砂岩、泥岩、炭质页岩，互层性较好。主要碎屑颗粒包括石英、岩屑等，长石含量极少，已发生黏土化、绢云母化作用。显微镜下，由区域变质作用形成的宏观面理构造是由绢云母和石英矿物分别富集而形成。其中，绢云母颗粒细小，呈鳞片状，平行定向排列；石英颗粒定向性不明显，颗粒之间表现为弱的镶嵌接触，似花岗变晶结构，表明变质作用程度较浅（图 7-7a）。

NNW 向剪切变形使岩石发生了糜棱岩化作用（图 7-7b）；石英颗粒发生韧性变形和动态重结晶，表现为石英颗粒拉长成丝带状，具波状消光和颗粒间镶嵌状接触（图 7-7c）；有时可见到 σ 型旋转碎斑，指示右行剪切作用（图 7-7d）。此外，在糜棱岩中还常叠加有密集性剪切劈理或裂隙（图 7-7b，图 7-7e）。

在微观下，宏观所见 NNW 向剪切变形切割变质面理的现象也有明显体现（图 7-3），如剪切带内相对变形较弱的岩石，仍保留有两期面理构造，新生剪切面理常切割早期变质面理或使早期面理发生皱纹状弯曲（图 7-7f）。

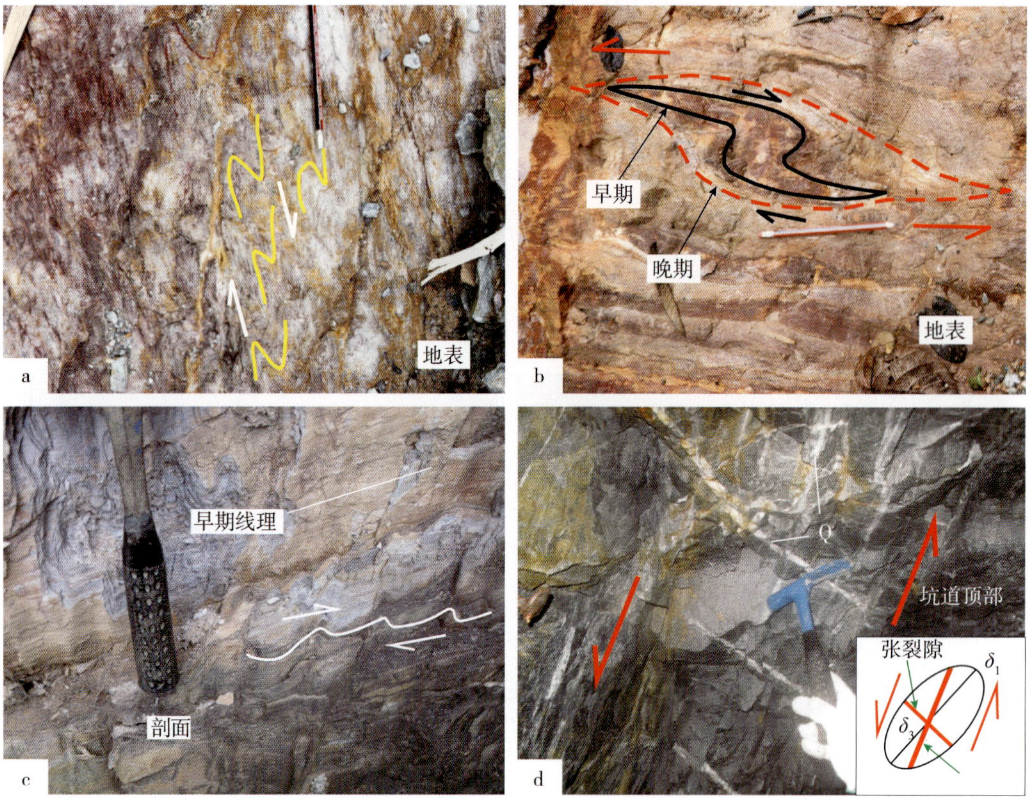

图 7-5　断裂破碎带伴生构造

a—韧性不对称褶皱指示右行剪切；b—左行剪切变形叠加于右行剪切变形之上；c—右行剪切使早期透入性线理发生弯曲，表明两构造之间早晚活动关系；d—右行剪切表现为韧脆性性质，在张裂隙中充填含矿石英细脉（镜头方向为坑道顶部）

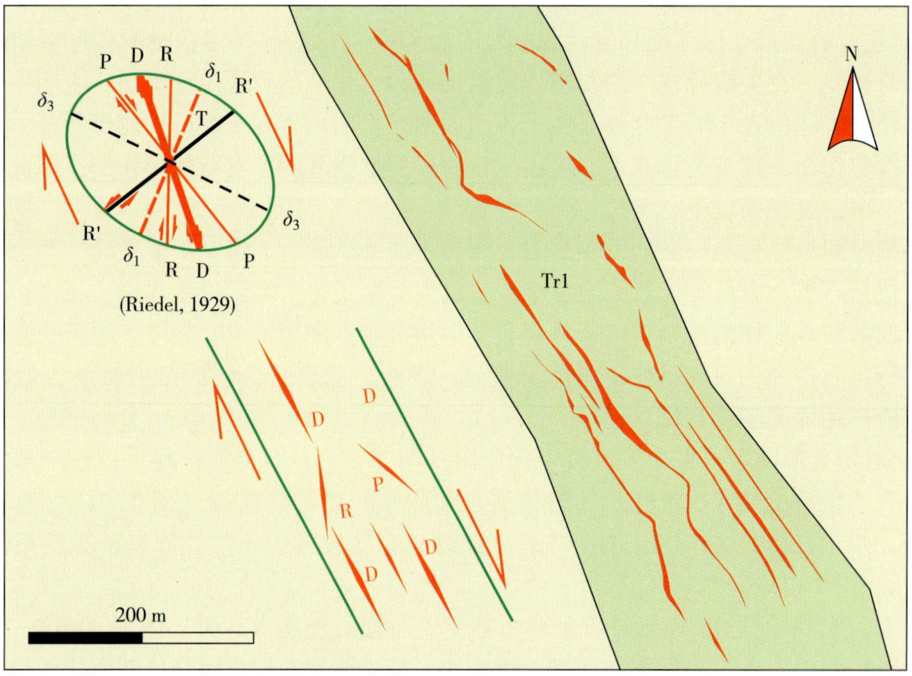

图 7-6　抱伦金矿右行剪切作用与矿脉展布关系图

图 7-7　矿区显微构造变形特征

a—石英颗粒弱相嵌状接触；b—剪切带内初糜棱岩，并叠加有脆性裂隙；c—石英受韧性变形发生动态重结晶作用；d—旋转碎斑指示右旋剪切；e—密集剪切劈理；f—晚期剪切面理（S_2）叠加于早期变质面理（S_1）之上

四、白沙断裂

矿区内出露白沙断裂西南段，分布于铁湾岭一带，NE 端延伸出图。区内长约 13.5 km，宽约 11~5 m，局部达 50 m 左右。断裂平面上呈波状弯曲，产状变化较大，总体 NNE 走向，NE 端倾角较陡，大于 60°以上，SW 端倾角较缓，为 34°~35°。上盘为志留系陀烈组，下盘为白垩系鹿母湾组和和报万组。

在平面上，白沙断裂西侧的 NNW 向断裂发生牵引式弯曲，指示左行走滑特征（图 7-8）。断裂内岩石变形较强烈，以脆性变形为主，局部呈韧性变形。构造岩石为构造角砾岩、碎粒岩、硅化千枚岩等。构造角砾岩角砾成分为石英脉碎块及变质石英细砂岩，呈次棱角状-次圆状。豪岗岭一带，断裂表现为硅化破碎，破碎带同见有石英脉和硅化脉透镜体分布，指示右行活动的剪切褶皱变形。岩石蚀变较普遍，主要有绢云母化、绿泥石化等，靠近断裂中心，新生绢云母、绿泥石矿物含量增高，蚀变作用加强。矿区 NE—NNE 走向断层非常发育，除大型 NNE 向白沙断裂外，坑道中还常见一些规模较小的断层，表现为左行错断含金石英脉，错距一般不大，为 1~5 m。

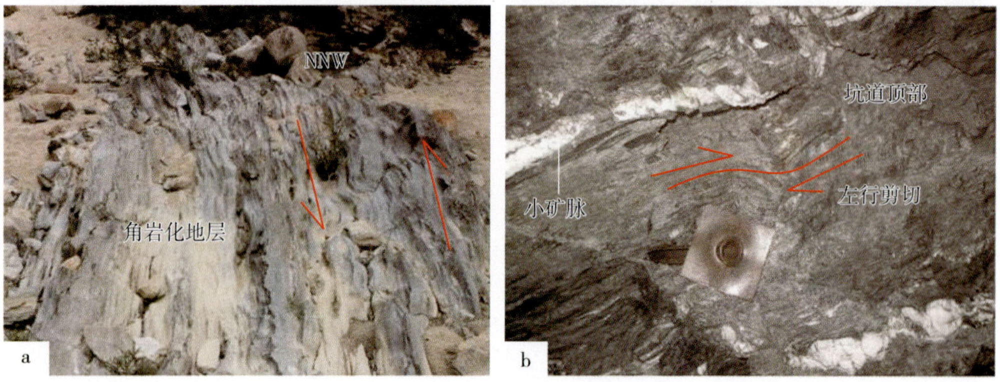

图 7-8　NNW 向左行剪切带典型地质照片

a—NNW 向左行剪切变形叠加于陀烈组与尖峰岩体接触带处的角岩化地层中；

b—坑道中 NNW 向左行剪切变形，其裂隙中充填有石英细脉

五、逆冲推覆构造

NNW 向逆冲推覆构造规模较小，表现为不对称褶皱（褶皱长短翼之比为 2~3∶1）和逆冲挤压断层（图 7-9）。明显叠加于早期 NNW 向紧闭褶皱构造之上，形成的不对称褶皱无转折端肥大及两翼紧闭现象，同时表现为变形面的弯曲。褶皱两翼的不对称性指示构造具逆冲性质，并在局部地方形成了逆冲挤压断层。地层主体倾向 NW，倒转翼倾向 SSE，推腹断裂带倾角小于 20°，倾向多变，产状 245°∠20°、124°∠20°，因此可能是 NE—SW 向挤压应力的产物（图 7-10）。逆冲推覆构造除可见于地质露头尺度上外，在地质剖面上表现更为明显，图 7-2 逆冲推覆作用使早期变质面理发生弯曲变形，产生一形似向斜的构造。

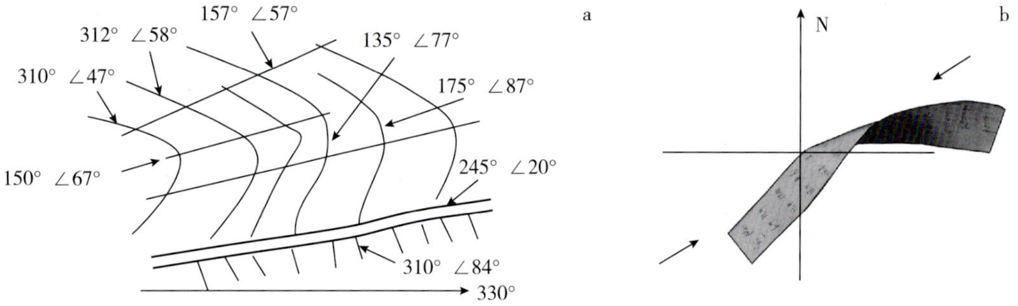

图 7-9　逆冲推覆构造

a—剖面素描；b—推覆构造平面模式，显示 NE—SW 挤压应力

六、节理

本区白垩系报万组红层砂岩、燕山期岩体北部及印支期尖峰岭岩体节理十分发育，对这些节理进行统计分析，可为矿区构造演化研究提供一些基本时间参考点，有助于理清矿区构造演化的期次。

本区节理可分为剪节理和张节理两种性质，剪节理节理面平直，呈闭合或较窄的裂缝，延伸较远，节理尾端保持平直，尖灭形式简单，逐渐消失或与另一组节理交接，当与另一组节理交切时，

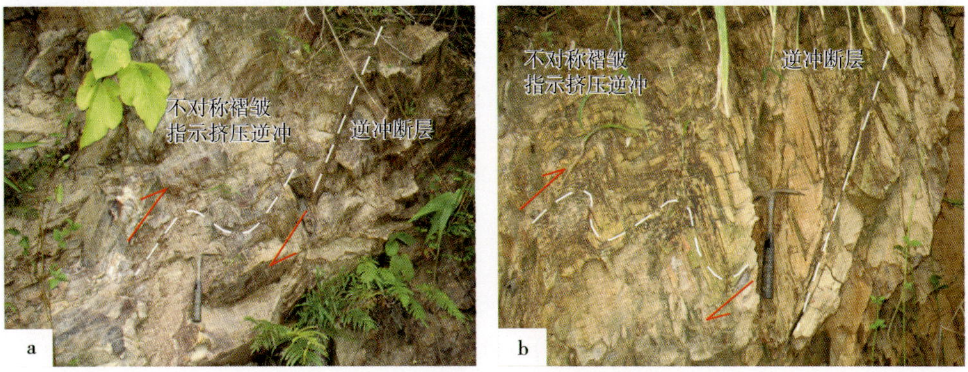

图 7-10　NNW 向逆冲推覆构造特征

a—不对称褶皱指示逆冲作用，并形成小型逆冲断层；b—不对称褶皱、逆冲断层及与早期褶皱特点对比

常呈 X 型，构成 X 型共轭节理系；张节理节理面呈波状弯曲，两壁张开较宽，但程度各部分不一，有宽有窄，大都延伸较短较浅，尖灭较快且形式复杂，多呈树枝状，一次或多次分叉，有时也呈蚪蚪尾状突然变细消失。它们是同一期构造主应力作用下产生的两组剪裂面和一组张裂面，构成节理系。白垩系红层砂岩受到过 NW—SE 方向的主压应力作用，燕山期岩体以 NNW—SSE 组最为显著，其次发育 NWW—SEE 至 E—W 组。尖峰岭岩体内节理发育，未见流面流线构造，应属次生节理，走向 NNW—SSE，陡倾向 SWW；其二走向 NWW—SEE 至 E—W 向，向北陡倾斜。此外，局部地方还发育北北东组节理，因缺少与之对应的共轭节理，性质不明，但因走向平行于共轭节理系钝角平分线，因此可能是应力反转作用的产物（图 7-11）。

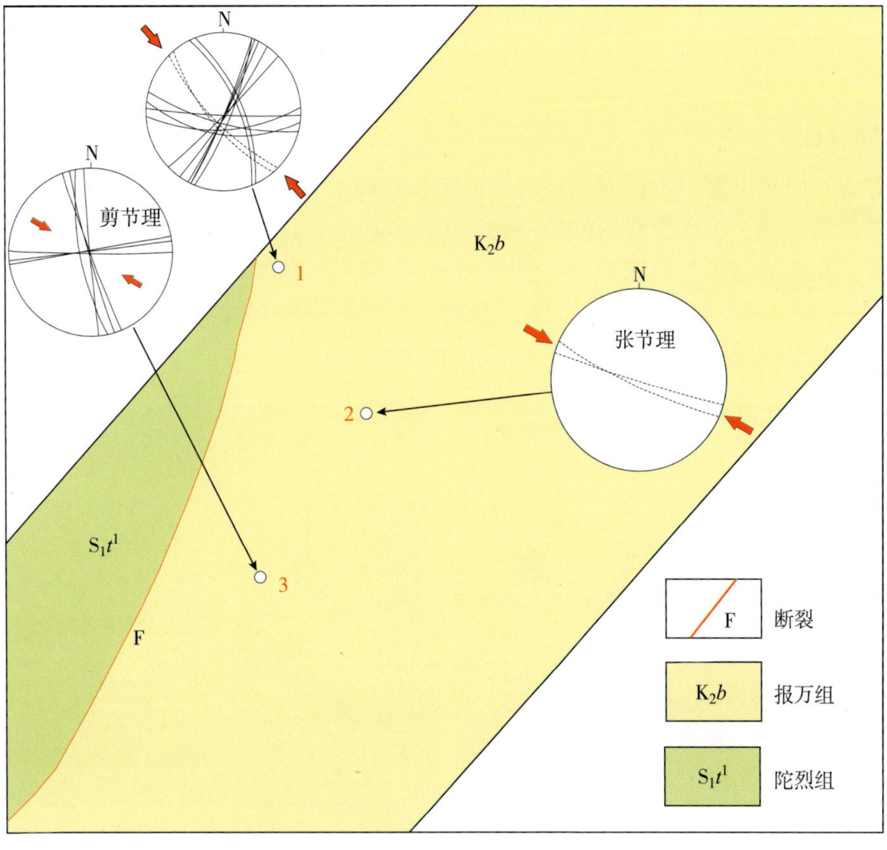

图 7-11　白垩系报万组节理测量点及赤平投影（吴氏网，下半球投影）

1. 白垩系报万组红层砂岩

白垩系报万组红层砂岩大部分地方被植被覆盖，仅局部可见发育较好的节理，可分为两种性质：一种为剪节理，节理面平直，呈闭合或较窄的裂缝，延伸较远，节理尾端保持平直，尖灭形式简单，逐渐消失或与另一组节理交接，当与另一组节理交切时，常呈 X 型，构成 X 型共轭节理系（图 7-12a）；另一种为张节理，节理面呈波状弯曲，两壁张开较宽，但程度各部分不一，有宽有窄，大都延伸较短较浅，尖灭较快且形式复杂，多呈树枝状，一次或多次分叉，有时也呈蝌蚪尾状突然变细消失（图 7-12b）。它们是同一期构造主应力作用下形成的两组剪裂面和一组张裂面，构成同一节理系。测量和统计了两组剪节理夹角锐角平分线（脆性物质）及张性裂面，表明白垩系红层砂岩受到过 NW—SE 方向的主压应力作用，但个别测量点，还发育一组 NNE 向节理，与共轭节理系钝角平分线方向一致，可能与应力反转作用有关。

图 7-12 白垩系报万组节理特征

a—报万组典型剪节理照片；b—报万组中张节理照片

2. 燕山期岩体

燕山期岩体大面积出露于本区南部，岩性以正长花岗岩和二长花岗岩为主。其中节理发育，以 NNW—SSE 组最为显著，其次发育 NWW—SEE 至 E—W 组，其节理面平直、陡倾、延伸较远，是典型的剪节理，并构成明显的共轭形式（图 7-13a），反映一 NW—SE 向的主压应力作用（图 7-14）。此外，局部地方还发育北北东组节理，因缺少与之对应的共轭节理，性质不明，但因走向平行共轭节理系钝角平分线，因此可能是应力反转作用的产物。

图 7-13 侵入岩中节理特征

a—千家岩体共轭节理；b—尖峰岭岩体共轭节理

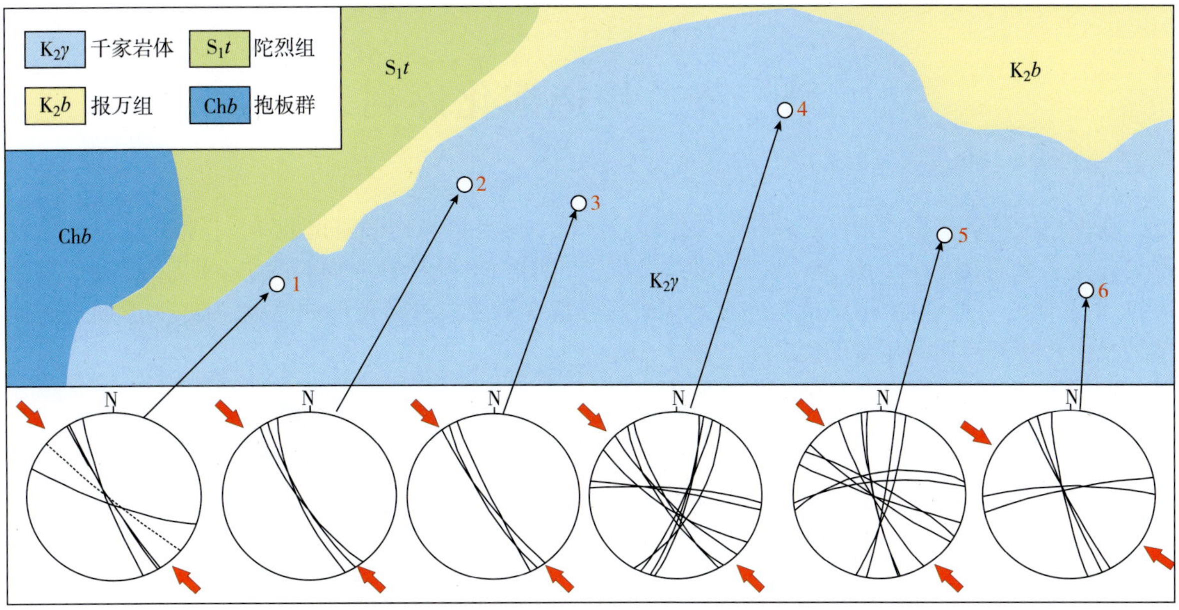

图 7-14　千家岩体节理测量点及赤平投影图（吴氏网，下半球投影）

3. 印支期（尖峰岭）岩体

尖峰岭岩体出露于矿区西北部，是区内最为重要的侵入岩，岩性为似斑状黑云母正长花岗岩，斑晶为钾长石，岩石主要呈块状构造，其内节理发育，未见流面流线构造，应属次生节理。对这些节理进行随机测量并进行赤平投影，发现基本上分为两组，其一产状非常稳定，走向 NNW—SSE，陡倾向 SWW；其二走向 NWW—SEE 至 E—W 向，向北陡倾斜，个别测量点还见一些 NNE 向节理。前两组产状十分稳定，构成共轭节理系（图 7-13b），其锐角平分线对应主压应力方向，因此反映一期 NW—SE 向的挤压应力作用（图 7-15）。

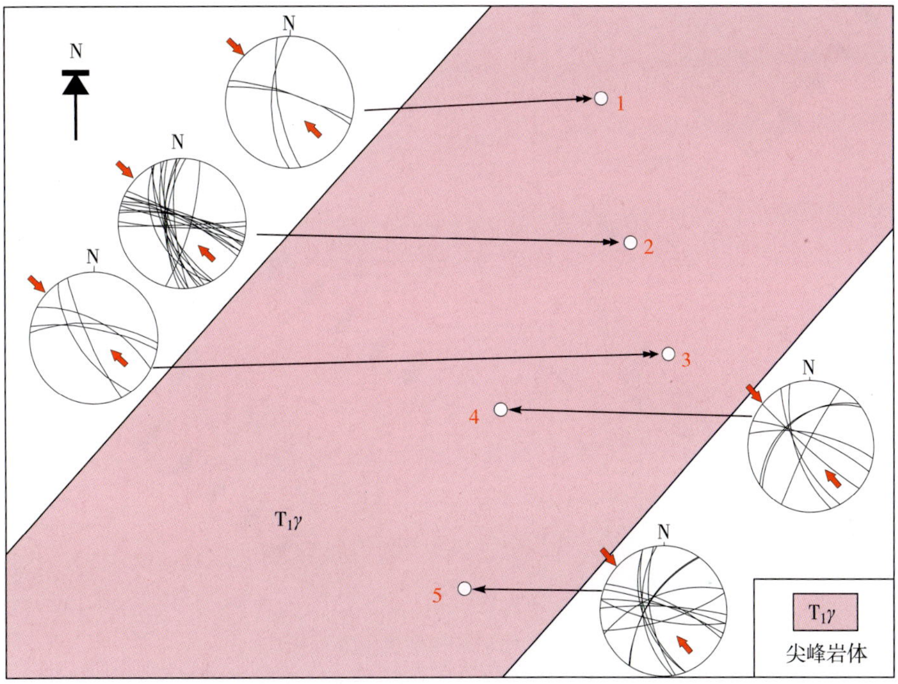

图 7-15　尖峰岭岩体节理测量点及赤平投影图（吴氏网，下半球投影）

第二节　构造演化序列

根据抱伦矿区构造变形形迹及相互叠加改造关系，结合区域构造演化事件，将抱伦矿区构造变形划分为三个期次：D1、D2 和 D3 变形期。D1 变形期是 NE 向豪稳松向斜的主要期，D2 变形期是 NNW 向豪岗岭背斜叠加 NNW 向逆冲推覆构造与剪切变形及白沙断裂形成时期，D3 变形期是脆性节理及白沙断裂活化的主要形成时期（图 7-16）。

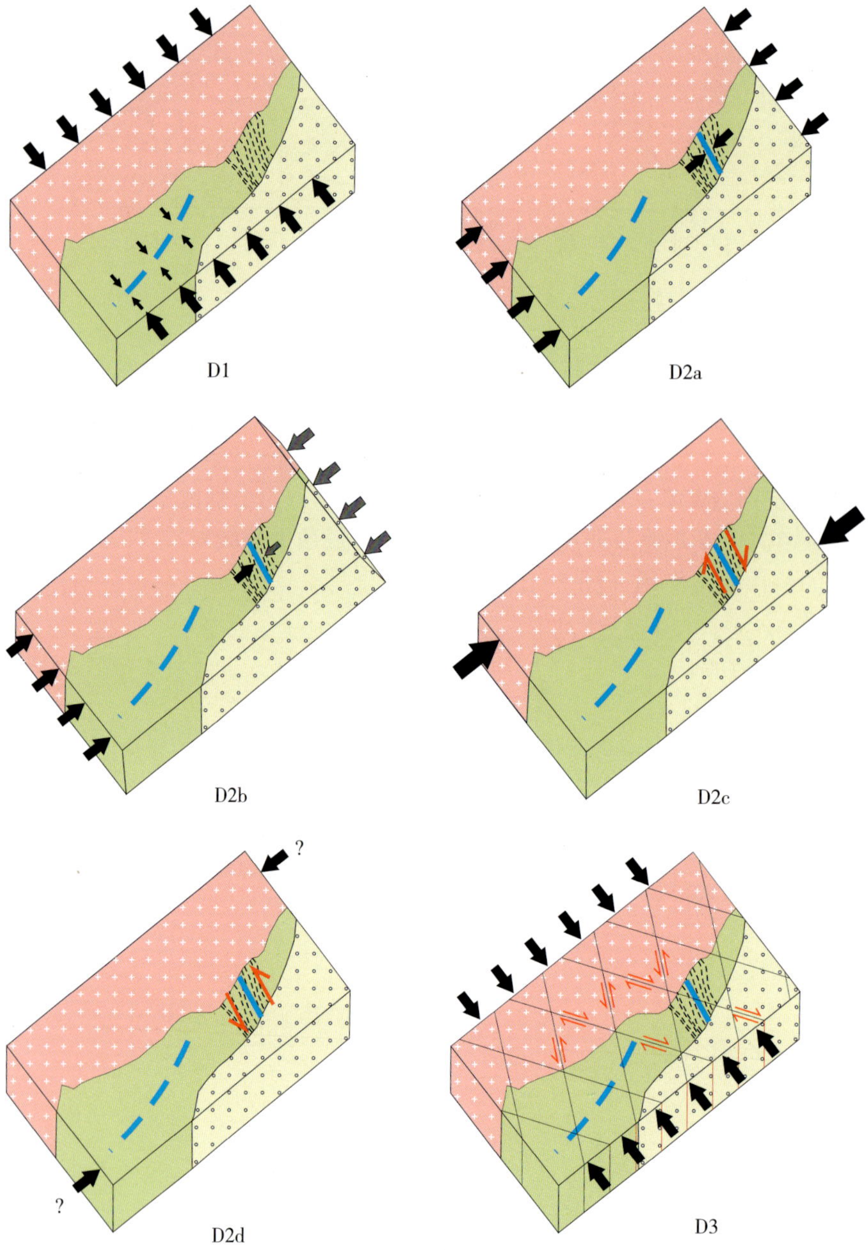

图 7-16　抱伦矿区构造变形发展模式

D1—NW—SE 向挤压作用形成毫稳松向斜；D2a—NEE—SWW 向挤压作用形成豪岗岭背斜；D2b—NEE—SWW 向不对称挤压形成逆冲推覆构造；D2c—侧向挤压作用形成右行剪切带；D2d—侧向挤压作用形成左行剪切；D3—NW—SE 向挤压作用形成共轭节理

D1 构造变形期主要表现为原始层理面（S_0）的褶皱变形，形成了轴向 NE 向豪稳松向斜，同时也使陀烈组地层发生了区域变质作用，形成了具 NE 向面理构造的区域变质岩，总体上反应 NW—SE 向的主压应力持续作用。虽然该期构造变形已使陀烈组原始层理（S_0）改造消失，但通过毫稳松向斜核部炭质千枚岩和两翼石英绢云母千枚岩呈 NE 向展布的特征，以及矿区发现的 NNW 向残余褶皱包络面和由于构造变形不均一性而保留的原始构造层理均具 NE 走向的现象，仍可推测陀烈组原始层理（S_0）应为 NE 走向，表明 NNE 向毫稳松向斜早于 NNW 向构造的形成。

华南加里东运动造成早古生代地层及之前的地层发生一组近 EW—NEE 向褶皱，海南岛志留纪末，也发生了强烈的加里东造山运动，形成了一系列 NE 走向褶皱及伴生次级断裂，如南好褶皱带、三亚褶皱带、南坤园褶皱带及东岭褶皱带等，并致使早古生代地层普遍发生区域变质作用。据此，D1 期构造变形可能与华南（海南岛）加里东碰撞造山事件有关。

D2 构造变形期形成一系列 NNW 向构造形迹，根据构造样式和运动学标志分析，D2 构造变形期可划分为 D2a、D2b、D2c、D2d 四个阶段。D2a 阶段主要形成 NNW 向豪岗岭背斜及伴生紧闭褶皱、新生面理、无根褶皱、构造透镜体、杆状构造、石香肠构造和透入性线理，反映出该阶段陀烈组地层遭受了强烈的 NEE 向压应力作用。豪岗岭地区 NNW 向强烈变形使原生 NNE 向面理普遍被 NNW 向面理构造所置换。D2b 阶段发育的构造样式主要为逆冲推覆构造，表现为不对称褶皱和逆冲挤压断层。明显叠加于早期 NNW 向紧闭褶皱构造之上，表现为新生面理的褶皱。D2c 阶段表现为 NNW 向右行剪切作用，具脆韧性构造变形特点，发育不对称褶皱、鞘褶皱、δ 型旋转碎斑及千糜岩。该期构造变形叠加于前两期褶皱构造之上，表现为新生面理、透入性线理和不对称褶皱枢纽的弯曲。D2d 阶段该期构造变形表现为较弱的 NNW 向左行剪切带变形，具脆韧性变形特点，叠加于尖峰岭岩体与陀烈组接触处的角岩化地层之上，表明其形成时间晚于尖峰岭岩体的侵位。可能是 D2c 阶段构造变形后，构造反转应力场发生调整的产物。

随着古特提斯洋的闭合消亡，印支陆块自晚二叠世到早三叠世顺时针旋转与华南陆块碰撞拼贴，并发生了广泛的变质作用和形成了大量的 NW/NNW 向右旋剪切带。矿区 D2a—D2b 构造变形阶段以 NNW 向紧闭褶皱和逆冲推覆构造为特征，与同碰撞造山构造变形特征相一致，海南岛出露的 278~262 Ma 之间的同碰撞花岗岩，具有明显的构造变形现象，表明 D2a—D2b 构造变形阶段可能主要形成于 278~262 Ma；而 D2c—D2d 阶段以 NNW 向水平剪切走滑为特征，与后碰撞侧向挤压变形特征一致，而海南岛产出大量的早中三叠世（249~226 Ma）后碰撞花岗岩，表明 D2c—D2d 构造变形阶段可能形成于 249~226 Ma 之间。而且 NNW 向右旋剪切带白云母 ^{40}Ar-^{39}Ar 定年已证明 D2c 阶段主要形成于 248~242 Ma（平均为 245 Ma），进一步证明了该结论的正确性，表明 NNW 向右行剪切带形成于后碰撞构造环境块体水平滑移的早期阶段，而 D2d 变形明显减弱，具左旋剪切特征，叠加于右旋剪切变形之上，代表后碰撞阶段块体水平滑移的晚期变形形式，可能与构造应力场反转有关。

D3 构造变形期以发育脆性节理和断裂为特征。节理按走向可大致分为 NNW、近 EW、NW 和 NNE 四组。其中，NNW 组和近 EW 组呈共轭形式产出，具有力学成因上的一致性，构成一典型的共轭节理系，NW 组节理沿该共轭节理系的锐角平分线分布，具张节理性质，是与共轭节理系一起产出的张节理；而 NNE 组节理沿共轭节理系的钝角平分线发育，可能与构造应力场反转有关，反映 NW—SE 向的挤压应力作用。断裂主要表现为左行性质，个别观察点可见到具较弱的逆冲性质，与铁湾岭断裂构造活动具大致相同的运动性质，应属于同期构造作用产物。

燕山运动是太平洋板块俯冲于欧亚板块之下而表现出的一种形式。自 140 Ma 以来，太平洋板块的俯冲方向发生过多次调整。其中 100~80 Ma 俯冲方向为 320°左右，80~43 Ma 期间俯冲方向约 335°。D3 期构造变形主压应力方位约 320°左右，与太平洋 80~100 Ma 期间俯冲方向一致。因此，矿区 D3 构造变形与 80~100 Ma 期间太平洋板块的 NW 向俯冲作用有关。

综合上述，D1 变形期以形成 NE 向豪稳松向斜为主要构造形迹，同时发生了浅变质作用，是加里东造山事件的产物。D2 变形期分别形成了 NNW 向豪岗岭背斜、NNW 向逆冲推覆构造、NNW 向右行剪切带和 NNW 向左行剪切带，代表印支碰撞造山事件递进演化同碰撞挤压、挤压抬升和后碰撞侧向挤压块体相对水平滑移早期和块体相对水平滑移晚期的不同阶段。其中，NNW 向右行剪切带与成矿关系最为密切，是抱伦金矿最重要的控矿、导矿和容矿构造。D3 变形期主要以形成脆性节理和断层为主。以 NNW 向、近 EW 向两组节理最为发育，常构成 X 型共轭节理，与 NW 向张节理构成典型的共轭节理系，代表 NW 向挤压应力作用的产物。

第八章　岩石地球化学特征

第一节　锆石 U-Pb 定年

本次主要依据细晶岩切穿含矿石英脉的关系和出现矿化的变基性岩，通过分析细晶岩的成岩年龄和引用变基性岩以厘定抱伦金矿的成矿年龄。

细晶岩（13BL-93）SHRIMP 锆石 U-Pb 定年采样位于 Tr1 含矿破碎带+160 m 中段 106 线穿，宽约 30cm，走向 NE，切穿含金石英脉。细晶岩（13BL-93）分选锆石按常规经破碎、研磨后进行重选和磁选，再双目镜下人工挑选锆石。锆石注脂制靶后，磨至一半至锆石内部暴露抛光，再进行阴极发光扫描电子显微镜（CL）进行照相观察锆石内部结构，以作锆石 U-Pb 同位素分析时测量点位分布的依据。锆石分选和阴极发光（CL）照相在广州地球化学研究所完成。

锆石同位素组成分析在中国地质科学院北京离子探针中心 SHRIMP II 型离子探针上进行。采用标准锆石 M257（560 Ma），待测锆石和标准锆石 TEM 交叉测定。数据处理采用 Ludwig SQUID 1.0 和 ISOPLOT3.0 程序（Ludwig et al.，2001），锆石中的普通 Pb 用实测^{204}Pb 校正，单个数据点的误差为 1σ，年龄平均值误差为 2σ（95%置信度）。

一、细晶岩锆石特征

细晶岩样品（13BL-93）共挑选和分析 25 粒，由继承（捕获）锆石、岩浆锆石和热液锆石组成，并以热液锆石居多（图 8-1，表 8-1）。

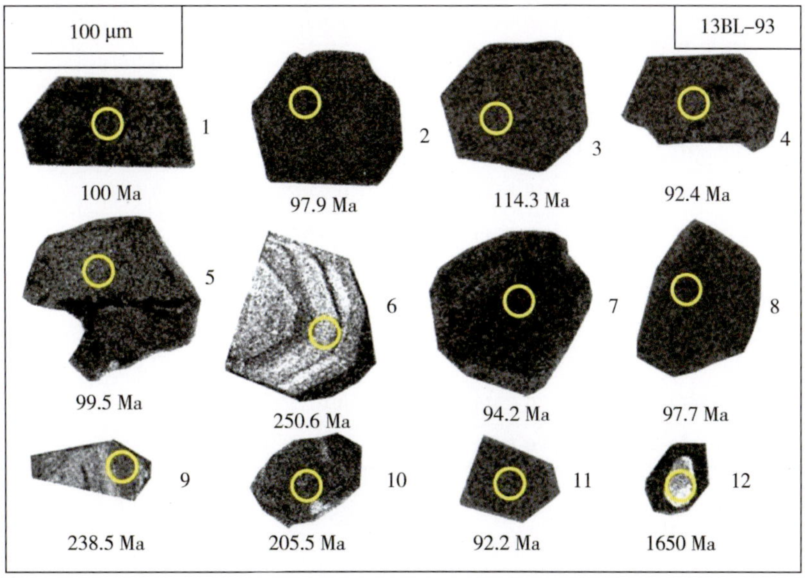

图 8-1　细晶岩脉中锆石阴极发光（CL）图像

6 和 9—岩浆锆石；12—继承（捕获）锆石；其余为热液锆石

1）继承（捕获）锆石：粒度小，次圆状，或具磨圆的内核，外部被黑圈包围，说明继承（捕获）锆石受后期热液改造；U 含量为 1355×10^{-6}，Th 含量为 531×10^{-6}，Th/U 比值为 0.41。

2）岩浆锆石：无色透明，自形柱状结构，柱面与双锥发育，阴极发光（CL）较强，具韵律环带，且内环宽缓，边缘细密的岩浆锆石特征（吴元保和郑永飞，2004）。U、Th 含量偏低，U 含量在 231×10^{-6}~1343×10^{-6} 之间，Th 含量在 163×10^{-6}~1053×10^{-6} 之间，Th/U 比值在 0.58~0.90 之间。

3）热液锆石：棕色、褐色，半透明至不透明，短柱自形结构。在阴极发光（CL）图像上，具大都热液锆石不发光特征（吴元保等，2004）。具 U、Th 含量较高，U 含量最高达 24705×10^{-6}，主要集中在 9000×10^{-6}~15000×10^{-6} 之间，Th 含量可达 186127×10^{-6}，主要集中在 5000×10^{-6}~18000×10^{-6} 之间，Th/U 比值在 0.38~8.42 之间。

表 8-1　细晶岩脉 SHRIMP 锆石 U-Pb 年龄测定结果

测点号	U/10^{-6}	Th/10^{-6}	Th/U	$^{207}Pb/^{206}Pb$	1σ/%	$^{207}Pb/^{235}U$	1σ/%	$^{206}Pb/^{238}U$	1σ/%	$^{206}Pb/^{238}U$ 年龄/Ma	1σ/%
13BL-93-1	13438	16620	1.28	0.0578	3.3	0.1093	5.9	0.0156	2.0	100.0	1.9
13BL-93-2	13704	33992	2.56	0.0907	3.1	0.1037	12.0	0.0153	2.1	97.9	2.1
13BL-93-3	7650	6399	0.86	0.1136	7.4	0.1292	27.0	0.0179	2.6	114.3	2.9
13BL-93-4	10412	4111	0.41	0.1156	0.4	0.0765	15.4	0.0144	2.0	92.4	1.9
13BL-93-5	6860	5532	0.83	0.0727	1.7	0.1157	3.9	0.0156	1.7	99.5	1.6
13BL-93-6	638	382	0.62	0.0554	1.4	0.2818	4.2	0.0396	1.6	250.6	4.0
13BL-93-7	24705	31616	1.32	0.1601	6.9	0.1050	37.6	0.0147	2.3	94.2	2.2
13BL-93-8	14342	12861	0.93	0.0656	0.5	0.1223	2.3	0.0153	1.5	97.7	1.5
13BL-93-9	1343	1053	0.81	0.0528	1.0	0.2594	2.4	0.0377	1.5	238.5	3.5
13BL-93-10	3539	2009	0.59	0.0640	0.9	0.2224	3.1	0.0324	1.5	205.5	3.0
13BL-94-11	17709	10929	0.64	0.0558	2.2	0.1024	3.3	0.0144	1.9	92.2	1.8
13BL-94-12	1355	531	0.41	0.1655	0.3	6.5982	1.5	0.2916	1.5	1649.6	21.3
13BL-94-13	9517	3459	0.38	0.0630	9.2	0.1337	18.4	0.0193	2.1	123.4	2.6
13BL-94-14	353	307	0.90	0.0542	2.0	0.2349	7.5	0.0373	2.0	236.1	4.6
13BL-94-16	17712	15695	0.92	0.0673	0.7	0.0915	2.8	0.0122	1.9	78.1	1.5
13BL-94-17	6903	5482	0.82	0.1099	2.1	0.0933	11.3	0.0135	2.0	86.4	1.7
13BL-94-18	231	163	0.73	0.0572	2.5	0.1956	15.9	0.0373	2.1	236.0	4.9
13BL-94-19	6821	3918	0.59	0.0630	1.0	0.1448	3.2	0.0201	1.5	128.2	1.9
13BL-94-20	810	457	0.58	0.0541	1.3	0.2762	3.2	0.0400	1.5	252.7	3.8
13BL-94-21	197	157	0.82	0.0745	3.0	0.1367	26.9	0.0222	2.3	141.4	3.2
13BL-94-22	12138	8125	0.69	0.1915	1.0	0.0837	16.7	0.0117	1.8	75.1	1.3
13BL-94-23	13194	21851	1.71	0.0738	1.4	0.0876	5.1	0.0119	1.7	76.2	1.3
13BL-94-24	5472	4699	0.89	0.0534	0.6	0.2025	1.8	0.0288	1.5	182.8	2.7
13BL-94-25	22835	186127	8.42	0.2048	4.4	0.0774	50.8	0.0129	2.8	82.5	2.3
13BL-94-26	6681	3168	0.49	0.0698	0.6	0.1337	3.6	0.0176	1.5	112.6	1.7

二、细晶岩 SHIRMP 锆石 U-Pb 定年结果

SHRIMP 锆石 U-Pb 定年分析结果表明：25 个分析点中含 5 个岩浆锆石、19 个热液锆石和 1 个继承（捕获）锆石。

12 号点继承（捕获）锆石形成于 1650 Ma，与围岩陀烈组地层中继承（捕获）锆石（1600~2400 Ma）（张小文，2014），表明细晶岩的源岩可能为围岩。

5 个岩浆锆石点分布相对集中，但大都偏离落于谐和曲线上方，且部分点 Pb 含量偏高，说明其可能发生了少量的 Pb 丢失。这些锆石构成下交点为 248±14 Ma（MSWD=3. 2）的不一致线，该年龄与$^{206}Pb/^{238}U$ 年龄加权平均值为 243±9 Ma（MSWD=0. 67）在分析误差范围内相同（图 8-2），因此 243±9 Ma 基本代表了细晶岩脉的结晶年龄（凌文黎等，2006）。与谢才富等（2006）和张小文等（2009）测定的尖峰岩体成岩年龄一致（230~250 Ma）。

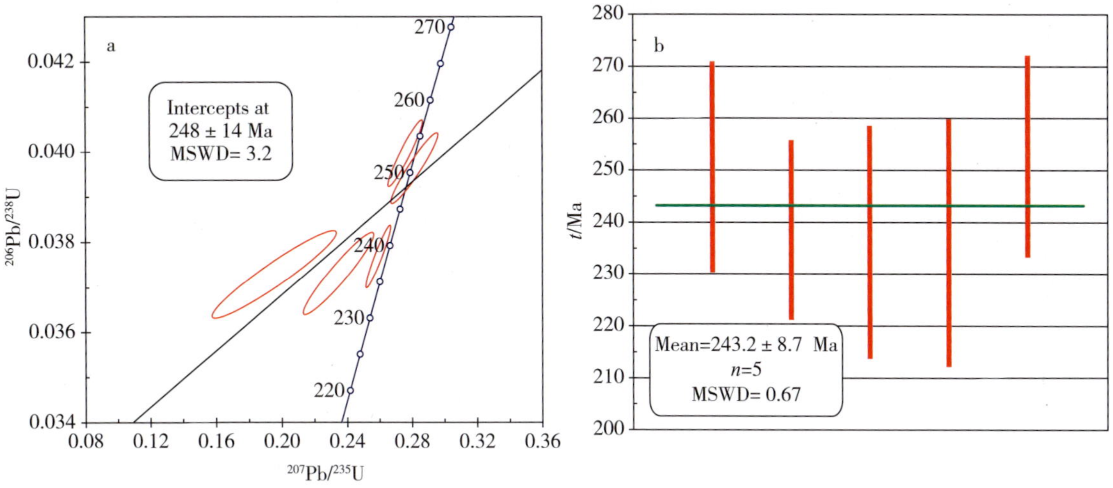

图 8-2 细晶岩 SHRIMP 岩浆锆石 U-Pb 年龄谐和图（a）和加权平均年龄图（b）

热液锆石基本都落在谐和曲线上，但有部分点年龄明显偏大，且年龄偏大点的 Pb 含量均偏小，其年龄偏大可能继承了部分岩浆锆石所致。扣除年龄偏大的点，其余相对较集中，介于 92. 4~100 Ma 之间。$^{206}Pb/^{238}U$ 年龄加权平均值为 96±3 Ma（MSWD=3. 6），代表了热液锆石的形成年龄（图 8-3）。

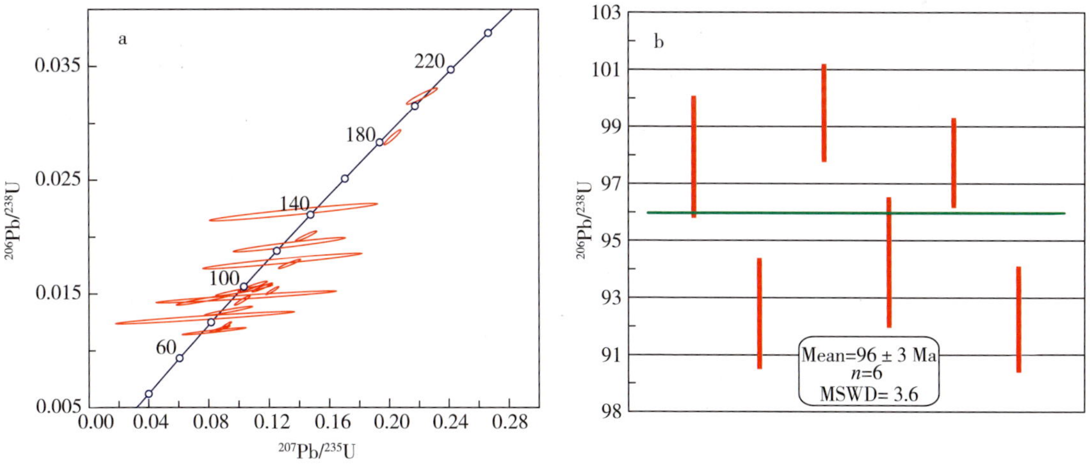

图 8-3 细晶岩 SHRIMP 热液锆石 U-Pb 年龄谐和图（a）和加权平均年龄图（b）

三、变基性岩年龄

周岳强等（2020）在变基性岩样品 13BL-173 中挑选出来的 23 颗锆石进行了 SHRIMP U-Pb 测试分析，测得岩浆锆石 231. 6±2. 6 Ma（MSWD=1. 8）的加权平均年龄，与细晶岩脉岩浆锆石的年龄 243±9 Ma（MSWD=3. 2）在误差范围内一致。依据野外地质和岩相学特征细晶岩切穿含矿石英脉和出现矿化的变基性岩的关系表明抱伦金矿成矿年龄、细晶岩（尖峰岩体）和变基性岩的结晶年龄相近，大致在 231.6±2.6 Ma。较前人的 221～205 Ma 成矿年龄早，原因可能为一方面细晶岩（尖峰岩体）和变基性岩本次测试的样品少，加权离差均方根较大；另一方面锆石的封闭温度（>800℃）远高于前人用于测试的伊利石、白云母和绿泥石等热液矿物的封闭温度。

第二节　元素地球化学特征

本次研究采取了尖峰岩体的花岗岩和细晶岩、石英绢云母千枚岩、含炭千枚岩、变基性岩、含金石英脉和无矿石英脉等 7 类岩性 26 件岩石样品进行主量元素和微量元素分析（表 8-2 至表 8-4）。其中花岗岩和千枚岩采样位置避开含矿破碎带，细晶岩、变基性岩、含金石英脉和无矿石英脉采样位置均位于井下。主量元素和微量元素分析均在中国科学院广州地球化学研究所同位素地球化学国家重点实验室完成。分析方法分别为 X 射线荧光光谱分析（XRF）（精度优于 5%）和电感耦合等离子体质谱（ICP-MS）（精度优于 3%）。

一、主量元素

赋矿围岩（千枚岩）主量元素含量变化范围较大，其中 SiO_2 为 64.1%～86.2%（均值 72%），Al_2O_3 为 5.89%～18.7%（均值 14%），Na_2O 为 0.103%～1.36%（均值 0.45%），MgO 为 0.468%～2.00%（均值 0.89%），CaO 为 0.0585%～0.176%（均值 0.1037%）。与上地壳（UCC）主量元素丰度相比，千枚岩具 SiO_2 含量较高，MgO 和 CaO 含量较低的特点，可能与研究区内普遍发育硅化和绢云母化有关。

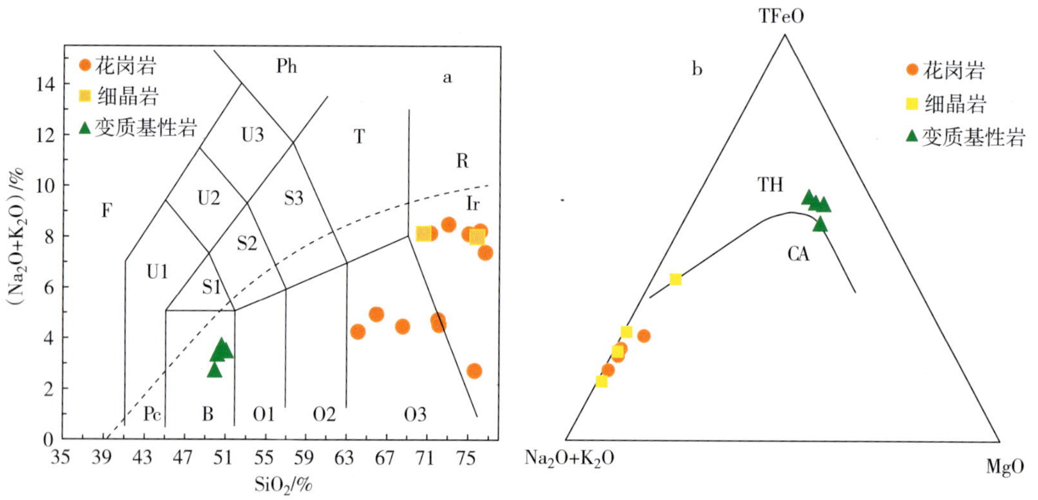

图 8-4　矿区火成岩的 SiO_2-（Na_2O+K_2O）图（a）和 AFM 图（b）

Pc—苦橄玄武岩；B—玄武岩；O1—玄武安山岩；O2—安山岩；O3—英安岩；R—流纹岩；S1—粗面玄武岩；S2—玄武质粗面安山岩；S3—粗面安山岩；T—粗面岩、粗面英安岩；F—副长石岩；U1—碱玄岩、碧玄岩；U2—响岩质碱玄岩；U3—碱玄质响岩；Ph—响岩；Ir—Irvine 分界线，上方为碱性，下方为亚碱性；CA—钙碱性系列；TH—拉斑玄武岩系列

尖峰岩体花岗岩及其派生的细晶岩 SiO_2 含量为 70.5%～80.3%（均值 75.33%）；远高于上地壳（UCC）丰度，并富 K_2O（均值 4.77%），贫 TiO_2、FeO 、MgO 和 Na_2O，与岩浆演化后期富长英质矿物的特点一致；碱度率（AR 指数）为 2.06～4.81，里特曼指数（σ）0.45～2.39，为钙碱

性系列；在 SiO_2-（Na_2O+K_2O）图解（图 8-4a）和 AFM 图解（图 8-4b）和 SiO_2-K_2O 图解（图 8-5a）上，落入高钾钙碱性系列区域；铝饱和指数 A/CNK 为 1.07~1.51（均值 1.17>1.1），表现强过铝质岩石特征；分异指数（DI）86~95（平均 91），反应花岗岩发生了较强的分异作用，具张性花岗岩的特征（邱家骧等，1991）。在成因系列 Na_2O-K_2O 图解上（图 8-5b），花岗岩主要落在 A 型花岗岩内并靠近 S 型花岗岩。

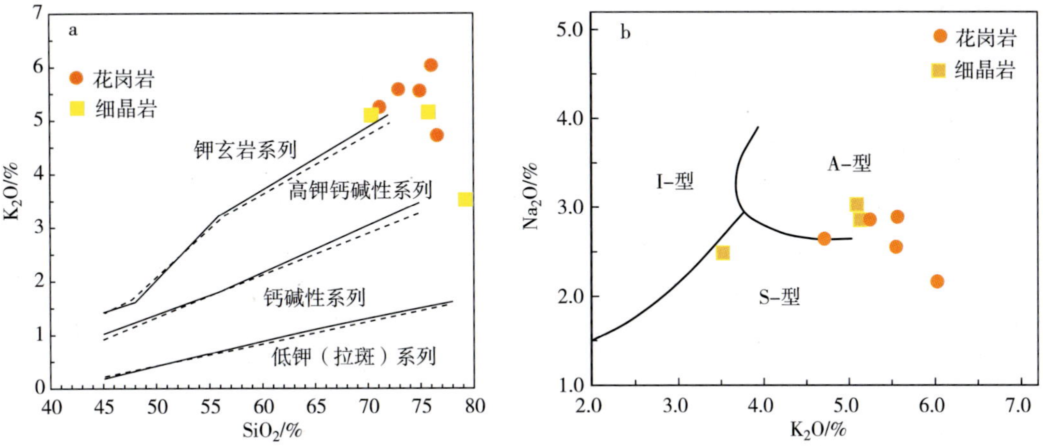

图 8-5　尖峰岩体花岗岩和细晶岩 SiO_2-K_2O 图（a）及 Na_2O-K_2O 图解（b）

变基性岩 SiO_2 含量变化范围较小为 49.94%~51.03%（均值 50.43%），Na_2O 含量为 0.9%~2.9%，K_2O 含量为 0.36%~2.49%，MgO 含量为 6.78%~7.55%，Al_2O_3 含量高 11.99%~14.59%（均值 13.43%）；碱度率（AR 指数）为 1.25~1.42，里特曼指数（σ）1.1~1.82，分异指数（DI）22.33~28.35（平均 24.6），在根据 AFM 图解（图 8-4b）落于拉斑玄武岩系列区。镁指数（$Mg^{\#}$）43.3~51.3（平均 47.1）远低于原始地幔岩浆，表明源区岩浆经过强烈的结晶分异作用。

二、微量元素

研究区微量元素原始地幔标准化蛛网图（图 8-6）千枚岩、花岗岩、细晶岩、含金石英脉和无矿石英脉分布形式基本相似，且总体表现为右倾曲线，表明其源区有亲缘性。

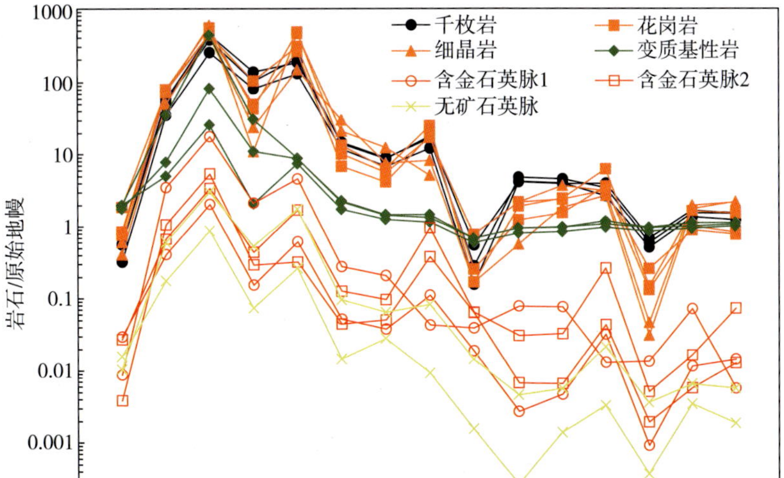

图 8-6　矿区各岩性微量元素原始地幔标准化蛛网图

尖峰岩体花岗岩 K、Rb、Th、Ce 和 Sm 具有较明显的正异常，Sr、Ba、Nb、Ta、P 和 Ti 负异常，表明其源区来自陆壳，且其源区有斜长石和磷灰石等矿物残留。其 Rb/Nb 比值为 1.6~26.1（平均 16.9），高于 I 型花岗岩平均值（13.73）（Rudnick et al.，1995），略低于 S 型花岗岩的平均值（18.08）（Whalen et al.，1987），显示可能有幔源岩浆的参与。

变基性岩为总体呈一致右倾平滑型，其高场强元素（HFSE）相对大离子亲石元素（LILE）亏损，K_2O>0.1%，TiO_2>1.0%且相对富集大离子亲石元素说明其源区靠近热点（李昌年，1992）。富集大离子亲石元素（LILE）K、Rb、Ba 和 Th，Nb、Hf 和 Ti 具轻微负异常，呈岛弧玄武岩类似分布特征。Sr 和 P 负异常表明源区可能有斜长石和磷灰石残留。

三、稀土元素

研究区千枚岩、花岗岩、细晶岩、变基性岩及含金石英脉和不含金石英脉稀土元素含量和主要参数。

千枚岩的稀土元素总量（均不包括 Y）为 146×10^{-6}~309×10^{-6}（平均 246×10^{-6}），花岗岩和细晶岩的稀土元素总量为 131×10^{-6}~433×10^{-6}（平均 284×10^{-6}），变基性岩的稀土元素总量为 41×10^{-6}~50×10^{-6}（平均 47×10^{-6}），含金石英脉的稀土元素总量为 0.8×10^{-6}~17.3×10^{-6}（平均 6.6×10^{-6}），不含金石英脉的稀土元素总量为 0.2×10^{-6}~1.5×10^{-6}（平均 0.86×10^{-6}）。含金（不含金）石英脉的稀土元素总量较低主要原因为稀土元素难以类质同象的方式进入石英晶格。

稀土元素配分模式图中（图 8-7），除了变基性岩未发生轻重稀土分异（L/H＝1.55、$(La/Yb)_N$＝0.92）外，其他岩性都不同程度有轻重稀土分异；变基性岩和不含金石英脉无 Eu 异常或正 Eu 异常（δEu 为 0.93~1.4），含金石英脉、千枚岩和花岗岩分布型式相似且具负 Eu 异常；区内均无 δCe 异常（0.95~1.02）。表明花岗岩源区发生斜长石分异，而不含金石英脉和变基性岩可能存在成生关系，含金石英脉、千枚岩和花岗岩源区可能为海南岛的古老基底。

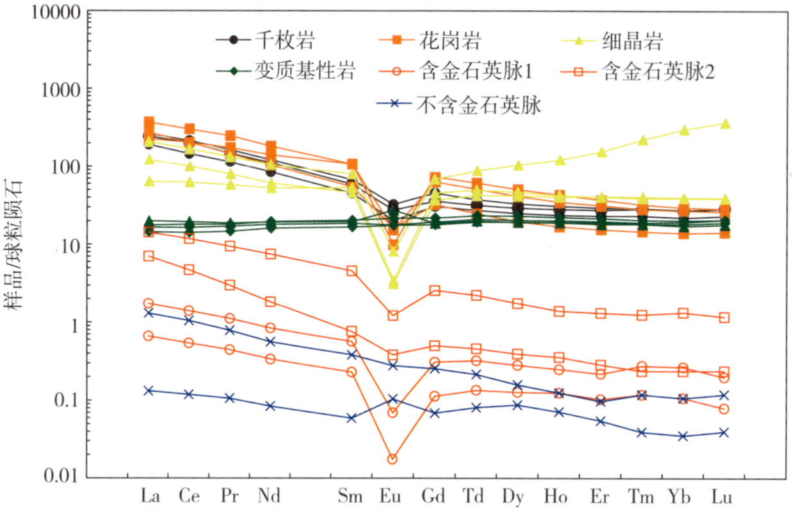

图 8-7　矿区各岩性稀土元素球粒陨石标准化配分模式图

含金石英脉 $(La/Yb)_N$ 指标（14）与花岗岩 $(La/Yb)_N$ 指标（12.8）相近，略大于千枚岩 $(La/Yb)_N$ 指标（8.5），表明含金石英脉主要来自花岗岩源区，并受千枚岩影响。

四、岩石成因和构造背景

变基性岩岩浆锆石年龄为 231.6±2.6 Ma（MSWD＝1.8）（周岳强等，2020），细晶岩岩浆锆石年龄为 243.2±8.7 Ma（MSWD=3.2），两者的年龄在误差范围内一致，依据野外地质和岩相学特征细晶岩切穿含矿石英脉和出现矿化的变基性岩的关系表明两者同时侵入，细晶岩岩浆锆石年龄比变基性岩岩浆锆石年龄稍大，说明尖峰岩体花岗岩先冷凝结晶，两者的同位素年龄和元素地球化学特征说明它们是双峰式侵入岩。

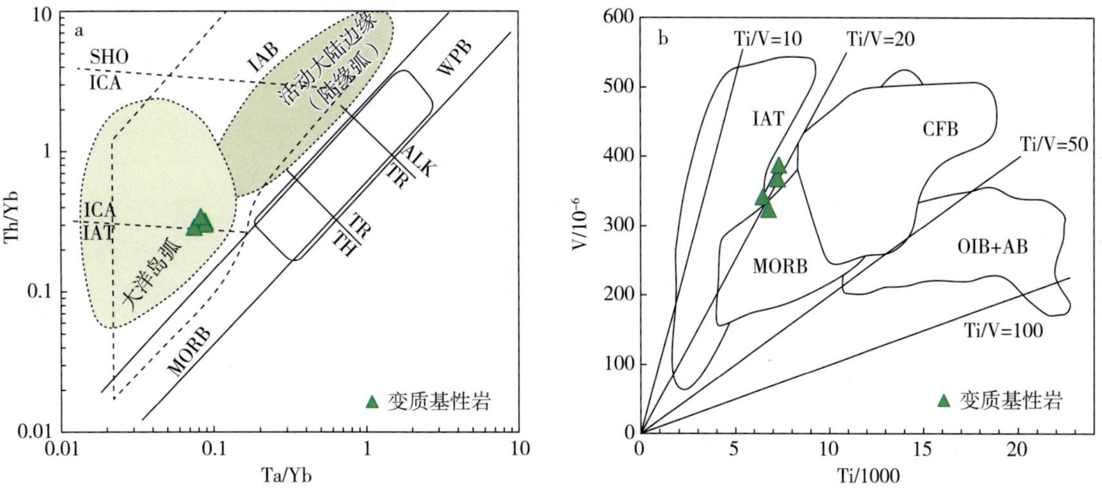

图 8-8 变基性岩 Th/Yb-Ta/Yb 图解（a）及 Ti/1000-V 图解（b）

（a 底图据 Pearce，1982；b 底图据 Shervais et al.，1982）

IAB—岛弧玄武岩；IAT—岛弧拉斑系列；ICA—岛弧钙碱系列；SHO—岛弧橄榄玄粗岩系列；WPB—板内玄武岩；MORB—洋中脊玄武岩；TH—拉斑玄武岩；TR—过渡玄武岩；ALK—碱性玄武岩

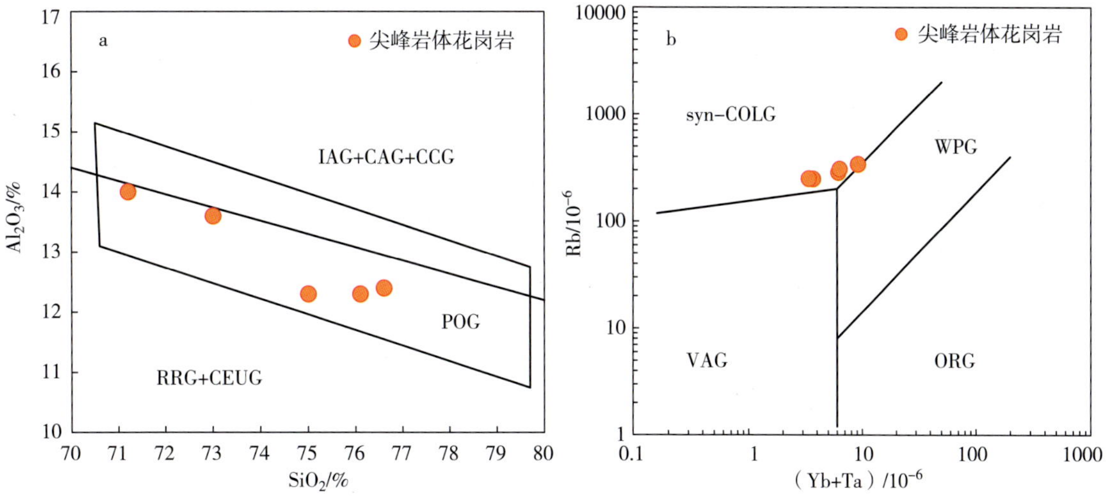

图 8-9 尖峰岩体花岗岩 Al_2O_3-SiO_2 判别图（a）及 Rb-Yb+Ta 判别图（b）

（底图据 Pearceet al.，1984）

IAG—岛弧花岗岩；RRG—与裂谷有关的花岗岩；CAG—大陆弧花岗岩类；CEUG—大陆的造陆抬升花岗岩类；CCG—大陆碰撞花岗岩类；POG—造山后花岗岩类；syn-COLG—同碰撞型花岗岩；WPG—板内型花岗岩；VAG—火山弧型花岗岩；ORG—洋脊型花岗岩

变基性岩为拉斑玄武岩系列，富集大离子亲石元素（LILE），Nb 和 Ti 具轻微负异常的岛弧火成岩特征（凌文黎等，2002），在 Th/Yb-Ta/Yb 图解和 Ti/1000-V 图解（图 8-8）上落入岛弧拉斑系列（IAT）。尖峰岩体花岗岩为高钾钙碱性系列，主要落在 A 型花岗岩内并靠近 S 型花岗岩。K、Rb、Th、Ce 和 Sm 具有较明显的正异常，Sr、Ba、Nb、Ta、P 和 Ti 负异常，说明源区有斜长石等矿物残留，暗示源区深度较浅，其应该为地壳减薄的产物（邓晋福等，1996）。在 Al_2O_3-SiO_2 判别图和 Rb-Yb+Ta 判别图上（图8-9），落入造山后花岗岩类（POG）区域。由变基性岩和尖峰岩体花岗岩构造背景分析判定，抱伦双峰式侵入岩形成于造山后伸展减薄的构造环境（王焰等，2000；唐立梅等，2013）。

地球化学成分差异的不同源区产生的岩浆因继承源区的特点而不同，但相似的构造背景产生的岩浆具相似的元素组成（邱家骧等，1991）。元素对的比值能较好反应岩浆源区性质，选取Th/Ta比值来判断变基性岩的原始岩浆是否发生地壳混染，原始地幔Th/Ta值为2.3，大陆地壳Th/Ta值约为10，变基性岩Th/Ta值为3.78，高于原始地幔Th/Ta值而低于大陆地壳Th/Ta值，暗示了变基性岩源区受地壳混染；且变基性岩Nb/Ta值（12.34）和Zr/Hf值（34）同样小于原始地幔Nb/Ta值（17.5±2.0）和Zr/Hf值（36.27±2.0）（Jochum et al.，1989），说明变基性岩源区可能为亏损地幔源区。

综上所述，晚二叠世形成后碰撞阶段早期的大规模走滑剪切作用，中三叠世抱伦金矿处于碰撞造山后伸展-减薄的构造环境（谢才富等，2007），引起亏损地幔源区发生部分熔融形成基性岩浆，基性岩浆底侵于下地壳，并提供了大量的热能，使下地壳发生较大规模的部分熔融而形成花岗质岩浆。在伸展构造背景下，两种岩浆同时上侵，形成基性岩和尖峰岩体花岗岩。

表8-2　矿区各岩性岩石化学成分测试结果

样品编号	岩性	SiO_2	TiO_2	Al_2O_3	Fe_2O_3	MnO	MgO	CaO	Na_2O	K_2O	P_2O_5	烧失量	Total
YZBL-004	石英绢云母千枚岩	68.50	0.76	16.80	4.85	0.06	0.91	0.12	0.37	4.10	0.033	3.05	99.5
YZBL-011	石英绢云母千枚岩	75.60	0.65	12.00	5.00	0.07	0.82	0.12	0.25	2.48	0.019	2.56	99.6
YZBL-012	石英绢云母千枚岩	64.10	0.87	18.70	6.55	0.05	1.08	0.11	0.47	3.79	0.064	3.89	99.7
BLYZ-103	含炭千枚岩	86.20	0.37	5.89	3.73	0.06	0.52	0.08	0.10	0.96	0.018	1.59	99.5
BLYZ-104	含炭千枚岩	65.90	1.02	18.20	5.40	0.03	0.45	0.06	0.27	4.68	0.030	3.67	99.7
BLYZ-106	含炭千枚岩	72.00	0.69	16.90	1.89	0.03	0.47	0.06	0.34	4.38	0.022	2.69	99.5
BLYZ-122	含炭千枚岩	72.10	0.50	13.60	3.70	0.05	2.00	0.18	1.36	3.17	0.070	2.71	99.4
平均		72.06	0.69	14.58	4.45	0.05	0.89	0.10	0.45	3.37	0.037	2.88	99.6
BL-103	花岗岩	76.10	0.09	12.30	1.74	0.05	0.11	0.25	2.20	6.03	0.000	0.47	99.3
BL-109	花岗岩	73.00	0.19	13.60	2.52	0.07	0.16	0.93	2.91	5.58	0.020	0.53	99.5
BL-139	花岗岩	71.20	0.33	14.00	3.02	0.07	0.61	1.42	2.89	5.25	0.090	0.80	99.7
BL-141	花岗岩	75.00	0.17	12.30	2.17	0.06	0.17	0.69	2.57	5.55	0.030	0.59	99.3
13BL-22	花岗岩	76.60	0.11	12.40	2.13	0.05	0.11	0.71	2.67	4.72	0.010	0.95	100.5
13BL-24	细晶岩脉	80.30	0.07	10.90	2.95	0.09	0.40	0.90	2.08	2.00	0.020	-0.12	99.6
13BL-51	细晶岩脉	79.50	0.04	10.90	1.70	0.04	0.08	0.38	2.49	3.53	0.020	0.80	99.5
13BL-93	细晶岩	75.80	0.06	12.80	1.37	0.04	0.10	0.48	2.86	5.14	0.000	0.73	99.4
13BL-15	细晶岩	70.50	0.33	14.10	2.98	0.61	0.07	1.40	3.03	5.10	0.092	1.33	99.5
平均		75.33	0.15	12.59	2.29	0.12	0.20	0.80	2.63	4.77	0.031	0.68	99.6
13BL-71	变基性岩	50.17	1.21	13.85	14.96	0.23	7.15	8.96	0.90	2.49	0.080	6.45	106.5
13BL-80	变基性岩	51.03	1.22	14.59	12.75	0.21	7.55	9.06	2.96	0.56	0.080	2.60	102.6
13BL-99	变基性岩	49.91	1.08	13.29	13.89	0.22	7.18	11.59	2.40	0.36	0.070	1.18	101.2
13BL-173	变基性岩	50.59	1.13	11.99	15.82	0.30	6.78	9.60	1.31	2.41	0.060	1.38	100.0
平均		50.43	1.16	13.43	14.36	0.24	7.17	9.80	1.89	1.46	0.073	2.90	102.6

注：单位为%。

表 8-3 矿区各岩性微量元素含量及主要参数

样品编号	岩性	Sc	Ti	V	Cr	Mn	Co	Ni	Cu	Zn	Ga	Ge	Rb	Sr	Y	Zr	Nb	Cs	Ba	Hf	Ta	Pb	Th	U	Zr/Hf	Nb/Ta	Ba/Th	Rb/Nb
YZBL-004	石英绢云母千枚岩	16.30	5545	89.60	70.4	481	20.90	23.1	17.9	66.0	27.5	2.37	248	52.0	42.7	352.0	20.5	14.7	850	9.24	1.89	26.6	21.8	5.25	38.10	10.85	38.99	12.10
YZBL-011	石英绢云母千枚岩	10.20	4058	53.40	50.6	507	8.05	17.2	7.9	126.0	17.0	2.16	140	29.5	37.5	310.0	15.7	9.8	498	8.15	1.53	20.9	15.3	4.06	38.04	10.26	32.55	8.92
YZBL-012	石英绢云母千枚岩	17.40	5477	93.90	82.5	387	9.43	20.9	21.9	80.7	27.2	2.81	208	50.7	46.6	305.0	19.9	10.7	631	7.95	1.80	32.1	25.0	4.44	38.36	11.06	25.24	10.45
BLYZ-103	含炭千枚岩	4.14	2148	22.00	17.7	402	2.88	8.2	10.5	36.1	7.5	1.99	55	11.1	27.3	363.0	7.8	2.9	167	8.76	0.77	4.3	12.1	2.08	41.44	10.06	13.80	7.11
BLYZ-104	含炭千枚岩	16.50	6212	98.00	66.5	202	3.20	6.1	51.3	43.7	26.6	2.32	203	54.8	58.8	506.0	20.3	8.0	684	12.50	1.84	22.2	23.0	4.90	40.48	11.03	29.74	10.00
BLYZ-106	含炭千枚岩	14.20	4502	85.90	59.1	169	3.01	3.1	11.9	22.9	23.6	2.28	241	21.7	42.4	310.0	15.4	8.2	527	7.81	1.37	23.8	19.5	3.20	39.69	11.24	27.03	15.65
BLYZ-122	含炭千枚岩	9.82	2990	38.90	23.7	355	3.99	11.8	15.9	43.4	20.0	2.40	138	40.4	31.3	240.0	12.0	4.4	668	6.47	0.97	10.0	11.1	2.60	37.09	12.32	60.18	11.50
BL-103	花岗岩	7.32	454	2.21	426.0	361	3.27	29.7	47.4	36.2	16.2	2.05	286	32.6	55.4	118.0	12.1	5.9	36	4.38	1.14	41.6	42.3	11.00	26.94	10.61	0.85	23.64
BL-109	花岗岩	4.52	947	8.06	509.0	503	4.12	34.8	48.5	31.5	19.6	2.43	307	76.7	45.9	141.0	14.7	8.3	265	5.01	1.72	38.2	57.6	8.06	28.14	8.55	4.60	20.88
BL-139	花岗岩	4.88	1875	24.20	407.0	482	3.93	27.8	38.1	26.0	18.4	2.02	249	168.0	24.8	161.0	13.0	6.4	638	4.86	1.32	33.4	36.4	8.89	33.13	9.85	17.53	19.15
BL-141	花岗岩	2.89	924	8.06	456.0	393	3.98	31.3	43.0	22.3	15.9	2.03	250	69.2	28.2	91.0	9.6	4.5	304	3.15	0.89	29.2	30.9	3.04	28.89	10.76	9.84	26.10
13BL-22	花岗岩	4.39	495	1.21	240.0	289	1.81	15.9	23.0	19.0	19.3	2.45	341	39.0	67.8	128.0	17.8	10.8	125	5.41	2.06	40.4	49.7	13.80	23.66	8.64	2.52	19.16
13BL-24	细晶岩	44.00	189	2.69	239.0	577	2.22	16.5	47.0	29.9	16.4	3.02	182	54.8	111.0	73.0	116.0	6.6	153	5.73	9.79	343.0	33.5	33.80	12.74	11.85	4.57	1.57
13BL-51	细晶岩	1.91	153	1.10	288.0	279	2.26	21.0	31.4	16.2	16.3	2.81	241	37.1	49.2	42.0	17.4	7.7	147	3.74	3.88	54.0	17.4	12.90	11.23	4.48	8.45	13.85
13BL-93	细晶岩	4.40	297	0.29	188.0	260	1.49	13.2	18.6	11.2	19.4	2.40	331	55.0	54.9	160.0	28.3	9.5	68	7.52	2.72	90.1	55.1	17.20	21.28	10.40	1.23	11.70
13BL-15	细晶岩	8.98	155	4.20	371.0	289	5.41	24.2	33.5	10.9	23.8	3.00	210	39.4	113.0	19.7	12.8	12.2	108	4.67	13.20	2.2	15.2	2.22	4.22	0.97	7.11	16.41
13BL-71	变基性岩	54.60	7191	368.00	108.0	1862	63.08	56.0	17.9	144.1	18.1	3.06	244	175.3	28.2	70.0	3.4	52.4	190	2.00	0.29	5.2	1.1	0.29	35.00	11.55	180.95	72.81
13BL-80	变基性岩	61.06	7589	388.00	271.0	1645	42.73	67.8	51.6	112.7	17.5	2.79	45	158.8	31.3	70.0	3.4	8.5	68	1.98	0.30	28.9	1.0	0.29	35.35	11.40	65.67	13.19
13BL-99	变基性岩	51.62	6477	342.00	218.0	1795	51.01	88.5	86.4	99.6	16.4	2.54	14	179.8	26.3	60.0	2.9	0.9	13	1.73	0.23	13.5	0.9	0.23	34.68	12.70	14.70	4.86
13BL-173	变基性岩	48.17	6648	324.00	241.0	2303	42.95	108.3	16.0	206.1	16.7	4.91	146	244.1	26.4	61.0	3.3	3.1	269	1.95	0.24	14.2	1.0	0.45	31.28	13.71	268.60	44.50
13BL-11	1 含金石英脉	0.03	7	3.77	631.0	393	3.84	45.3	59.9	1.6	0.3	1.88	1	2.8	0.3	0.2	0.1	0.1	1	0.01	0.01	4.0	0.1	0.02	20.80	12.86	13.36	12.67
13BL-02	1 含金石英脉	0.34	105	5.78	631.0	396	5.67	43.9	67.5	3.3	1.0	1.72	10	0.8	2.1	5.9	0.5	0.5	13	0.16	0.04	1.5	0.5	0.13	36.75	13.22	24.45	19.94
13BL-20	2 含金石英脉	0.00	15	2.70	597.0	351	3.68	40.9	57.6	1.5	0.4	1.68	3	0.4	0.2	0.5	0.1	0.1	2	0.01	0.01	2.6	0.0	0.01	36.86	20.00	47.95	25.00
13BL-43	2 含金石英脉	0.07	40	1.24	438.0	293	3.53	31.5	45.8	6.2	0.4	1.71	2	2.5	0.5	2.3	0.2	0.2	3	0.07	0.02	5.4	0.2	0.05	33.97	13.47	13.79	8.25
BL-051	0 无矿石英脉	0.00	29	2.26	405.0	320	2.57	30.5	45.0	1.6	0.3	1.59	2	1.0	0.2	0.4	0.2	0.4	3	0.01	0.01	0.6	0.2	0.08	29.50	11.85	16.14	11.04
13BL-35	0 无矿石英脉	0.08	3	4.61	680.0	406	4.60	45.7	66.0	4.5	0.3	1.58	0	1.5	0.1	0.0	0.1	0.1	0	0.00	0.00	0.8	0.0	0.01	7.00	33.50	15.00	7.39

注：微量元素单位为 10^{-6}。

表 8-4　矿区各岩性稀土元素含量及主要参数

样品号	样品名	La	Ce	Pr	Nd	Sm	Eu	Gd	Tb	Dy	Ho	Er	Tm	Yb	Lu	Y	ΣREE	LREE	HREE	LREE/HREE	$(La/Yb)_N$	δEu	δCe
YZBL-004	石英绢云母千枚岩	57.90	123.00	14.00	52.10	9.02	1.59	7.36	1.19	7.43	1.59	4.58	0.72	4.55	0.73	42.70	285.76	257.61	28.15	9.15	9.13	0.58	1.03
YZBL-011	石英绢云母千枚岩	45.40	89.40	10.90	39.70	6.91	1.17	6.29	1.02	6.36	1.34	3.83	0.59	3.73	0.59	37.50	217.23	193.48	23.75	8.15	8.73	0.53	0.95
YZBL-012	石英绢云母千枚岩	62.30	131.00	15.50	56.90	10.30	1.89	9.30	1.40	8.42	1.75	4.86	0.74	4.63	0.72	46.60	309.71	277.89	31.82	8.73	9.65	0.58	1.00
BLYZ-103	含炭千枚岩	29.70	61.40	7.17	26.60	4.63	0.77	4.46	0.74	4.44	0.95	2.62	0.40	2.59	0.40	27.30	146.87	130.27	16.60	7.85	8.23	0.51	1.00
BLYZ-104	含炭千枚岩	52.60	111.00	13.70	54.50	10.30	1.89	9.79	1.61	9.95	2.16	6.22	0.97	6.08	0.94	58.80	281.70	243.99	37.71	6.47	6.21	0.57	0.99
BLYZ-106	含炭千枚岩	57.90	120.00	13.20	49.90	8.63	1.54	8.05	1.25	7.42	1.58	4.41	0.67	4.25	0.65	42.40	279.44	251.17	28.27	8.88	9.77	0.56	1.02
BLYZ-122	含炭千枚岩	38.20	83.40	10.30	39.90	7.37	1.12	6.28	0.98	5.67	1.18	3.29	0.53	3.56	0.58	31.30	202.35	180.29	22.06	8.17	7.70	0.49	1.01
BL-103	花岗岩	53.30	124.00	16.40	65.40	16.40	0.57	14.90	2.28	12.70	2.42	6.09	0.82	5.00	0.72	55.40	321.00	276.07	44.93	6.14	7.65	0.11	1.02
BL-109	花岗岩	87.20	183.00	23.30	84.70	16.30	0.88	12.80	1.90	10.40	1.96	5.19	0.72	4.58	0.66	45.90	433.59	395.38	38.21	10.35	13.66	0.18	0.98
BL-139	花岗岩	64.30	124.00	13.80	48.40	8.31	0.93	6.59	0.92	4.94	0.95	2.56	0.37	2.36	0.36	24.80	278.79	259.74	19.05	13.63	19.54	0.37	0.97
BL-141	花岗岩	65.30	134.00	15.50	54.90	9.43	0.84	7.49	1.11	5.89	1.17	2.99	0.41	2.51	0.37	28.20	301.91	279.97	21.94	12.76	18.66	0.30	1.00
13BL-22	花岗岩	46.80	107.00	13.80	54.10	12.20	0.41	11.60	2.05	12.40	2.56	7.08	1.06	7.08	1.07	67.80	279.21	234.31	44.90	5.22	4.74	0.10	1.02
13BL-24	细晶岩	48.90	102.00	12.60	49.00	12.20	0.47	14.00	3.33	26.50	6.92	25.70	5.67	51.10	9.32	111.00	367.71	225.17	142.54	1.58	0.69	0.11	0.98
13BL-51	细晶岩	28.80	61.00	7.53	28.20	7.03	0.18	7.55	1.58	10.60	2.28	6.78	1.03	6.73	1.00	49.20	170.29	132.74	37.55	3.54	3.07	0.08	0.99
13BL-93	细晶岩	15.10	38.00	5.46	24.50	8.12	0.20	9.34	1.85	11.80	2.38	6.65	0.99	6.60	0.98	54.90	131.97	91.38	40.59	2.25	1.64	0.07	1.02
13BL-15	细晶岩	2.58	6.74	38.20	15.40	9.25	28.90	71.40	9.65	39.40	13.30	0.57	16.60	3.53	23.00	113.00	278.52	101.07	177.45	0.57	0.52	2.44	0.05
13BL-71	变基性岩	3.91	9.99	1.61	8.39	2.83	1.02	3.95	0.78	5.15	1.14	3.25	0.48	3.28	0.52	28.17	46.30	27.75	18.55	1.50	0.86	0.93	0.98
13BL-80	变基性岩	4.15	10.97	1.71	9.10	3.10	1.25	4.46	0.87	5.81	1.25	3.54	0.52	3.41	0.52	31.25	50.66	30.28	20.38	1.49	0.87	1.03	1.01
13BL-99	变基性岩	3.40	8.60	1.39	7.47	2.54	1.01	3.65	0.72	4.89	1.08	3.12	0.46	3.07	0.48	26.30	41.88	24.41	17.47	1.40	0.79	1.01	0.97
13BL-173	变基性岩	4.69	11.84	1.77	8.99	2.98	1.58	3.79	0.74	4.83	1.07	2.99	0.46	2.90	0.45	26.40	49.08	31.85	17.23	1.85	1.16	1.44	1.01
13BL-11	1 含金石英脉	0.41	0.85	0.11	0.39	0.09	0.00	0.06	0.01	0.07	0.01	0.04	0.01	0.05	0.01	0.33	2.09	1.84	0.25	7.27	6.50	0.16	0.98
13BL-02	1 含金石英脉	0.16	0.33	0.04	0.16	0.04	0.00	0.02	0.01	0.03	0.01	0.02	0.00	0.02	0.00	2.05	0.83	0.72	0.11	6.71	6.22	0.10	0.97
13BL-20	2 含金石英脉	1.65	2.86	0.28	0.85	0.12	0.02	0.10	0.02	0.10	0.02	0.05	0.01	0.04	0.01	0.17	6.11	5.78	0.34	17.14	29.59	0.60	0.94
13BL-43	2 含金石英脉	3.35	7.17	0.89	3.47	0.70	0.07	0.53	0.08	0.44	0.08	0.22	0.03	0.23	0.03	0.47	17.28	15.65	1.64	9.55	10.59	0.34	1.00
BL-051	0 无矿石英脉	0.31	0.64	0.07	0.26	0.06	0.02	0.05	0.01	0.04	0.01	0.02	0.00	0.02	0.00	0.19	1.50	1.35	0.15	9.18	12.19	0.87	1.00
13BL-35	0 无矿石英脉	0.03	0.07	0.01	0.04	0.01	0.01	0.01	0.00	0.02	0.00	0.01	0.00	0.01	0.00	0.10	0.23	0.17	0.06	2.78	3.71	1.63	1.00

注：稀土元素单位为 10^{-6}。

第九章　流体包裹体地球化学特征

流体包裹体是成矿机理研究的一个重要窗口，流体包裹体研究一直是研究热点和前沿课题。通过研究成矿过程矿物捕获的包裹体，还原成岩、成矿流体的成因和环境（卢焕章等，2004；贾跃明，1996）。

第一节　样品采集与分析方法

本次流体包裹体的研究按成矿阶段：金-中粗粒石英阶段和金-硫化物-细粒石英阶段及碳酸盐化阶段进行采样分析（表 9-1）。

表 9-1　各阶段流体包裹体样品采样位置和样品特征

成矿阶段	样品名称	采样位置	矿体	样品特征
金-中粗粒石英阶段	13BL-02	130 中段 100 线	V1-2	脉宽 0.4～0.5 m，见明金，少见黄铁矿，石英脉内见围岩透镜体
	13BL-11	25 中段 105 线	V1-4	脉宽 0.4～0.6 m，见明金，偶见硫化物，金品位 1000 g/t
金-硫化物-细粒石英阶段	13BL-25-7-1	25 中段 103 线	V1-3	脉宽 1.2～1.5 m，脉内见明金和磁黄铁矿
	13BL-25-7-2	25 中段 103 线	V1-3	脉宽 1.2～1.5 m，脉内见明金和磁黄铁矿
	13BL-48	25 中段 103 线	V1-4	含金石英脉，明金和辉铋矿共生，硫化物主要有黄铁矿及少量黄铜矿
碳酸盐阶段	13BL-49	25 中段 103 线		不含矿石英脉，与方解石脉共生
	BL-048	160 中段 107-109 线		含粗粒黄铁矿石英透镜体

包裹体的显微测温工作在中国科学院广州地球化学研究所成矿学与矿物学重点实验室完成，测试仪器为 Linkam THMSG600 型冷热台，测温范围为-196～600℃，测试过程中采用标准物质（KNO_3、K_2CrO_3、CCl_4 以及人工配制的 NaCl 标准溶液）对仪器进行温度标定，400℃时，相对标准物质误差为±2℃，-22℃时误差为±1℃。流体包裹体测试过程中升温速率一般为 0.2～5℃/min，CO_2 包裹体的 CO_2 相变点和盐水包裹体的初熔温度和冰点温度附近升温速率为 0.2～0.5℃/min。

第二节　流体包裹体特征

一、包裹体形态、大小以及分类

原生包裹体主要呈面型密集或呈孤立状分布。各阶段流体包裹体主要以椭圆形、浑圆形为主，部分长条形和不规则形。当呈面型密集分布时，包裹体一般比较规则，个体较小，当呈孤立分布时，包裹体个体一般较大，常在 3~8 μm，大的可达 25 μm 以上（图 9-1）。

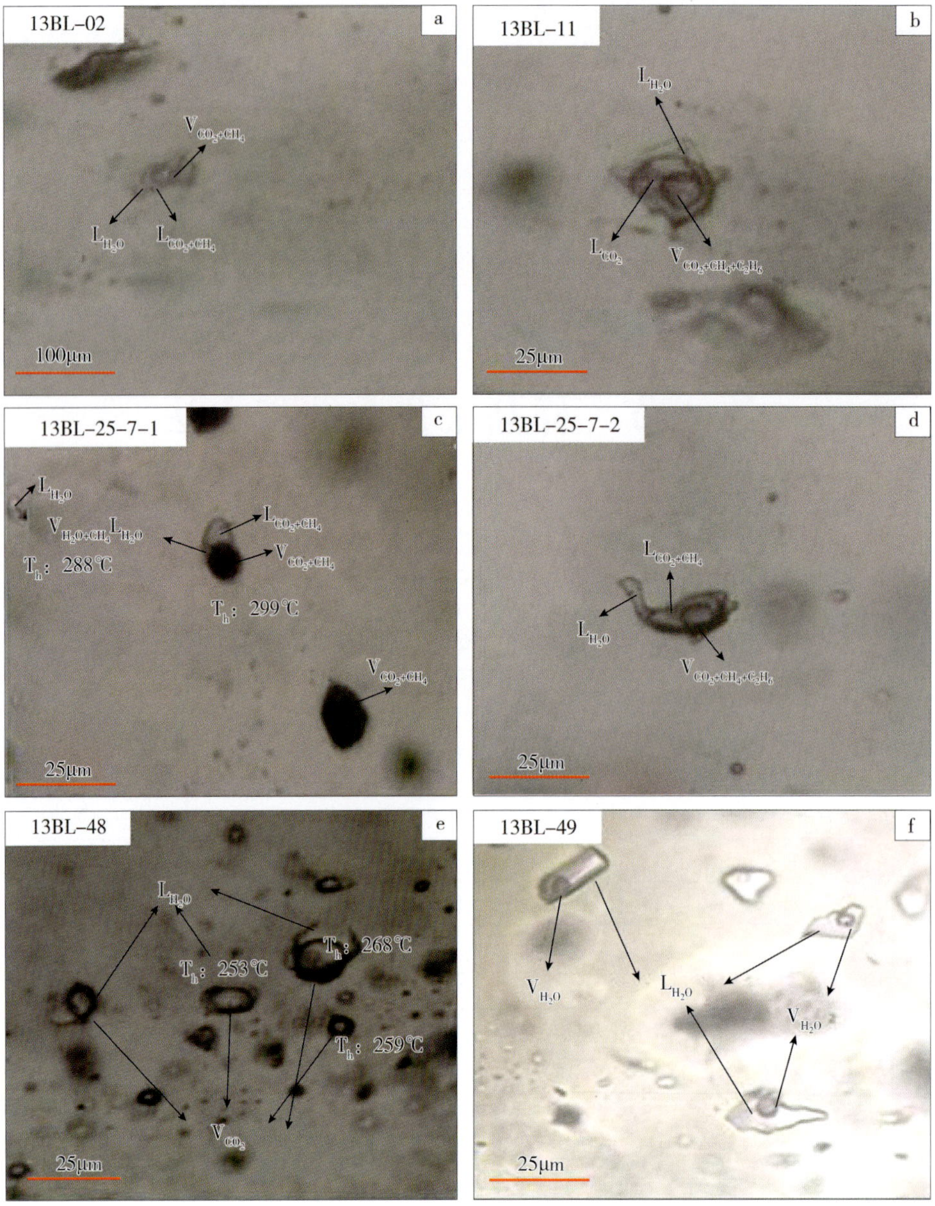

图 9-1　抱伦金矿流体包裹体显微照片

根据岩相学观察及结合显微测温和激光拉曼分析结果，我们将包裹体分为以下三类：①H_2O-CO_2 包裹体；②H_2O 溶液包裹体；③纯 CO_2 包裹体。并见不同成分，相比例较大且连续变化的包裹体系列共生于同一期石英，加之他们的均一温度相差相对较小，说明其为沸腾包裹体群（张德会，1997；卢焕章等，2004）。

二、显微测温

本次研究对代表 3 个成矿阶段的 7 个样品用于显微测温（表 9-2，图 9-2）。

1. 金-中粗粒石英阶段

本阶段发育两类原生包裹体：H_2O-CO_2 包裹体和 H_2O 溶液包裹体。

表 9-2　流体包裹体显微测温结果

成矿阶段	样品	包裹体类型	T_m（CO_2）	T_m（ice）	T_m（clath）	T_h（CO_2）	T_h（CO_2）	T_h（tot）	NaCl	ρ/（g·cm^{-3}）
			℃	℃	℃	（1，℃）	（v，℃）	℃	%	
Ⅰ	13BL-11	H_2O-CO_2 包裹体	-58.2～-56.7		5.7～9.2	22.3～30	25.9～27.9	288～335	1.62～7.87	0.68～0.9
		H_2O 溶液包裹体		-6.4～-3.8				260～301	6.16～9.73	0.84～0.97
	13BL-02	H_2O-CO_2 包裹体	-58.5～-56.6		4.3～9.5	21.2～29.9	22.6～26.1	276～329	1.02～10.04	0.69～0.94
		H_2O 溶液包裹体		-5.9～-2.4				252～297	4.03～8	0.8～0.94
Ⅱ	13BL-25-7-1	H_2O-CO_2 包裹体	-58.1～-56.3		4.8～8.7	23.3～28.1	28.5	256～317	2.58～9.28	0.73～0.96
		H_2O 溶液包裹体		-7.6～-2.6				220～296	4.34～11.22	0.79～1.06
		CO_2 包裹体	-57.2～-56.6			22.4～25.1				
	13BL-25-7-2	H_2O-CO_2 包裹体	-58.4～-56.4		4.6～7.9	23.2～29.2	25.3～26.1	261～320	4.07～9.59	0.78～0.93
		H_2O 溶液包裹体		-8～-3.2				230～282	5.26～11.7	0.85～1.07
		CO_2 包裹体	-57.1～-56.5			24.4～25.8				
	13BL-48	H_2O-CO_2 包裹体	-57.9～-56.1		4.5～8.2	23.4～27.8		228～286	3.52～9.74	0.78～1.00
		H_2O 溶液包裹体		-7.4～-2.2				178～242	3.71～10.98	0.93～1.07
Ⅲ	13BL-49	H_2O-CO_2 包裹体	-57.8～-56.4		3.1～4.7	26.3～27.1		199～220	9.44～11.75	1.02～1.08
		H_2O 溶液包裹体		-8.8～-4.3				149～223	6.88～12.62	0.96～1.12

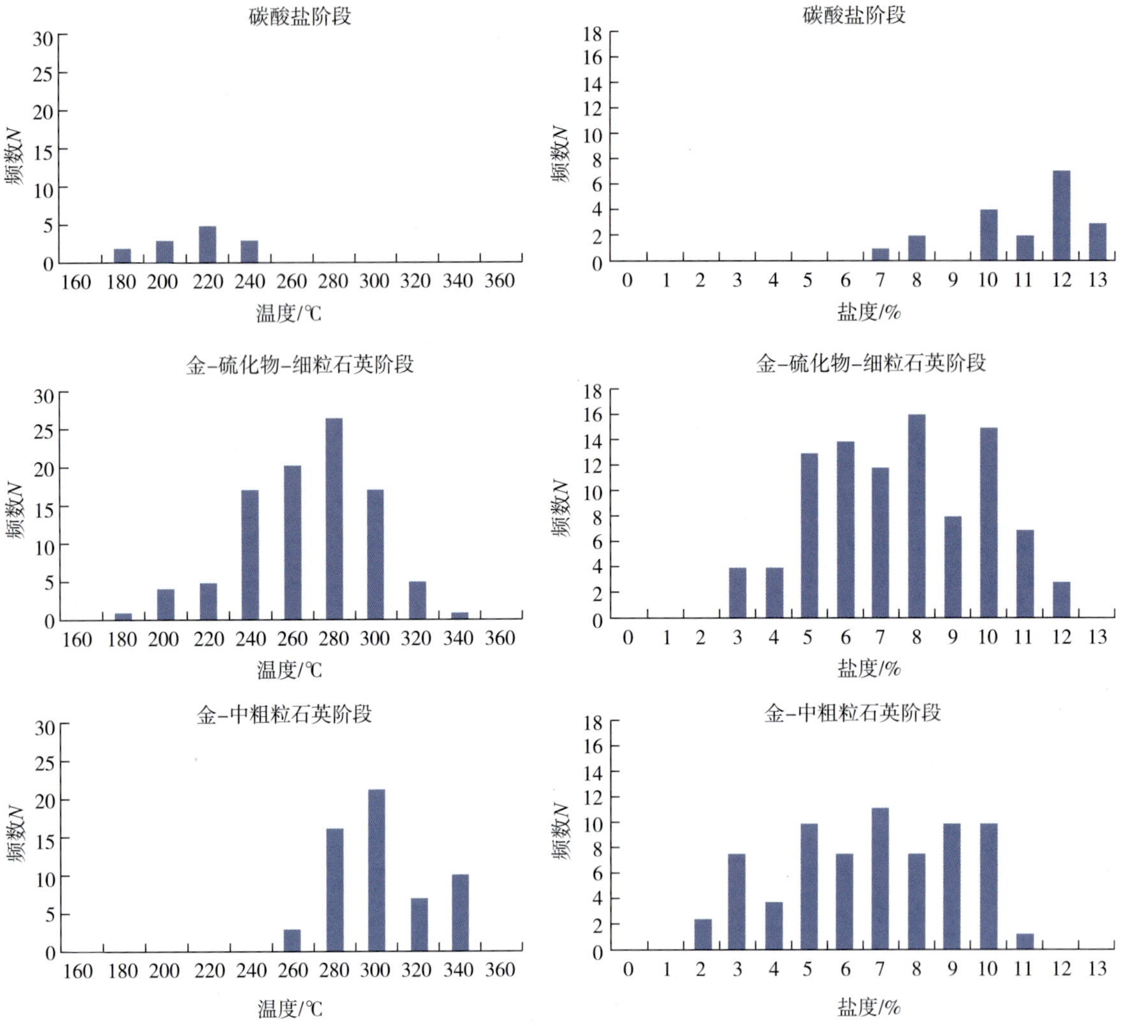

图 9-2　抱伦金矿各成矿阶段流体包裹均一温度和盐度统计图

(1) H_2O-CO_2 包裹体

固相 CO_2 熔化温度（T_m，CO_2）变化范围为-58.5~-56.6℃，略低于纯 CO_2 三相点（-56.6℃），说明含有少量其他挥发组分（CH_4 和 C_2H_6）。CO_2 笼合物融化温度（T_m（clath））为4.3~9.5℃。CO_2 部分均一温度为21.2~30℃（多数部分均一至液相，少部均一至气相），包裹体完全均一温度为276~335℃。

(2) H_2O 溶液包裹体

冰点融化温度为-6.4~-2.4℃，完全均一温度为252~301℃。

2. 金-硫化物-细粒石英阶段

本阶段发育3类原生包裹体：H_2O-CO_2 包裹体、H_2O 溶液包裹体和纯 CO_2 包裹体。

(1) H_2O-CO_2 包裹体

固相 CO_2 熔化温度（T_m，CO_2）变化范围为-58.4~-56.1℃。CO_2 笼合物融化温度（T_m（clath））为4.5~8.2℃。CO_2 部分均一温度为22.4~29.2℃（多数部分均一至液相，少部均一至气相），包裹体完全均一温度为220~320℃。

(2) H_2O 溶液包裹体

冰点融化温度为-8~-2.2℃，完全均一温度为178~296℃。

（3）纯 CO_2 包裹体

固相 CO_2 的熔化温度（T_m，CO_2）变化范围为-57.2~-56.5℃之间，CO_2 部分均一温度为22.2~25.8℃（部分均一至液相）。

3. 碳酸盐阶段

碳酸盐阶段成矿已基本结束，包裹体类型大都为水溶液包裹体，H_2O-CO_2 包裹体较少。H_2O-CO_2 包裹体 CO_2 的熔化温度（T_m，CO_2）变化范围为-57.8~-56.8℃，CO_2 笼合物融化温度（T_m（clath））为3.1~4.7℃，CO_2 部分均一温度为26.3~27.1℃（部分均一至液相），完全均一温度为199~220℃。H_2O 溶液包裹体的冰点融化温度为-8.8~-4.3℃，完全均一温度为149~223℃。

综上所述，金-中粗粒石英阶段完全均一温度主要集中在280~340℃之间；金-硫化物-细粒石英阶段完全均一温度主要集中在240~300℃之间；碳酸盐阶段完全均一温度主要集中在180~240℃之间。由成矿早期至晚期，抱伦金矿的成矿温度在降低，盐度在升高。

三、激光拉曼光谱

对3个成矿阶段的样品中的包裹体，本次工作均作了激光拉曼成分分析，包裹体中总体成分为 H_2O、CO_2、CH_4 等，其中前两期成矿阶段的样品（13BL-11和13BL-25-7-2）中均检测到了 C_2H_6（峰值）有机气体的存在（图9-3）。

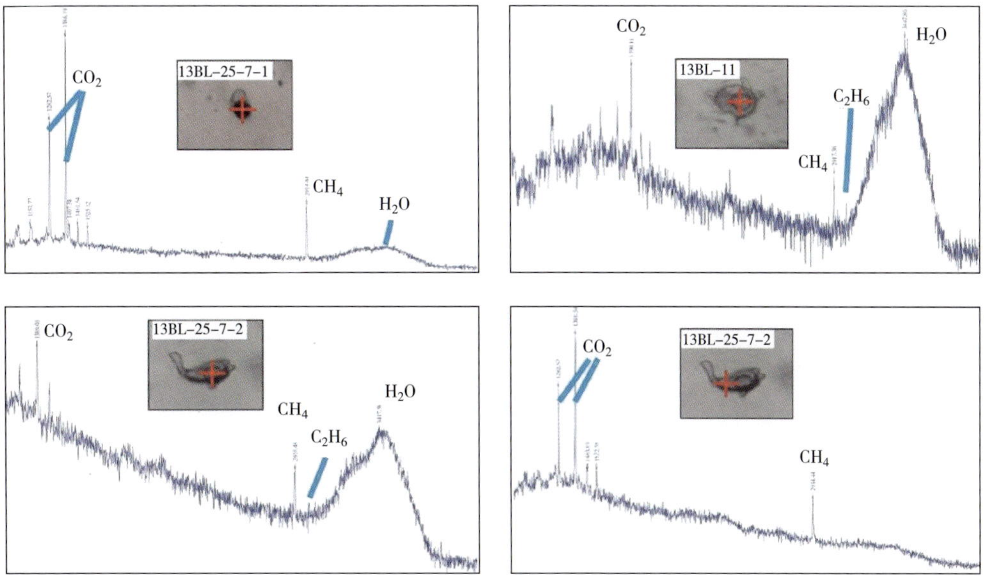

图9-3　抱伦金矿包裹体激光拉曼成分图

四、流体包裹体的盐度、密度和压力

不同成矿阶段各主矿物不同类型的流体包裹体，其盐度、密度和压力利用MacFlincor程序计算和图解获得（Brown，1989）。

研究区金-中粗粒石英阶段的盐度集中于5%~10%（NaCl，下同）之间，金-硫化物-细粒石英阶段的盐度集中于5%~11%之间，总体上属于低盐度的成矿流体；碳酸盐阶段包裹体的盐度集中于10%~13%之间，表明到后来，流体的盐度增大。具浅成热液成因的特点。包裹体的捕获压力为45~242 MPa。

金-中粗粒石英阶段密度范围在0.68~0.97g/cm³ 之间；金-硫化物-细粒石英阶段的密度范围

在 0.73～1.07 g/cm³ 之间，主要集中于 0.7～0.9 g/cm³；碳酸盐阶段密度范围在 0.96～1.12 g/cm³ 之间，后期流体密度明显加大。

五、群体包裹体气、液相成分

为便于研究成矿流体的迁移等过程，本次研究收集前人各成矿阶段包裹体的成分分析结果（表 9-3、表 9-4）。

表 9-3 抱伦金矿石英包裹体气相成分分析结果

矿体（标高）	Na^+	K^+	Ca^{2+}	Mg^{2+}	F^-	Cl^-	SO_4^{2-}
V1-3（25）	4.474	2.023	痕量	痕量	0.066	5.122	痕量
V1-1（215）	4.477	3.911	痕量	0.17	0.582	5.82	0.33
V1-2（215）	5.405	1.327	痕量	0.022	0.022	6.539	痕量
V1-3（300）	4.199	1.021	痕量	0.045	0.063	6.097	痕量
V1-3（215）	5.667	1.331	痕量	0.146	0.091	7.449	0.283
V1-4（215）	8.462	1.136	痕量	0.045	0.012	12.48	0.756
V2-1（215）	1.817	1.521	痕量	0.132	0.102	4.979	1.819
V1-1（130）	7.316	3.446	痕量	痕量	0.462	8.484	0.814
V4-1（50）	5.522	0.693	0.261	痕量	0.814	4.411	痕量
V_{1-3}-215-2 *	1.44	0.18	0.76	0.08	0.12	0.57	7.71
V_{1-4}-130-1 *	0.54	0.27	0.88	0.042	0.039	0.76	1.11
V_{1-1}-215-2 *	1.02	0.67	0.73	0.12	0.45	1.00	4.28
V_{1-4}-130-2 *	1.34	1.33	0.81	0.059	0.50	1.00	2.14
V_{1-3}-25-2 *	1.77	1.13	0.89	0.04	0.25	1.11	2.86

注：表中带 * 号数据引自丁式江等（2007），其余引自舒斌等（2006）。单位为 10^{-6}。

表 9-4 抱伦金矿石英包裹体液相成分分析结果

矿体（标高）	H_2O	CO_2	CH_4	C_2H_6	CO	H_2S	O_2	N_2	Ar
V1-3（25）	90.887	7.763	0.154	0.237		0.006		1.030	0.013
V1-1（215）	93.039	5.445	0.041	0.207		0.005		1.078	0.184
V1-2（215）	94.831	4.225	0.264	0.172		0.004		0.487	0.018
V1-3（300）	91.711	5.779	0.562	0.233				0.656	0.06
V1-3（215）	93.772	4.944	0.184	0.223		0.005		0.754	0.119
V1-4（215）	94.178	4.698	0	0.158		0.004		0.869	0.092
V2-1（215）	96.696	2.900		0.681		0.008		0.512	0.203
V1-1（130）	89.943	8.376	0.283	0.128		0.003		1.268	0.100
V4-1（50）	94.581	3.444	1.078	0.129		0.004		0.651	0.112
V_{1-3}-215-2 *	90.196	5.588	0.407	0.201	0	0.017	0.145	0.358	0.088
V_{1-4}-130-1 *	92.783	6.373	0.228	0.127	0	0.020	0.075	0.323	0.071
V_{1-1}-215-2 *	92.578	6.522	0.354	0.115	0.074	0.010	0.092	0.205	0.050
V_{1-4}-130-2 *	92.127	7.147	0.221	0.110	0	0.015	0.083	0.241	0.056
V_{1-3}-25-2 *	94.404	4.836	0.29	0.104	0	0.015	0.078	0.235	0.039

注：表中带 * 号数据引自丁式江等（2007），其余引自舒斌等（2006）。单位为%。

流体包裹体气相成分以 H_2O 为主，次为 CO_2，及少量 CH_4、C_2H_6、H_2S、N_2 和 Ar 等。其中 CO_2/H_2O 比值为 0.03~0.09（平均 0.057），与出现 CO_2 包裹体相印证；还原参数（$CH_4+C_2H_6+H_2S+CO$）/（CO_2+O_2）比值为 0.034~0.23（平均 0.122），（CH_4+CO）/CO_2 比值 0.007~0.313（平均 0.08<0.122），表明为弱还原成矿环境（舒斌等，2006）。

流体包裹体液相成分阴离子以 Cl^- 和 SO_4^{2-}，及少量 F^-；阳离子以 Na^+ 为主，次为 K^+，及少量 Ca^{2+} 和 Mg^{2+}。Na^+/K^+ 比值为 1.1~7.9（平均 3.8）与矿区钾化现象不明显相符，指示成矿热液与沉积或地下热卤水有关（卢焕章等，2004）。

第十章　成矿机理

矿床的成矿机理主要研究成矿元素在成矿过程中的源、运、储的地球化学行为。在前文研究的基础上，结合前人研究成果进行探讨抱伦金矿的成矿机理。

第一节　成矿物质来源

一、元素地球化学制约

在微量元素原始地幔标准化蛛网图上，含金石英脉 K、Rb、Th、Ce 和 Sm 具有较明显的正异常，Sr、Ba、Nb、Ta、P 和 Ti 负异常，分布形式与尖峰岭花岗岩和志留系陀烈组千枚岩均较为相似。在稀土元素配分模式图上，含金石英脉与尖峰岭花岗岩和志留系陀烈组千枚岩均表现为轻稀土富集型，且具负 Eu 异常的分布形式；及含金石英脉（$(La/Yb)_N$ 指标（14）与花岗岩（$(La/Yb)_N$ 指标（12.8）相近，略大于千枚岩（$(La/Yb)_N$ 指标（8.5），暗示成矿物质主要源自花岗岩源区，并受到围岩（千枚岩）的影响。

表 10-1　抱伦金矿床矿石及近矿围岩和未蚀变围岩黄铁矿硫同位素组成

样品号	样品描述	岩性	取样位置	δ^{34}_{SV-CDT}/‰
$300V_{1-6}$-2	矿体边部蚀变围岩中团块状、薄膜状黄铁矿	近矿围岩	+300 m 标高	9.3
$300V_{1-5}$-5	石英脉夹石（硅化粉砂岩）浸染状和薄膜状黄铁矿		+300 m 标高	4.5
$300V_{1-3}$-1	矿体边部含大片薄膜状黄铁矿		+300 m 标高	7.3
$50V_{4-2}$	围岩灰黑色千枚岩自形黄铁矿，		+50 m 标高	10.3
$300V_{1-5}$-1	矿体石英脉宽 1.6 m	含金石英脉	+300 m 标高	1.9
$130V_{1-1}$-1	矿体灰白色含金石英脉矿石，黄铁矿分布不均匀		+130 m 标高	1.4
$25V_{1-3}$	石英脉矿石含白云母团块		+25 m 标高	0.8
$0V_{1-3}$-1	石英脉矿石		0 m 标高	2.2
V_{1-3}（1）*	含金石英脉（Tr1）			0.1
V_{1-3}（2）*	含金石英脉（Tr1）			-2.3
V_{1-3}（3）*	含金石英脉（Tr1）			-1.2
$300V_{1-1}$-1	矿体大批薄膜状黄铁矿		+300 m 标高	3.5
$300V_{1-5}$-2	矿体脉状和薄膜状黄铁		+300 m 标高	3.9
$215V_{1-3}$-1	矿体灰白色石英脉金矿石		+215 m 标高	6.3
$130V_{1-3}$-1	矿体含金石英脉含较多黄铁矿，围岩硅化		+130 m 标高	4.1
$80V_{1-3}$	矿体石英脉矿石		+80 m 标高	5.2
B07-2	陀烈组变质粉砂岩，未见明显热液蚀变	未蚀变围岩	+10 m 标高	10

注：表中带 * 号数据引自丁式江等（2007），其余引自舒斌等（2006）。

二、稳定同位素制约

1. 硫同位素示踪

舒斌等（2006）和丁式江等（2007）对抱伦金矿床含金石英脉及近矿围岩和未蚀变围岩分别进行了黄铁矿硫同位素测试（表10-1，图10-1）。含金石英脉 $\delta^{34}S$ 分为两个端元，分别在-2.3‰~+2.2‰间（平均+0.41‰）和+3.5‰~+6.3‰间（平均+4.6‰）；近矿围岩 $\delta^{34}S$ 主要在+4.5‰~+10.3‰间（平均+7.87‰）；未蚀变围岩 $\delta^{34}S$ 为+10‰。早期含金石英脉 $\delta^{34}S$（-2.3‰~+2.2‰平均+0.41‰）与岩浆或地幔硫 $\delta^{34}S$（-1‰~+2‰）相似，后期含金石英脉受围岩硫的介入 $\delta^{34}S$ 增大；表明成矿物质早期主要源自岩浆源区，后期围岩（千枚岩）源区加入。

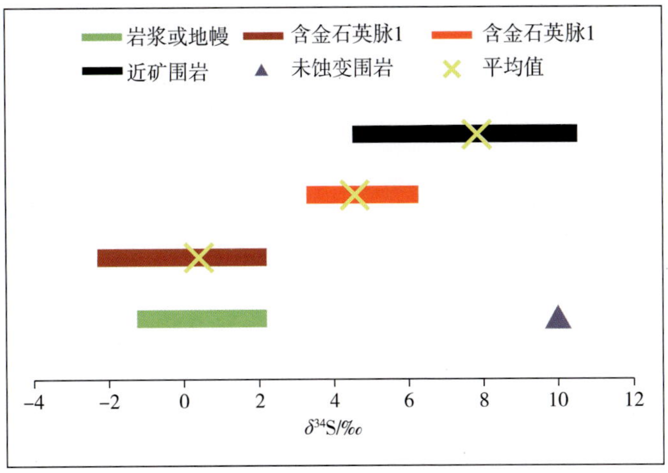

图10-1　抱伦金矿床黄铁矿硫同位素分布图

2. 铅同位素示踪

丁式江等（2007）对矿区含金石英脉黄铁矿（2粒）及尖峰岩体花岗岩全岩（2粒）和钾长石（2个）样品进行分析（表10-2），结果为：含金石英脉黄铁矿 $^{206}Pb/^{204}Pb$、$^{208}Pb/^{204}Pb$ 和 $^{207}Pb/^{204}Pb$ 分别为18.40~18.50、38.90~39.32和15.54~15.64；尖峰岩体花岗岩全岩 $^{206}Pb/^{204}Pb$、$^{208}Pb/^{204}Pb$ 和 $^{207}Pb/^{204}Pb$ 分别为19.02~19.31、39.04~39.17和15.59~15.63；尖峰岩体花岗岩钾长石 $^{206}Pb/^{204}Pb$、$^{208}Pb/^{204}Pb$ 和 $^{207}Pb/^{204}Pb$ 分别为18.65~18.76、38.54~38.89和15.57~15.62。在铅同位素演化曲线图（图10-2）中，尖峰岩体花岗岩形成于造山带，含金石英脉较尖峰岩体花岗岩（全岩/钾长石）$^{206}Pb/^{204}Pb$ 值低，但在尖峰岩体花岗岩（全岩/钾长石）$^{208}Pb/^{204}Pb$ 和 $^{207}Pb/^{204}Pb$ 值范围内，暗示成矿物质源自尖峰岩体源区，并有地幔物质加入。

表10-2　抱伦金矿矿石和花岗岩（钾长石）铅同位素组成

岩性	测试对象	$^{206}Pb/^{204}Pb$	$^{208}Pb/^{204}Pb$	$^{207}Pb/^{204}Pb$
含金石英脉	黄铁矿	18.40	38.90	15.54
		18.50	39.32	15.64
尖峰岩体花岗岩	钾长石	18.65	38.54	15.57
		18.76	38.89	15.62
	全　岩	19.02	39.04	15.59
		19.31	39.17	15.63

注：数据引自丁式江等（2007）。

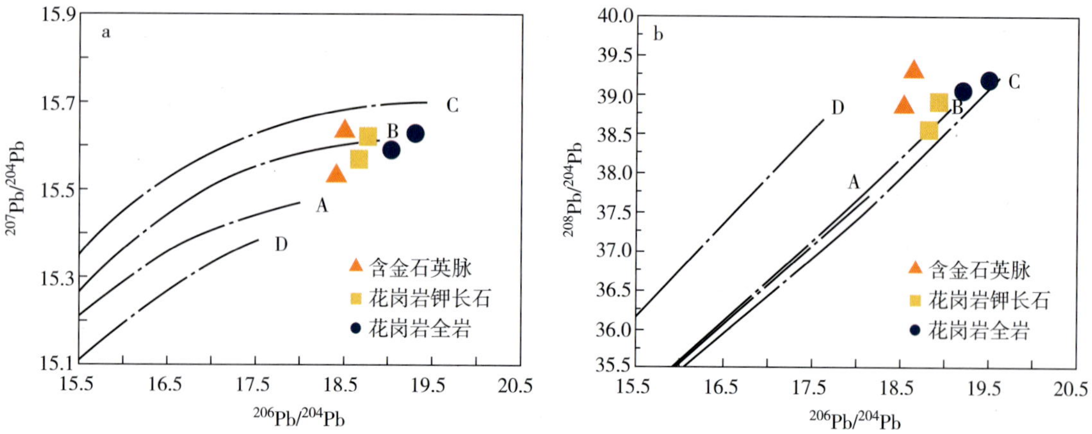

图 10-2　矿石和花岗岩（钾长石）铅同位素演化曲线图

A—地幔（Mantle）；B—造山带（Orogene）；C—上地壳（Upper Crust）；D—下地壳（Lower Crust）

第二节　成矿流体来源

1. 流体包裹体特征

抱伦金矿成矿热液以中温、中-低盐度、低密度、富 CO_2 和 H_2O 的 $CO_2-H_2O-NaCl$ 体系为特征，成矿热液属变质热液，主要来源于地壳，并混入有岩浆热液。

2. 氢-氧同位素组成

舒斌等（2006）对矿区 9 件含矿石英成矿流体的氢-氧同位素组成进行了测定。含矿石英脉 δD 值在-61‰~30‰之间，$\delta^{18}O$ 在 10.4‰~15.7‰之间。在 $\delta D-\delta^{18}O$ 同位素组成图（图 10-3）中，1 个点位于变质水区，2 个点位位于岩浆水和变质水混合区，其余位于大气降水靠近变质水区域，结合矿区区域成矿地质背景印支期（成矿期）为造山型花岗岩的海南岛弧状构造带，暗示成矿热液主要属变质热液，主要源于地壳，早期有一定量的岩浆热液参与，后期混入大气降水。

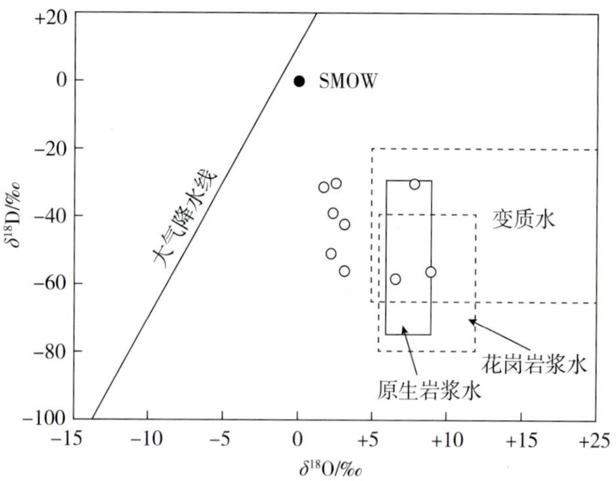

图 10-3　含金石英脉成矿流体氢-氧同位素组成图

（据舒斌等，2006）

第三节　金的迁移方式

晚二叠世形成后碰撞阶段早期的大规模走滑剪切作用，中三叠世抱伦金矿处于碰撞造山后伸展-减薄的构造环境（谢才富，2007），引起地幔发生部分熔融形成基性岩浆，基性岩浆底侵于下地壳，并提供了大量的热能，使下地壳发生较大规模的部分熔融而形成花岗质岩浆。在伸展构造背景下，两种岩浆同时上侵，形成基性岩和尖峰岩体花岗岩。同时产生变质热液叠加于早期造山作用形成的变质热液在岩浆演化后期，高温、高盐、富 F 、Cl 和 CO_2 的含矿岩浆热液沿剪切破碎带上升，上升过程中岩浆热液的热驱动使变质热液沿破碎带作大规模、长距离运移，运移过程中不断萃取围岩成矿物质（Au），导致成矿流体变为变质热液主导，并形成中温、低盐、富 S、Cl 和 CO_2 含矿热液。在 CO_2 缓冲作用下的弱还原环境，金-硫络合物较稳定，金以 $Au(HS)_2^-$ 络合物为主要迁移形式，次为 $AuCl_2^-$ 络合物的迁移形式。

第四节　金的沉淀机制

基于物理化学的角度考虑，金的沉淀过程就是破坏主要以络合物形式搬运金的稳定性而沉淀的过程。温度、压力、f_{O_2}、pH、E_h 值及硫和氯浓度的改变（形成地球化学障）都有可能引起金的沉淀。

1. 金-中粗粒石英阶段

含矿流体由深部的韧性剪切带上升至浅部的张性破碎带。由于压力突降而发生沸腾作用，Cole 等（1986）指出沸腾作用导致挥发分的离散（特别是 CO_2 和 H_2S），大量的 CO_2 挥发使 pH 和金浓度升高，引起以 $Au_{(s)}+2Cl^-+H^+=AuCl_2^-+(1/2)H_{2(g)}$（金-氯络合物）方式迁移的含金热液发生沉淀；$H_2S$ 的逃逸将使 $Au_{(s)}+2H_2S=Au(HS)_2^-+H^++(1/2)H_{2(g)}$（金-硫络合物）失稳而沉淀（Benning et al.，1996）。

含矿热液在 280~340℃范围较长时间内提供高浓度的金和硅，在早期变质分异并已发生脆韧性变形的石英脉基础上重结晶、交代或充填而形成白色中粗粒石英脉，呈中粗粒结构和镶嵌结构，浸染状构造、网脉状构造和角砾状构造，可见石英亚颗粒、波状消光等韧性变形特征，其构成含金石英脉的主体格架。金主要以半自形中粗粒自然金形式存在于中粗粒石英晶体裂隙间。

持续中高温（280~340℃）、低盐度（5%~10% NaCl）范围内含矿流体在运移过程中与围岩进行水-岩作用，表现为绿泥石化、绢云母化、碳酸盐化、硅化和硫化等蚀变。蚀变（交代作用）使 K 和 CO_2 固定于固态，H^+离子进入液态而降低流体的 pH 造成金沉淀（舒斌等，2006），形成含金蚀变岩型矿石。

早期沸腾作用和水-岩作用还无法使 Cu^{2+}、Pb^{2+}、Zn^{2+}沉淀，流体中还含有充足的 S、Fe，金属矿物含量低（2%~5%），主要为黄铁矿和磁黄铁矿，早期黄铁矿具高 S/Fe 比值（丁式江等，2007）。

2. 金-硫化物-细粒石英阶段

持续沸腾作用使成矿流体降温（240~300℃）降压，盐度略升至 5%~11% NaCl，Mikucki（1998）认为金以 $AuCl_2^-$ 络合物的方式搬运时，降温会使热液中金达到过饱和而析出沉淀。

Cu^{2+}、Pb^{2+}、Zn^{2+}等离子浓度升高逐渐发生沉淀，由反应式 $FeO+2H_2S=FeS_2+H_2O+H_2$ 和 $Au(HS)_2^-+H^++1/2H_{2(g)}=Au+2H_2S$，黄铁矿等硫化物的形成消耗了大量的 H_2S，进而改变破坏硫-金络合物的稳定性而沉淀（丁式江等，2001），金属硫化物和细粒石英复合脉常呈不规则细脉状充填于中粗粒石英裂隙中。细粒石英呈烟灰色，油脂光泽，它形细粒结构，金属矿物含量 8%～20%，主要为黄铁矿、辉铋矿、方铅矿、闪锌矿、黄铜矿及毒砂等。硫化作用可能为金-硫化物-细粒石英阶段最主要的成矿机理。

3. 碳酸盐阶段

碳酸盐阶段出现大量的 H_2O 溶液包裹体，流体温度降至 180～240℃，盐度集中在 10%～13% NaCl 之间，说明有大气降水的加入，流体向富 Na^+、Cl^-等离子演化。碳酸盐阶段成矿已基本结束，常以方解石脉或方解石-石英复合脉的形式呈梳状或晶簇充填于早期含矿石英脉的张性裂隙中，金属矿物含量较少。

综上所述，在金-中粗粒石英阶段发生沸腾作用和水-岩作用，在金-硫化物-细粒石英阶段发生沸腾作用、硫化作用和物化条件变化，碳酸盐阶段成矿已基本结束，其中沸腾作用起主导作用。

第十一章　成矿预测

第一节　矿床成矿模型

根据抱伦金矿矿床地球化学特征、成矿时代确定以及不同时期所产生的构造作用形式的不同，结合构造-流体耦合成矿作用的分析，建立了抱伦金矿成矿模型。

1）二叠纪末，海南岛经历了强烈的印支造山运动，导致了抱伦矿区 NNW 向构造及区域变质作用的发生。陀烈组为一套类复理石岩石，具有较高的碳、硫（含较多黄铁矿）含量，在区域变质过程中，通过脱水-脱碳过程，逐渐分异出富含 CO_2-H_2O 体系的流体，由于热动力的驱使，引起压力、热力梯度和相态变化，导致流体和围岩发生了水-岩反应，将成矿物质从沉积物颗粒中萃取出来，并主要以硫-氢络合物的形式迁移，逐渐由普通流体向含矿流体转变。当褶皱作用进行到晚期，在褶皱核部和层间产生了大量的层间剥离空间和纵张裂隙，它们是构造上的低压应力区，在压力梯度作用下，相对高压流体就会向这些区域涌流，从而形成了抱伦金矿石英颗粒粗大的早期矿化形式（图 11-1a）。

值得注意的是由于受以下因素影响，该期矿化作用相对较弱，主要原因是：①含矿流体主要来自区域变质作用，流体总量有限，水/岩比值较小。②虽然褶皱作用产生了部分引张裂隙，但岩石总体处于挤压应力状态，而且引张空间的出现也主要发生于褶皱作用的晚期，因此岩石总体渗透性较差，流体迁移缓慢。研究表明，如果没有形变的发生，岩石渗透性是很低的，流体在 1 Ma 中只能渗透几米。③褶皱作用的发生，处于印支造山作用峰期阶段，地壳处于增温增压阶段，构造附加压力较大，致使浅层构造系统紧闭，加之该阶段温度梯度较低，不利于大气降水渗透循环，其与变质流体混合作用也相应较弱，不利于混合-冷却机制的发生。基于上述原因，该期成矿作用总体较弱。

2）早三叠世开始，海南岛进入印支造山作用后碰撞侧向挤压阶段，构造环境总体处于减压增温阶段，同时形成了海南岛（矿区）NNW 向右旋走滑剪切带，导致了抱伦金矿大规模矿化作用的发生和主要富金矿体的形成（图 11-1b）。根据矿物共生组合的不同，该时期成矿作用又可划分为三个阶段，即：金-中粗粒石英阶段、金-硫化物-细粒石英阶段和碳酸盐阶段。

研究表明，大型剪切带是切穿地壳的（包括脆性和韧性环境）渗透通道。韧性剪切带的渗透性是由微裂隙和伴随形变的扩张作用所产生的，从而导致渗透流体流的形成。同时，大型剪切带总是在深部宽度较大，有时可宽达 40 km，而往上变窄，切穿了不可渗透的地壳而其自身为可渗透的楔块，为其发生广泛的化学反应提供了有利条件，由于剪切作用产生的热量，矿物中形变诱发的应力梯度、以及粒度变细，促使反应速度提高，可大量萃取陀烈组中的成矿物质，当成矿物质运移至浅部附近时发生沉淀，又导致了先存裂隙的封闭，使深部产生的流体发生封存，引起热液循环作用，增强了流体的萃取能力。

此外，石英流体包裹体氢-氧同位素分析表明，流体包裹体中还含有部分岩浆流体，是尖峰岭岩浆演化后期岩浆热液产物。它在不断向抱伦金矿低压裂隙中涌流的过程中，也可对陀烈组地层进行萃取，同时微量元素及 Nd 同位素分析表明，花岗岩浆自身也提供少量金成矿物质，当运移至剪切带脆韧性域裂隙中时，同变质流体一起发生浓缩-富化-成矿作用。

3）燕山晚期，太平洋板块 NW 向俯冲于欧亚板块之下，受其影响，海南岛（抱伦矿区）发生了 NW 向挤压作用，形成了贯穿矿区的 NE 向断层，该断层致使豪岗岭矿段相对上升，而南矿段相对下降（图 11-1c），该认识对矿产勘查工作具有重要指导意义。

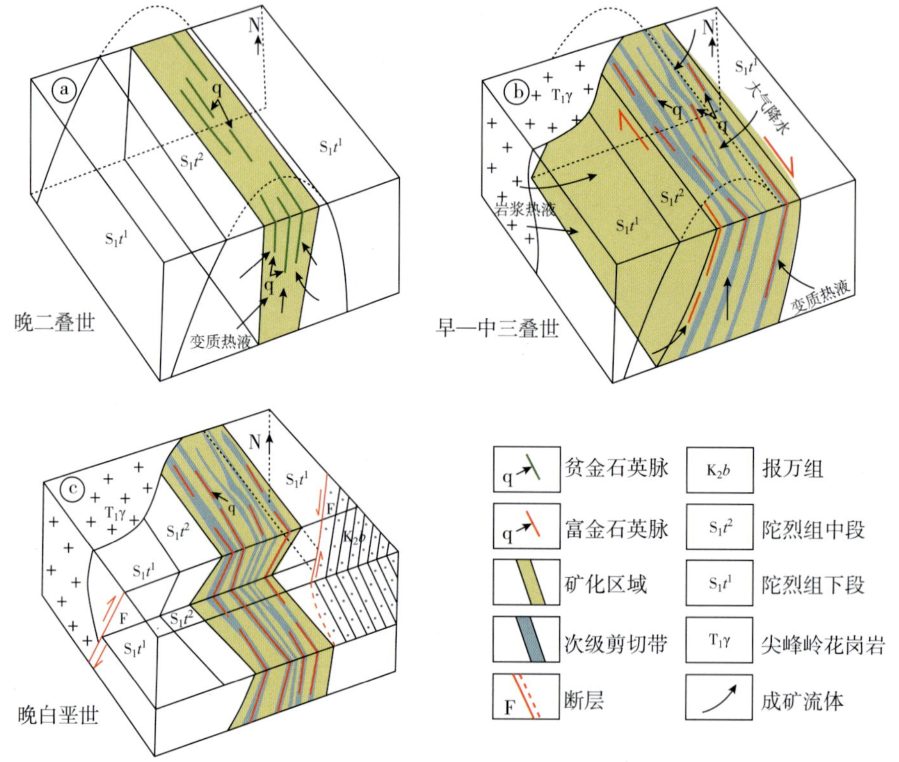

图 11-1 抱伦金矿矿床成矿模型

第二节 预测区划分及依据

在找矿勘查中，首要的是综合分析地质、地球化学和地球物理等多种信息，以成矿作用和矿床成因研究为主要依据，并结合成矿模型研究，开展成矿预测，以圈定成矿地质条件较好的远景区。

一、成矿预测标志

抱伦金矿床主要赋存于尖峰岩体外接触带附近的下志留统陀烈组绢云母石英千枚岩、绢云母粉砂岩、含炭千枚岩浅变质岩系中；矿区受 NNE 向坝毫山-铁弯岭断层和 NNW 向复式背斜联合控制；矿体则产于 NNW 向复式背斜轴部的 NNW 向断裂破碎带内；矿床主要形成于三叠纪；成矿物质主要源于下志留统陀烈组和三叠纪尖峰岩体。矿床成因上具有造山型成矿特征。

通过对抱伦金矿床成矿地质背景、矿床地质特征和成矿作用的系统分析，综合地球物理和地球化学等预测指示因素，本次总结了抱伦式矿床成矿要素，获得如下主要成矿预测标志：

1）赋矿岩石：下志留统陀烈组绢云母石英千枚岩、绢云母粉砂岩、含炭浅变质千枚岩。

2）成矿构造：NNW 向剪切断裂破碎带。

3）岩浆作用：三叠纪铝质 A 型花岗质岩侵入体。

4）成矿时代：印支期 228 Ma。

5）热液蚀变：硅化、黄铁矿化、绢云母化和绿泥石化强烈。

6）构造环境：印支期华南板块和印支板块的碰撞造山后伸展-减薄构造环境。

7）区域构造：夹于深大断裂之间，并与白垩纪盆地呈断层接触。

8）矿区构造：成矿前构造表现为 NNW 复式背斜与 NNE 向断裂构造。

9）地球化学异常：Au、As、Sb、Hg、Ag、Cu、Pb、Zn、Bi、Mo 等元素组合异常。

二、找矿标志

抱伦金矿的找矿标志与其他金矿有很大不同，由于围岩是绢云母石英千枚岩，矿体和围岩中发育的绢云母化在此很难辨认；本矿床成矿前和成矿后均发生复杂的构造变形和蚀变。

1）物化探异常：土壤化探组合异常是间接找矿标志，金异常是直接找矿指示元素，物探激电扫面和音频大地电磁测深异常指示了构造破碎带的分布，结合前缘元素的异常分布特点，其各种异常套合地段是寻找金矿的有利地段。

2）控矿构造特征：根据矿区的控矿构造的空间展布特征，复式背斜的核部及其两翼的次级背斜的核部为张性特征，是成矿有利部位。

3）储矿构造性质：区内分布的 NNW 向构造破碎带是金的储矿构造，金矿体基本上分布在该破碎带中，矿区主要找矿构造标志为沿 NNW 向构造破碎带分布的石英脉、千糜岩及硅化、黄铁矿化、绿泥石化、绢云母化等矿化蚀变，其中石英脉是最重要的找矿标志，其旁侧的围岩蚀变强度和类型可以作为辅助标志。

4）矿石特征：烟灰色石英一般含金较高，根据镜下研究，黑色石英是富含微裂隙和 CO_2 包裹体所致，并以富含 CO_2 包裹体和个体大、气液比大的原生包裹体为特征，它们与成矿关系密切。且多期多阶段反复作用形成的石英往往含矿较好，这一标志在野外表现在烟灰色和白色、透明石英不同石英的相互穿插。

5）矿石矿物组合特征：根据矿床成矿演化过程，矿石矿物组合具垂向分带特征，如果矿体在某标高矿石矿物组合为金-硫化物-铋化物-石英组合那么其下部可能还有矿石矿物组合为金-黄铁矿-石英组合的相对早期矿体。

6）原生晕分带特征：矿体深部存在前缘晕（Hg、As、Pb、Cu、Zn）和近矿晕（Au、Ag、Bi、Pb、Sb）对尾晕（Mo、W、Sn）的叠加，Au 及其伴生的 Ag、Sb、Bi、Pb、Zn 等元素异常向深部尚有延伸，显示深部仍具有找矿潜力。

7）中基性岩脉：绿片岩化的中基性岩通常来源于下地壳、上地幔，其上升浸入需要较大的构造空间，而较大的构造空间为成矿提供了较好的成矿运移通道和就位空间。

由于成矿物质的萃取、运移、析出和沉淀是多种成矿因素共同作用的结果，单一的成矿特征标志难于预测矿体的存在性，应多种成矿特征标志综合考虑、分析。

第三节　找矿预测

本次工作区分为抱伦金矿深部和外围，深部“摸底”区包含 Tr1 含矿破碎带和 Tr4 含矿破碎带；外围“探边”区包含 Tr11 含矿破碎带、西南狗岭预测区和东北铁弯岭预测区。

一、深部找矿预测

1. 完工探矿工程

由已完工的钻孔（ZK2510701、ZK2510702、ZK1302 等）和坑探（CM2511101 和 CM2511701）

在预期见矿部位或附近大多见到矿体。其中ZK2510701控制到的V1-1矿体单工程厚度1.32 m，平均品位5.85 g/t；控制到的V1-8矿体单工程厚度1.32 m，平均品位2.21g/t；ZK2510702控制到的V1-5矿体单工程厚度1.17 m，平均品位3.14 g/t；控制到的V1-4矿体单工程厚度2.76 m，平均品位14.86 g/t；控制到的V1-2矿体单工程厚度1.08 m，平均品位8.22g/t。其在走向上延长、倾向上沿深均没有圈闭，具有较好的找矿前景。

2. 矿体产出特征

NNW向的剪切带为系列分离型高角度剪切带，其中剪切带面理及分异面理发育。该组剪切带具脆-韧性或过渡性剪切性质，以水平剪切为主，兼有张性特征，大多显示右行走滑，是区内的主要控矿构造。该组剪切带近直立，且往往延伸大于延长，也显示了以水平剪切为主的性质。受之影响，含矿石英脉和成矿带在剖面上也近直立，加之已施工的探矿工程可知矿体具有明显向南侧伏的特征。因此，Tr1含矿破碎带-100 m标高以下115线已南和Tr4含矿破碎带-200 m标高以下23线已南应该有较好的找矿前景。

3. 容矿构造特征

抱伦金矿的容矿构造为NNW向含矿破碎带，早期具有压扭的性质，赋存于剪切带内的矿体通常倾向上延伸达3~4 km，而抱伦金矿目前探明的矿体仅为500 m以浅，其深部尚有较大的前景，但有待系统工程验证。

4. 剪切带金矿化模型

根据褶皱构造与剪切带构造复合控矿模式（陈柏林等，1999），在韧脆性转换域，由于温压较高，韧脆剪切变形较强烈，形成糜棱岩或构造片岩；当含金热液在温度、压力、构造应力和化学位差异等因素驱动下迁出，沿韧性剪切带上升，在韧脆性糜棱岩中面理或微裂隙发生交代蚀变和矿化，形成蚀变糜棱岩型金矿。在韧脆性转换带之上，剪切变形往往形成略具定向排列的碎粒岩或碎粉岩，当含金热液沿剪切带上升至该处时，沿着碎粒岩的微裂隙或全岩发生交代蚀变和矿化，形成构造蚀变岩型金矿。在地壳浅部，剪切变形表现为脆性断裂或裂隙带，当含金热液上升至该部位时，沿脆性断裂或裂隙带充填蚀变和矿化，则形成细网脉或石英脉型金矿化。现在在抱伦金矿所见的绝大多数为石英脉型金矿化，即主要是在剪切带的脆性部分成矿的产物。换言之，现在发现的是剪切带脆性部分或是脆性部分叠加于脆韧性之上的矿化，预计现有石英脉型矿床的下部或边部可能还有蚀变糜棱岩型金矿（图11-2）。

由在Tr1含矿破碎带+25 m中段完工的钻孔ZK2510701中，样品H16样长1.50 m、品位2.21 g/t、岩性为千糜岩，样品H18样长1.50 m、品位1.54g/t、岩性为千糜岩，可知其深部可能存在蚀变岩型金矿，但有待系统工程验证。

5. 原生晕特征

金成矿严格受构造控制，构造活动的长期性、间歇性或脉动性及继承性，导致了成矿作用脉动式多阶段性和叠加性，研究热液成矿期的脉动多阶段性和各阶段形成矿体（晕）的特征及其在空间上的叠加结构，不仅是研究金矿原生叠加晕的基础，而且在金矿预测中具有重要实用价值。金矿成矿的脉动性和多阶段叠加成矿的特点，已被广大研究者所公认，成矿阶段的划分是以野外地质实地从宏观上观测矿脉的互相穿插、包裹、胶结关系，矿物共生组合并结合室内镜下微观的含矿细脉穿插、矿物的交代关系作为依据，进一步还可通过包裹体研究、同位素研究和地球化学研究确定；对同一矿床，由于各研究者取得的资料和依据不同，所划分成矿阶段也有一定区别。李惠等（2006）通过对胶东、豫陕小秦岭和燕辽等中国主要金矿集中区典型金矿成矿作用的研究表明，金矿成矿一般都分为4个成矿阶段。

Ⅰ：黄铁矿-石英阶段；Ⅱ：金-石英-黄铁矿阶段；Ⅲ：金-石英-多金属硫化物阶段；Ⅳ：石英-碳酸盐阶段。

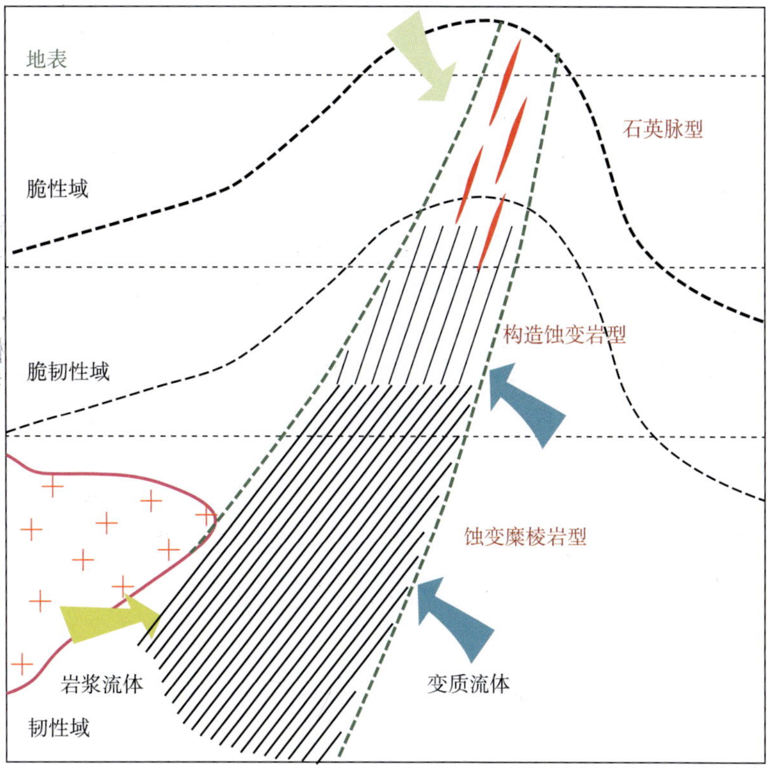

图 11-2　叠加于背斜核部的剪切断裂带控矿模式
（据陈柏林等，1999，有修改）

金矿成矿成晕有如下特点：

1）单阶段形成的单个矿体有明显的地球化学分带结构。即有自已的前缘晕、近矿晕和尾晕及正常的原生晕垂直分带序列。多次成矿形成的原生晕在构造中全同位或近于全同位叠加时，其前缘晕、近矿晕和尾晕分别相叠加，也具有正常原生晕垂直分带序列。

据金矿床正常原生晕垂直分带序列（李惠，1991）：从上至下是：B-I-As-Hg-F-Sb-Ba→Pb-Ag-Au-Zn-Cu→W-Bi-Mo-Mn-Ni-Cd-Co-V-Ti。

前缘晕特征指示元素组合是：Hg、As、Sb、F、I、B、Ba。

近矿晕特征指示元素组合是：Au、Ag、Cu、Pb、Zn。

尾晕特征指示元素组合：Mo、Bi、Mn、Co、Ni。

上述模式中前、尾晕元素并不是在每个矿床都出现。

2）同一阶段在同一构造体系中形成的串珠状金矿体，有总体的前缘晕和尾晕，但串珠状矿体个每个矿体又有自已的前缘晕和尾晕，如串珠状上、下两个矿体中上部矿体有自已的尾晕，下部矿体又有自已的前缘晕，但其规模小于总体前、尾晕，上、下两个矿体相近时二者往往叠加在一起形成前、尾晕共存。

3）不同成矿阶段形成的矿体（晕），具有相似的原生晕分带结构，即有自已的前缘晕、近矿晕和尾晕。

4）先形成的金矿体及其原生晕，当有后期成矿热液叠加时，成矿元素和伴生元素等往往会发生活化转移，对原来矿体（晕）的分带结构有一定影响，但实际资料表明，这种变化不会破坏原来的分带特点，叠加后的分带是两个阶段的叠加结果。

5）不同阶段形成的矿体（晕）在构造空间上有多种叠加形式，如同位、部分同位或只有前、尾晕叠加等，形成了金矿原生晕的复杂叠加结构。

通过研究矿床的原生晕分带特征，若在深部出现前缘晕叠加特点就可以预测深部含矿的可能性。在研究金矿床原生晕轴（垂）向分带序列中，发现很多矿床的原生晕轴（垂）向分带序列并不正常，B、As、Hg、F、Sb、Ba等特征前缘晕指示元素出现在分带序列的中部或下部或尾部，与中国金矿床原生晕综合轴（垂）向分带序列相比，出现了“反常或反分带”序列，根据金矿成矿成晕多期多阶段叠加的观点分析，则是深部盲矿体前缘晕的叠加结果，“反常或反分带”序列是深部找矿预测的重要标志。

盲矿预测标志：若工程只控制到上部矿体的根部（深部盲矿不知道），若在上部矿体下部或尾部出现尾晕元素Bi、Mo、Mn、Co的强异常基础上，又出现了Hg、Sb、I、B、As和F等前缘晕元素的强异常，即“前、尾晕共存”。计算垂向分带序列也出现“反分带或不正常”，即Hg、Sb、I、B、As、F等出现在分带序列的中或下部，计算分带性指数或累乘比值在上部几个标高连续上升或下降，而到矿体下部则出现转折（突然下降或上升），这种现象是深部还有盲矿或第二个富集小段的标志。

103线大体上相当于现在正在开采的主矿体的中部，所以103线的原生晕特征能代表主矿体（1号带）原生晕特征。我们根据矿区103线地表、300中段、215中段和130中段的原生晕数据形成103线剖面原生晕图（图11-3）。

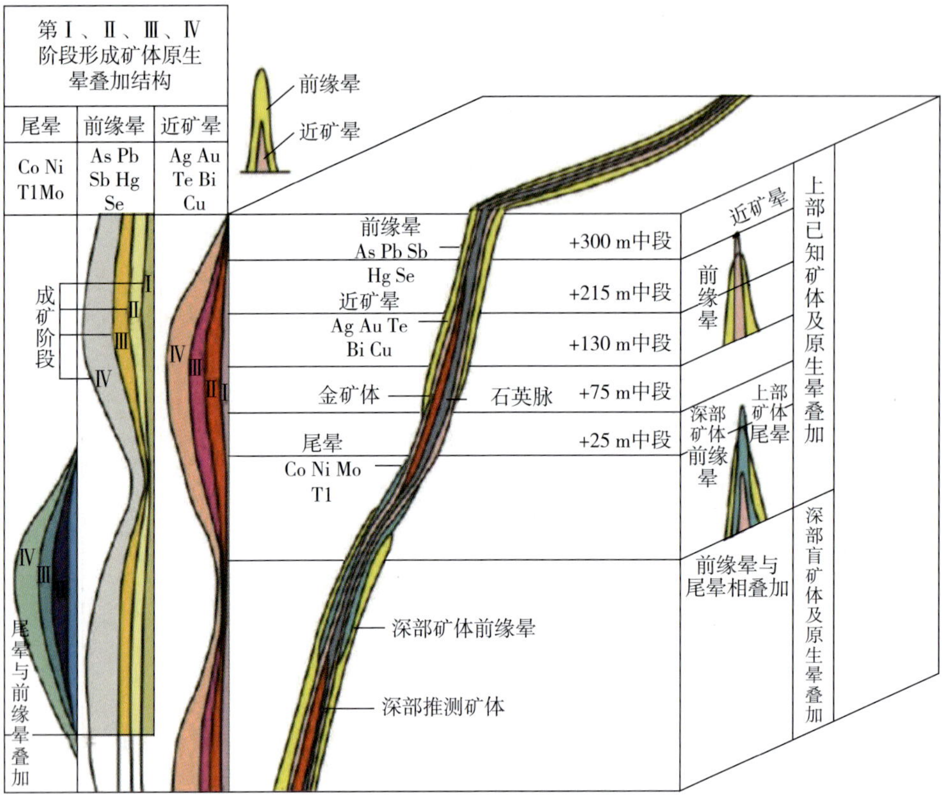

图11-3 抱伦金矿深部成矿预测图

前缘指示元素银、砷、锑和汞的原生晕发育。其中汞的浓集中心出现在近地表和130中段的中偏西部，银、砷和锑的浓集中心出现在300、215和130中段，以215中段最为明显。说明在130中段以下段存在新的金矿体。砷和汞异常在矿体上方延伸超过150 m。

近矿元素铜、铅和锌元素矿化作用不明显，只在300中段出铜、铅和锌元素的外带异常，仅有很小范围的中带异常出现，没有内带异常出现反映铜铅锌等元素的矿化作用弱。与矿区见到的硫化物矿物少的现象是吻合的。也反映在本区用Cu、Pb、Zn作为找矿预测的指示元素效果没有其他元素效果好。

金的矿化较强，在图中金的内带异常范围大，垂向和横向延伸范围均超过 400 m，垂向上从地表至 130 中段均是金的内带异常，只有在 300 中段的西部有所减弱表现为中带异常，金异常在矿体上方延伸超过 150 m。横向上在 1 号带及两侧均有金的内带地球化学异常，向深部和东部金的内带异常并没有圈闭，有向下或向东延伸和扩大的可能性。

二、外围找矿预测

1. 物化探成果

本次主要在狗岭预测区进行了激电扫面和音频大地电磁测深（EH4），其中音频大地电磁测深（EH4）测线重叠于激电中梯的 10 号线以及 1∶1 万土壤测量 3 km^2。

由抱伦金矿外围 10 线地质、物化探综合剖面图推断在 83~91 号点，有一宽度较大（约 80 m）、并且向深部延伸大于 1000 m 的低阻异常带，可能为较大规模的构造破碎带反映，编号 F_3，走向可能为北北西，倾向南西，倾角 70°~80°；95~121 号点附近，反演电阻率为中高阻，推断为基岩相对完整，可能为中三叠世花岗岩体的反映，呈岩珠状侵入；101~109 号点，标高-50~200 m 有一低阻异常 D1，可能为侵入岩体顶部受区域地质作用导致破碎而引起，在侵入岩高温热液作用下，可能形成矿化的有利部位。

音频大地电磁测深（EH4）推断结果与土壤异常的对比分析可以看出，推断 F_2 构造破碎带分布于土壤异常 AP15 的西南部，推断 F_3 构造破碎带处于土壤异常 AP9 的中段，D1 异常与 AP8 位置基本吻合。且在 D2039 号地质点即 117 号点附近物化探异常区得一石英脉捡块样 2. 31 g/t。

依据物探工作结果，共推断了 3 条构造破碎带和 1 处低阻异常带，这些推断的构造破碎带和低阻异常带和土壤化探异常及地质构造特征相对应。所以从其与土壤化探异常和地质构造特征分析，认为狗岭预测区具有较好的资源前景。

2. 控矿构造的空间展布特征

控矿构造是 NE—SW 走向的复式背斜及叠加于之上的剪切带构造。由狗岭-豪岗岭-铁弯岭的控矿构造示意图（图 11-4）显示了主成矿期（印支期）豪岗岭复式背斜和剪切构造的空间展布特征，复式背斜的背斜轴部有利于成矿。据此，根据控矿构造特征及与东北部的铁湾岭预测区关系的对比，并通过民隆调查在铁湾岭预测区发现了宽 0. 3 m、品位达 6. 44 g/t 的石英脉（图 11-5）；此外，西南角狗岭预测区的物化探所推测的可能代表背斜轴面的断裂破碎带也与控矿构造模式相吻合。

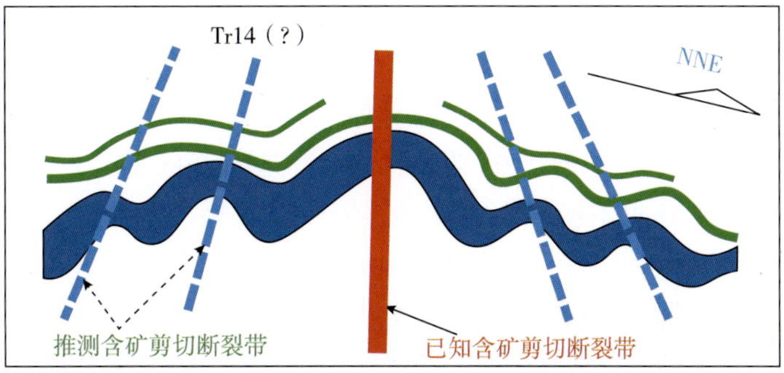

图 11-4　抱伦金矿外围成矿预测图

上述说明，东北部的铁湾岭预测区和西南角狗岭预测区具有较好的资源前景，有可能成为今后矿山资源接替区。

图 11-5 铁弯岭矿化体野外照片

三、预测区工程验证

通过本次预测区工程验证勘查工作，钻探、坑探均取得了较好的找矿成果（图 11-6 至图 11-10）。

1）在 Tr1 含矿破碎带+25 m 中段 103、107、111 和 117 号勘探线，共施工 5 个坑内钻探，均见矿。

ZK2510304 控制到 V1-5 矿体单工程厚度 2.24 m，平均品位 2.44 g/t；V1-4 矿体单工程厚度 0.26 m，平均品位 1.20 g/t；V1-2 矿体单工程厚度 0.88 m，平均品位 2.01 g/t；V1-6 矿体单工程厚度 0.24 m，平均品位 10.26 g/t；V1-9 矿体单工程厚度 1.24，平均品位 69.94 g/t。

ZK2510701 控制到的 V1-1 矿体单工程厚度 1.32 m，平均品位 5.85 g/t；V1-8 矿体单工程厚度 1.32 m，平均品位 2.21 g/t。

ZK2510702 控制到的 V1-5 矿体单工程厚度 1.17 m，平均品位 3.14 g/t；V1-4 矿体单工程厚度 2.76 m，平均品位 14.86 g/t；V1-2 矿体单工程厚度 1.08 m，平均品位 8.22 g/t。

ZK2511102 控制到的 V1-6 矿体单工程厚度 0.88 m，平均品位 2.53 g/t。

ZK2511705 控制到的 V1-6 矿体单工程厚度 0.50 m，平均品位 4.95 g/t；V1-9 矿体单工程厚度 1.76 m，平均品位 11.99 g/t；V1-3 矿体单工程厚度 0.64 m，平均品位 1.17 g/t。

2）Tr4 破碎带施工的 ZK0706、ZK1302 等钻孔，及在外围 Tr11 破碎带施工的 ZK21601 均见矿。

ZK0706 控制到 V4-3 矿体单工程厚度 1.32 m，平均品位 16.74 g/t。

ZK1302 控制到 V4-4 矿体单工程厚度厚 1.56 m，平均品位 1.12 g/t；V4-3 矿体单工程厚度厚 1.56 m，平均品位 12.58 g/t；V4-1 矿体单工程厚度厚 3.07 m，平均品位 2.08 g/t。

ZK21601 控制到的 V11-1 矿体单工程厚度 0.88 m，平均品位 3.20 g/t。

3）在矿区 Tr1 含矿破碎带+25 m 中段共施工 3 条坑道，即 CM2510304、CM2511101 和 CM2511701，在+130 m 中段共施工 3 条坑道，即 CM13011502、CM13011502 和 CM13011901，其均见矿；在 Tr4 含矿破碎带+130 m 中段共施工 3 条坑道，即 CM130001、CM130002 和 CM130003，其均见矿化。

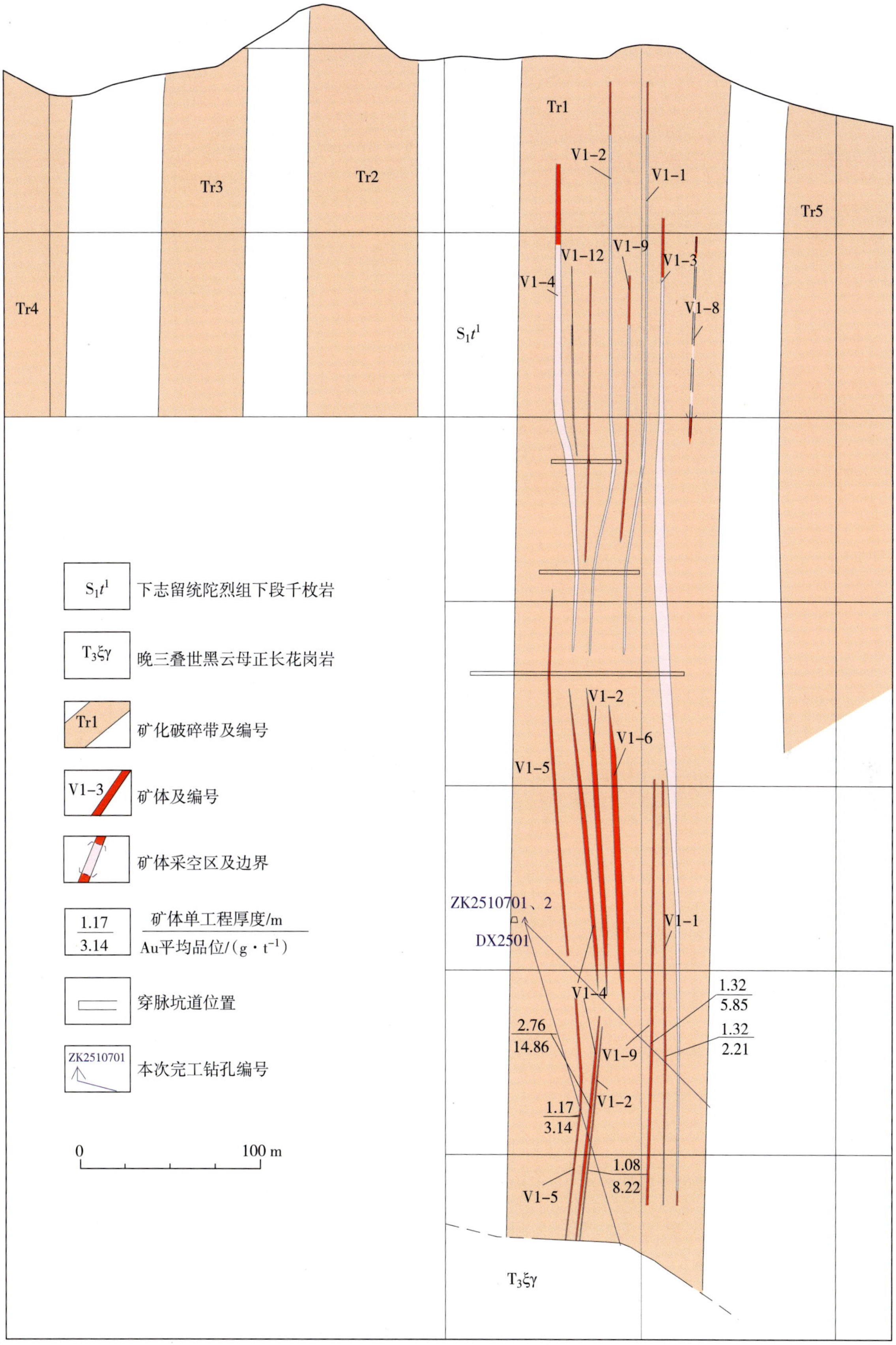

图 11-6　抱伦金矿 107 号勘探线剖面图

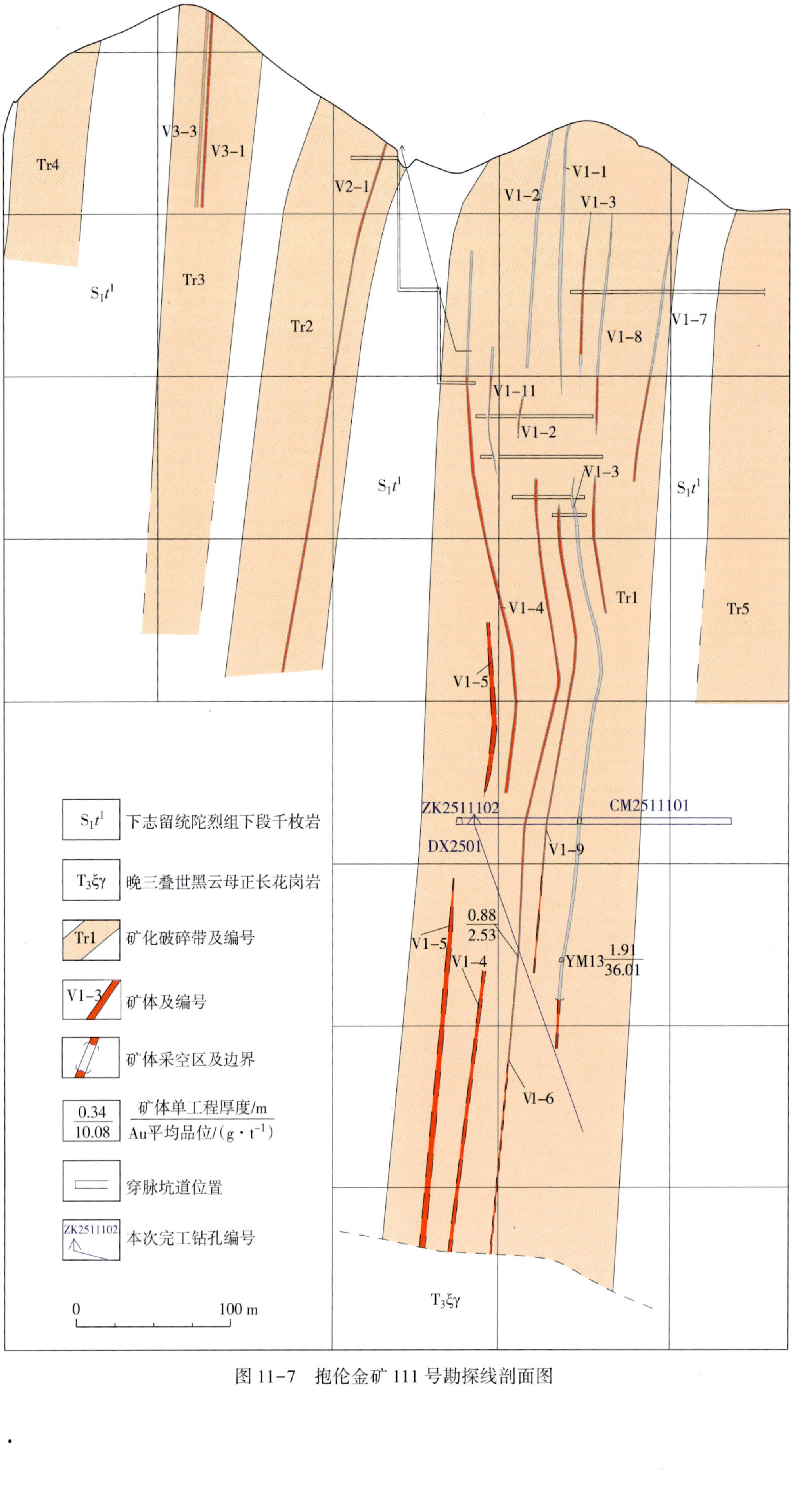

图 11-7 抱伦金矿 111 号勘探线剖面图

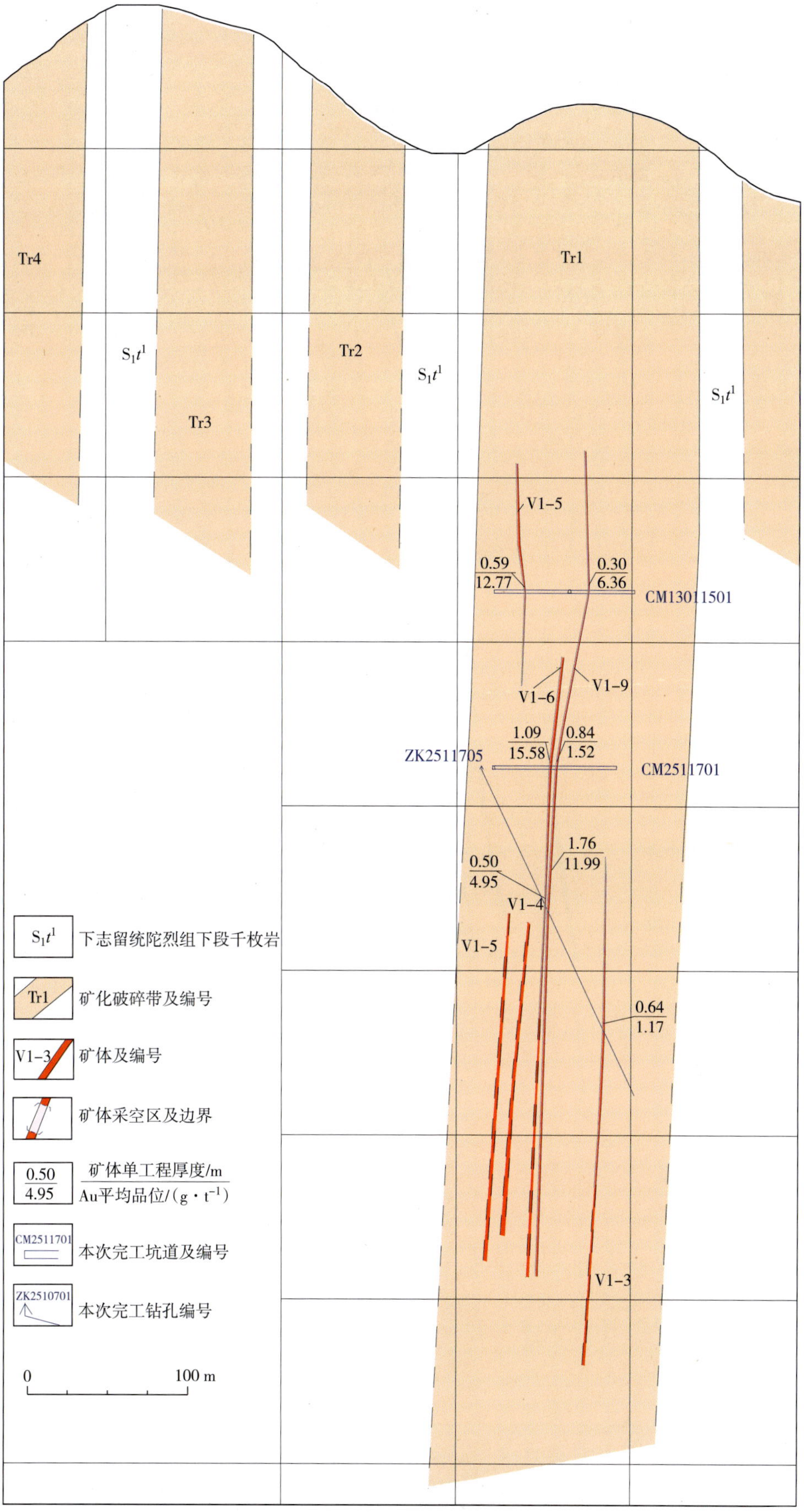

图 11-8　抱伦金矿 115 号勘探线剖面图

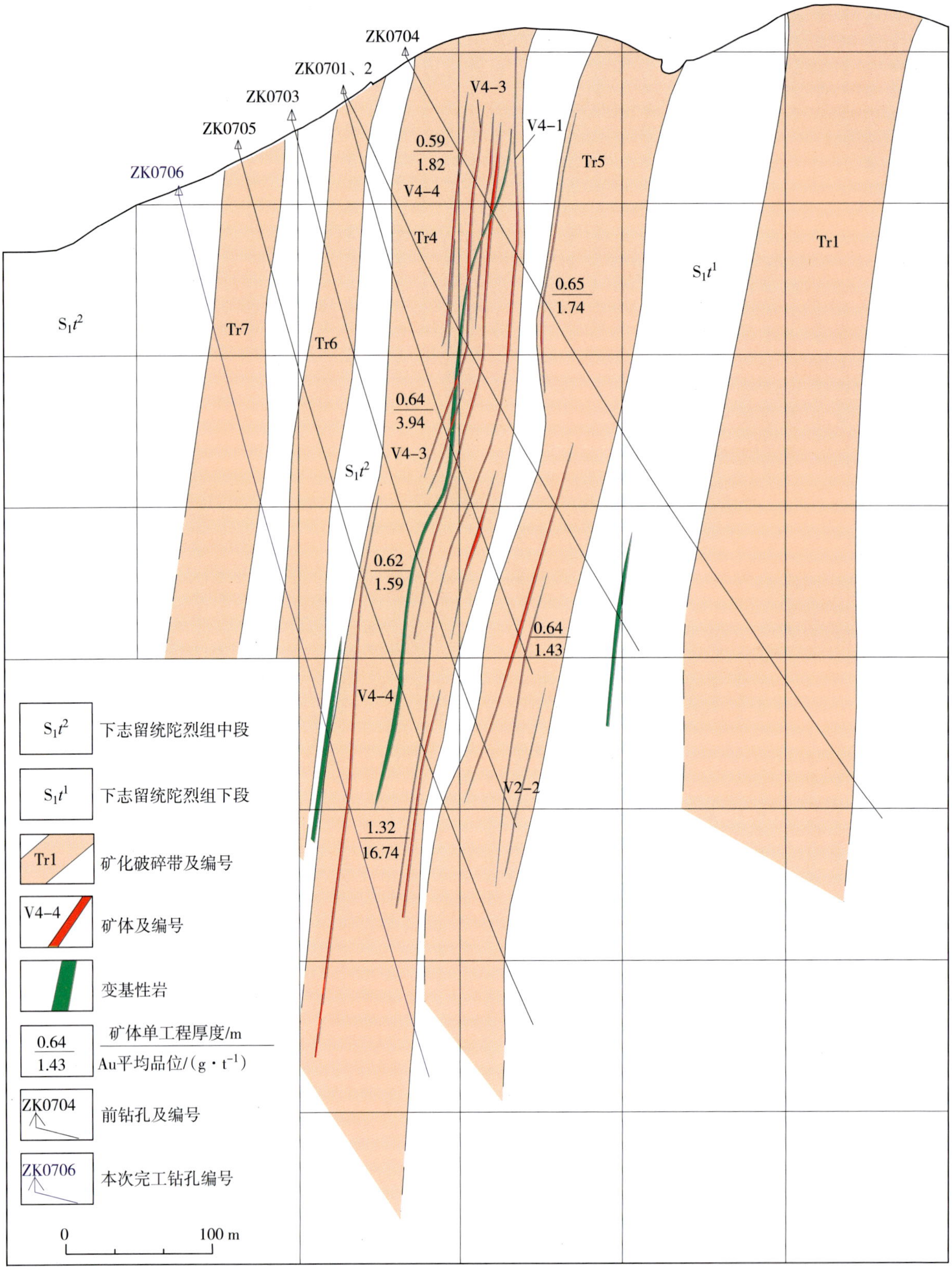

图 11-9　抱伦金矿 7 号勘探线剖面图

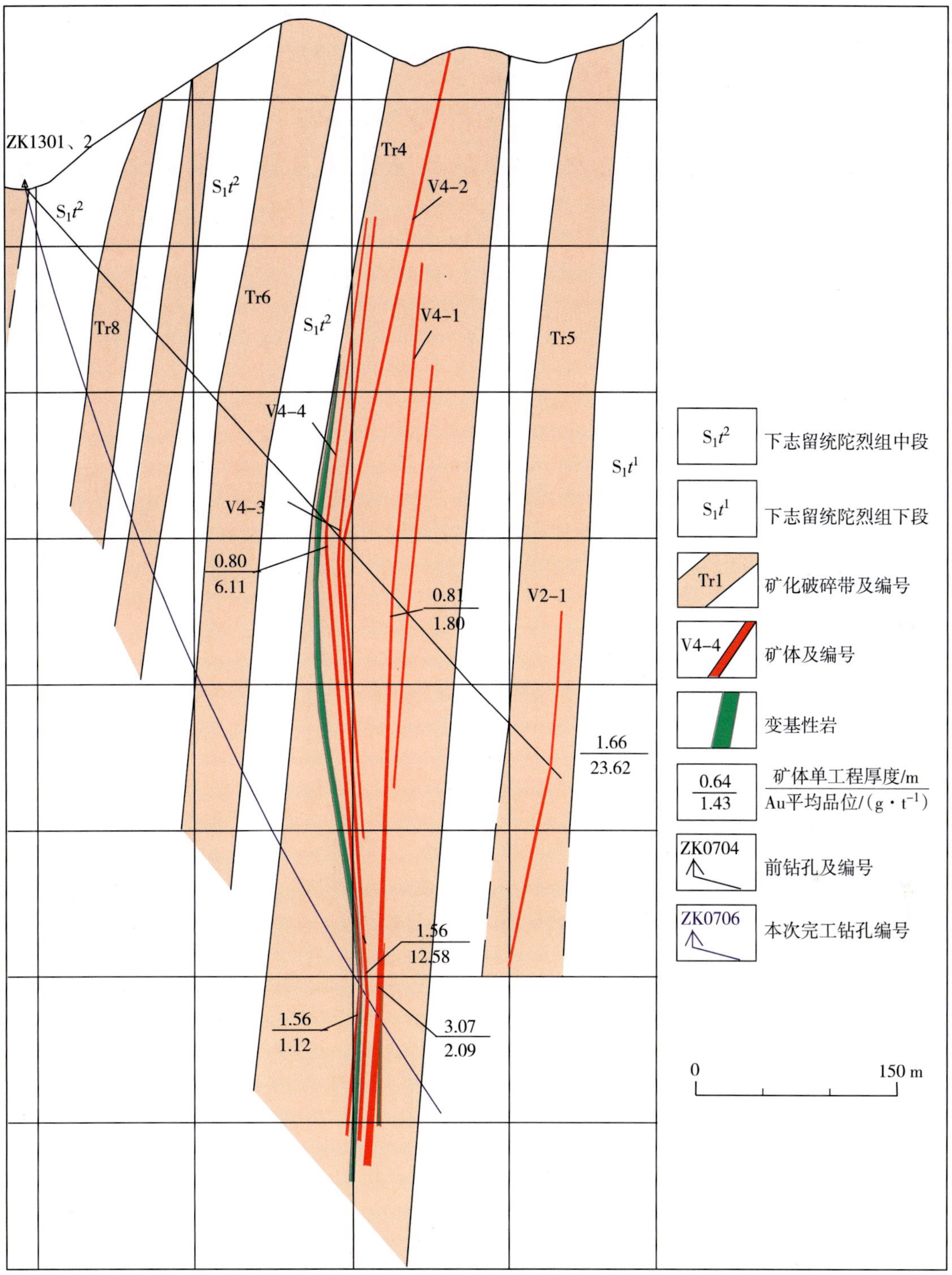

图 11-10　抱伦金矿 13 号勘探线剖面图

4）外围见矿（化）情况。

本次勘查除矿区外围 Tr11 破碎带钻探 ZK21601 控制到矿体 V11-1 外，还在西南狗岭预测区和东北铁弯岭预测区通过地质调查和探槽揭露到矿（化）体。

西南狗岭预测区：在西南狗岭预测区见宽约 1.2 m 的硅化脉，品位为 1.6 g/t，产状为 317°∠78°。及重烂岭探槽 TC22401、TC21501、TC21502、TC21502 和 TC21502 均见宽约 1.5 m，品位为 0.4~0.6 g/t 的矿化。

东北铁弯岭预测区：通过对东北铁弯岭民采老隆调查，发现一地表采坑长约 20 m，深约 10 m，其残余矿体品位可达 2~4 g/t；在采坑下方约 20 m 见老隆（先穿脉后沿脉），其残余矿体宽约 0.3 m，品位可达 6.40 g/t，产状为 284°∠69°。

综上所述，矿区外围在局部成矿较有利部位均见矿（化）体，然而由于林业、地形等原因，在这些有利部位尚无法施工钻探工程，如 Tr14 破碎带、重烂岭矿化地区和东北角铁弯岭矿化区等，其尚待下一步开展工作以揭露。

第十二章　工程勘查验证

本次勘查各项野外施工、资料整理和成图均按三级质量检查制度进行，各项工作基本符合《岩金地质勘查规范》（DZ/T 0205—2002）的有关要求。

第一节　勘查方法及工程布置

本次勘查主要在Tr1含矿破碎带和Tr4含矿破碎带“深部”采用地表钻探、坑探和坑道钻探相结合进行“摸底”，其勘查工作基本达普查工作程度；矿区外围“探边”主要先进行物化探圈定异常，后进行地表工程揭露，为预查工作程度。

一、勘探类型的确定

矿区内主要矿体呈脉状、透镜状产出，主矿体为V1-3，走向延长558 m，倾向延伸527 m，矿体规模为大型；矿体呈脉状、透镜状，矿体基本连续，有分支复合，产状变化中等，矿体形态复杂程度为中等；矿体厚度0.15~7.49 m，平均厚度为1.43 m，厚度变化系数70%，属稳定类型；矿体有小断层错动，但错距一般为2~3 m，矿体的构造影响程度为中等；矿体品位1.01~108 g/t，平均品位为14 g/t，品位变化系数125%，矿体有用组分金分布均匀程度属较均匀类型。因此，确定抱伦金矿床的勘查类型为第Ⅱ勘查类型。依据《岩金地质勘查规范》（DZ/T 0205—2002），其中：推断的内蕴经济资源量（333）工程间距为：160 m×160 m。预测的资源量（334）工程间距为：320 m×320 m。

二、工作方法的选用、部署原则及有效性

1. 工作方法

本次工作区包括5处，即Tr1含矿破碎带、Tr4含矿破碎带、Tr11含矿破碎带、西南角狗岭预测区和东北角铁弯岭预测区。

Tr1含矿破碎带：为目前矿山开采区，根据矿山生产勘探情况、矿体产出特征、容矿构造特征和剪切带金矿化模型等分析，沿矿体走向上延长、倾向上延伸及往南东侧伏等方向，并结合+25 m中段103线和101线间出现非含矿地质体（尖峰岩体）及其侵入接触关系特征。

在矿体走向上延长方向上采用坑探在+25 m中段105线、111线和117线施工CM2510501、CM2511101和CM2511701；在+130 m中段115线和119线施工CM13011501、CM13011502和CM13011901进行控制。

在矿体倾向上延伸及往南东侧伏方向在+25 m中段采用坑内钻探ZK2510701、ZK2510702、ZK2511102、ZK2511705和ZK2510304进行揭露。

Tr4含矿破碎带：据前人钻探工程、矿体产出特征及Tr4含矿破碎带0线以北为勘探空白区的情况。

在矿体走向上延长方向采用坑探在+130 m 中段 0 线施工 CM130001、CM130002 和 CM130003 及地表钻探在 129 线施工 ZK12901 进行控制。

在矿体倾向上延伸方向采用地表钻探在 7、13 等线施工 ZK0706、ZK1302 等钻孔进行揭露。

在 Tr4 含矿破碎带 23 线以南东白垩系覆盖区，根据矿体往南东侧伏并结合 17 线以南东矿体走向由 335°变为 300°的情况，在白垩系覆盖区先开展激电中梯测量和可控源音频大地电磁测深，以了解白沙盆地西缘和破碎带的展布特征，后采用进行地表钻探 ZKL0302 验证以探求隐伏矿体。

Tr11 含矿破碎带：根据前人槽探工程揭露到宽 1 m，品位 29 g/t 的矿体，并结合已知矿体往南东侧伏的特征。

在矿体往南东侧伏方向采用激电中梯测量并兼顾 Tr13 破碎带，以了解破碎带的展布特征，后采用地表钻探 ZK21601、ZK22201 和 ZK20801 验证以探求隐伏矿体。

狗岭预测区和铁弯岭预测区：位于矿区的西南角和东北角，根据前人化探成果和控矿构造的空间展布特征以及发现的矿化体部位。

采用音频大地电磁测深（EH4）、激电扫面、激电中梯测量，以了解构造破碎带的展布特征，后在物化探异常和矿化等有利部位施工探槽 TCW1001、TCW1901、TCW1101、TCW1401 和 TCW0901 及地表钻探 ZK22401、ZK21501 和 ZKL0101 验证等探边找矿工作。

2. 部署原则

本次勘查工作对不同勘查工作区采用不同的部署原则和勘查手段进行“探边摸底”。

Tr1 含矿破碎带和 Tr4 含矿破碎带：为“摸底”区，以“由已知到未知，由疏到密，由浅到深，不重复工作部署和客观评价”为原则，主要按 160 m×160 m 工程间距，以钻探和坑探为勘查手段，力争以最小的投入、最短的时间取得较大的找矿成果。

Tr11 含矿破碎带工作区、西南角狗岭预测区和东北角铁弯岭预测区：为“探边”区，坚持“区域展开先行、重点突破后继，找矿勘查先行、增储勘查后继，多手段综合找矿，找矿勘查与综合研究相结合”的原则，主要以物探、槽探和钻探为主要勘查手段，力求面上找点、点上突破，为矿山提供接替资源勘查新区。

3. 有效性分析

本次勘查工作工程布置基本合理、有效，找矿效果较好，并提交了一定的资源量。但在 Tr1 含矿破碎带和 Tr4 含矿破碎带由于施工场地的限制，深部矿体品位和厚度尚较高、较厚，其尚未圈闭，特别是 Tr4 含矿破碎带白垩系覆盖区尚未有效揭露。在 Tr11 含矿破碎带工作区、西南角狗岭预测区和东北角铁弯岭预测区由于林业等外部原因，在更有利成矿部位无法施工探矿工程。

第二节　资源量估算

一、资源量估算的工业指标

海南山金矿业有限公司根据其生产实践，在 2013 年向海南省国土资源厅储量管理处提交了《抱伦金矿豪岗岭矿段储量核实工业指标推荐报告》，海南省国土环境资源厅储量管理处依据《岩金矿地质勘查规范》批复同意下列工业指标作为抱伦金矿豪岗岭矿段资源储量估算的依据，本次资源量估算按下列批准的工业指标作为资源量估算的依据（表 12-1）。

表 12-1　海南省乐东县抱伦金矿矿床资源量估算工业指标

指标名称	单 位	指标值	备　　注
边界品位	g/t	1	是指单个样品的品位
最低工业品位	g/t	2.5	是指矿体块段的平均品位
矿床平均品位	g/t	4.5	是指矿床应达到的平均品位
最低可采厚度	m	0.8	是指矿体的真厚度
夹石剔除厚度	m	2	是指夹石的真厚度
无矿段剔除长度	m	10	上下坑道对应时
	m	20	上下坑道不对应时
米·克/吨值	m·g/t	2	为最小可采厚度与最低工业品位的乘积

注：当矿体厚度小于最低可采厚度而金品位较高时采用 m·g/t 值圈定矿体。

二、资源量估算范围、对象

本次资源量估算范围位于抱伦金矿区豪岗岭矿段 Tr1 含矿破碎带和南矿段 Tr4 含矿破碎带。

资源量估算对象为本次勘查工程涉及的豪岗岭矿段 Tr1 含矿破碎带的 V1-1、V1-2、V1-4、V1-5、V1-6 和 V1-9 等 6 个矿体新增资源量；及南矿段 Tr4 含矿破碎带的 V4-1、V4-3、V4-4、V4-5 和 V4-1-1 等 5 个矿体新增资源量。两矿段共计 11 个矿体本次勘查工程形成的新增探明资源量，新增探明资源量估算范围内的空区资源量和新增探明资源量估算范围内的保有资源量。

三、资源量估算方法的选择及其依据

对于本次勘查工作未涉及的块段，沿用 2013 年 4 月海南省地质调查院编写《海南省乐东县抱伦矿区南段金矿资源储量核实报告》和 2015 年 4 月海南省地质综合勘察院编制《海南省乐东县抱伦金矿豪岗岭矿段采矿权区资源储量核实报告》的数据。

对于本次勘查工作涉及新增的块段，据矿体主要呈脉状、透镜状、似透镜状产出，且基本连续，其产状倾向为 210°~290°，倾角为 65°~87°和工程揭露控制程度，因此本次新增资源量的估算采用垂直纵投影地质块段法。新增资源量的矿体厚度采用真厚度，矿体面积采用自然倾斜面积（真面积），平均品位采用加权平均法计算。

对于矿山于本次新增探明资源量估算范围内，形成的 9 个采空区资源储量估算，采用本次新增资源量的估算参数进行新增探明资源量估算范围内的空区资源量估算。

四、资源量估算主要参数的确定

本次新增资源量的矿体厚度采用真厚度，矿体面积采用自然倾斜面积（真面积），平均品位采用加权平均法计算。

1. 矿体厚度的确定

（1）单工程矿体厚度的确定

单工程矿体厚度为先计算出各见矿工程（坑探和钻探）样品的真厚度，再用各单样真厚度相加，但沿脉工程的厚度采用各采样位置真厚度的算术平均法求得。

1）坑探工程样品真厚度计算公式。

当矿体倾向与样槽倾向相同时

$$m = L \cdot (\sin\alpha \cdot \cos\beta \cdot \cos\gamma - \cos\alpha \cdot \sin\beta) \qquad (12-1)$$

当矿体倾向与样槽倾向相反时

$$m = L \cdot (\sin\alpha \cdot \cos\beta \cdot \cos\gamma + \cos\alpha \cdot \sin\beta) \quad (12-2)$$

其中当$\beta=0$时

$$m = L \cdot \sin\alpha \cdot \cos\gamma \quad (12-3)$$

式中：m——样品真厚度（m）；

L——样品实际长度（m）；

α——矿体倾角（°）；

β——槽底坡度角（°）；

γ——矿体倾向与样槽方位夹角（°）。

2）钻探工程样品真厚度计算公式。

当钻孔倾斜方向与矿体倾斜方向一致时

$$m = L \cdot (\sin\theta \cdot \sin\alpha \cdot \cos\gamma - \cos\alpha \cdot \cos\theta) \quad (12-4)$$

当钻孔倾斜方向与矿体倾斜方向相反时

$$m = L \cdot (\sin\theta \cdot \sin\alpha \cdot \cos\gamma + \cos\alpha \cdot \cos\theta) \quad (12-5)$$

式中：m——样品真厚度（m）；

θ——钻孔截穿矿体时天顶角（°）；

γ——钻孔截穿矿体处方位角与矿体倾向间夹角（°）；

α——矿体倾角（°）；

L——样品长度（m）。

3）单工程矿体真厚度计算公式。

$$m = m_1 + m_2 + m_3 + \cdots + m_n \quad (12-6)$$

式中：m_1，m_2，m_3，…，m_n 为各单样真厚度。

（2）块段矿体平均真厚度计算公式

块段矿体平均真厚度采用算术平均法求得

$$\overline{M} = \frac{m_1 + m_2 + \cdots + m_3 + \cdots + m_n}{n}$$

式中：$\overline{M}$——块段矿体平均真厚度（m）；

m——各工程矿体真厚度（m）；

n——工程个数。

2. 平均品位的计算

（1）单工程平均品位计算

沿脉工程的平均品位采用各采样位置品位和真厚度加权平均求得，其他单工程平均品位用单样品位和真厚度加权平均求得

$$\overline{C} = \frac{c_1m_1 + c_2m_2 + c_3m_3 + \cdots + c_nm_n}{m_1 + m_2 + m_3 + \cdots + m_n} \quad (12-7)$$

式中：$\overline{C}$——单工程平均品位（g/t）；

c_1，c_2，c_3，…，c_n——每一个单样品位（g/t）；

m_1，m_2，m_3，…，m_n——每一个单样品真厚度（m）。

（2）块段平均品位计算

块段平均品位采用单工程平均品位和真厚度加权平均求得

$$\overline{C} = \frac{c_1m_1 + c_2m_2 + c_3m_3 + \cdots + c_nm_n}{m_1 + m_2 + m_3 + \cdots + m_n} \quad (12-8)$$

式中：$\overline{C}$——块段平均品位（g/t）；

c_1，c_2，c_3，…，c_n——单工程平均品位（g/t）；

m_1，m_2，m_3，…，m_n——单工程真厚度（m）。

（3）特高品位样品的确定及处理

1）特高品位样品的确定。

参照《岩金矿地质勘查规范》和《固体矿产地质勘查资源储量报告编制文件及规范解读》，特高品位是指样品分析结果高出矿体平均品位6~8倍。其中，矿体品位变化系数较大时（大于160%）采用8倍，品位变化系数较小时（小于100%）采用6倍，品位变化系数一般（大于100%且小于160%）时采用7倍。

2）处理方法。

基于特高品位样品的处理不可影响过大的原则，主要分为2个方面进行处理：①当沿脉工程中出现特高品位样品时：用包含特高品位在内的沿脉工程的平均品位代替该特高品位；②当穿脉或钻探工程且非厚大矿体（真厚度大于5 m或超过10个样品）中出现特高品位样品时用包含特高品位在内的所在块段的平均品位代替该特高品位。

本次共进行3个矿体3个样品的特高品位处理，并使用代替过的品位计算单工程或块段平均品位，作为资源储量估算时的品位参数依据。

3. 块段面积计算

（1）块段投影面积

资源储量估算块段投影面积是在1∶1000矿体垂直纵投影图上直接用计算机读取。所读取的块段投影面积，并进行100%自检、互检。

其中，原见矿工程外推部分的面积在本次估算中均给予剔除后再进行资源量估算。

（2）块段真面积

由于利用矿体真厚度估算资源储量，块段投影面积应换算成相应真面积

$$S_2 = S_1 \cdot e \tag{12-9}$$

式中：S_2——块段真面积（m^2）；

S_1——块段投影面积（m^2）；

e——面积校正系数。

面积校正系数（e）为：

$$e = \frac{1}{\sin\alpha} \tag{12-10}$$

式中：α——块段矿体平均倾角。

（3）矿石平均体重计算

使用抱伦金矿2003年提交的《海南省乐东县抱伦及外围金矿普查评价报告》中的矿石平均体重数据，取2.69 t/m^3。

五、矿体圈定原则

本次矿体的连接和外推遵循矿床地质规律。矿体一般采用直线连接，工程间矿体的厚度，不大于相邻工程实际控制的矿体最大厚度。在研究矿床地质规律、合理连接矿体的基础上，以上级下达的工业指标为准则，进行单工程矿体边界的确定和矿体资源量估算边界线的圈定。

1. 单工程矿体边界的圈定

单工程矿体边界由样品分析结果确定，单样为圈定矿体的基本单位，工业指标作为圈定矿体的主要依据，具体规定如下：

1）单工程矿体边界的样品金品位等于或大于 1 g/t。

2）当单工程平均品位由单样品位加权求得时，该单工程所在块段的平均品位应满足等于或大于最低工业品位的要求。

3）当单工程矿体边界存在大于或等于边界品位而低于最低工业品位的样品时，该单工程所在块段的平均品位应满足等于或大于最低工业品位的要求。

另当夹石厚度小于 2 m 且两侧样品金品位高于最低工业品位时，则不予剔除，反之则要剔除。

2. 矿体边界的圈定

矿体边界系指矿体资源量估算边界（指矿体边界未完全控制，暂确定参与估算的矿体边界），按照单工程见矿位置先在剖面图或采样中段平面图推断，后投影至矿体垂直纵投影图上进行圈定。据《老矿山找矿项目技术管理细则（试行）》并参考《岩金矿地质勘查规范》（DZ/T 0205—2002），矿体边界的圈定具体规定如下：

1）见矿工程之外有工程控制（有限外推）。当见矿工程之外工程不见矿时，则按照实际工程间距的 1/4 平推，但矿体外推最多不超过 40 m（推断）或 80 m（预测）；当见矿工程之外工程为矿化时，则按照实际工程间距的 1/3 平推，但矿体外延最多不超过 55 m（推断）或 110 m（预测）。

2）见矿工程之外无工程控制（无限外推）。当见矿工程之外无工程控制时，平推基本工程间距的 1/4（推断 40 m，预测 80 m）。

3）当见矿工程厚度小于最低可采厚度采用 m · g/t 值圈定矿体时不外推。

矿体边界线由各外推边界点连接而成，各边界点采用直线连接，且工程间矿体厚度不得大于相邻工程实际控制的矿体最大厚度。

六、资源量类型及块段划分原则

1. 资源量类型的确定

根据《岩金矿地质勘查规范》（DZ/T 0205—2002）的要求，结合矿床勘查类型和矿体工程控制程度、可行性评价程度（概略研究），将本次估算的新增资源量划分为推断的内蕴经济资源量（333 资源量）和预测资源量（334 资源量）。

（1）推断的内蕴经济资源量（333 资源量）

工程间距符合 160 m×160 m 及按规定外推的部分，勘查工作程度达到了普查阶段的要求，地质可靠程度是推断的，已基本查明矿体形态、产状和质量特征，可行性评价仅作了概略研究，经济意义介于经济的一次边际经济范围内。

（2）预测资源量（334 资源量）

工程间距符合 320 m×320 m 及按规定外推的部分，依据极少量工程资料，地质可靠程度是预测的，属于潜在的矿产资源，有无经济意义尚未确定。少量低品位块段（1.00 g/t≤金平均品位<2.50 g/t），统一划分为 334 资源量，不在单独列出低品位块段。

此外，本次新增资源量估算范围内的 9 个采空区资源量估算，采用其所在的本次勘查工程形成的新增探明资源量类型。

2. 块段划分

对不同的资源储量类别划分不同的块段，本次估算未涉及的块段沿用原划分方案和编号；其他工程圈定的块段划分按规定的见矿工程间距划分 333 和 334 类资源量块段，333 类资源量块段外推的块段统一划分为 333 类资源量块段，334 类资源量块段外推的块段和低品位块段统一划分为 334 类资源量块段，并按不同类别块段分别由上至下和由左至右进行编号。其中，原见矿工程外推部分在本次估算中均给予剔除，且本次新增资源量估算范围内的9个采空区块段划分采用其所在的本次勘查工程形成的新增探明资源量块段划分方案和编号。

七、资源量估算结果

1. 资源量估算公式

1）块段体积计算公式。

$$V = S \times m \tag{12-11}$$

式中：V——块段体积（m^3）；

S——块段真面积（m^2）；

m——块段平均真厚度（m）。

2）块段矿石量的计算公式。

$$Q = V \times D \tag{12-12}$$

式中：Q——块段矿石量（t）；

V——块段体积（m^3）；

D——矿石平均体重（t/m^3）。

3）块段金属量的计算公式。

$$P = Q \times C \tag{12-13}$$

式中：P——块段金属量（kg）；

Q——块段矿石量（t）；

C——块段平均品位（g/t）。

2. 资源量估算数据的精度要求

块段真面积、体积、矿石量取整数，块段厚度、矿石平均体重、金属量保留小数点后两位数，最后一位小数点采用“四舍五入”的方式取舍。

3. 资源量估算结果

本次勘查工作，共涉及豪岗岭矿段Tr1含矿破碎带的V1-1、V1-2、V1-4、V1-5、V1-6和V1-9等6个矿体；及南矿段Tr4含矿破碎带的V4-1、V4-3、V4-4、V4-5和V4-1-1等5个矿体。两个矿段共计11个矿体本次勘查工程形成的新增探明资源量（图12-1、图12-2）。

（1）新增探明资源量

豪岗岭矿段Tr1含矿破碎带6个矿体新增的资源量（333+334）金矿石量97.56×10^4 t，金金属量6749.26kg。

南矿段Tr4含矿破碎带5个矿体新增的资源量（333+334）金矿石量48.19×10^4 t，金金属量3331.95kg。

两个矿段共计11个矿体新增的资源量（333+334）金矿石量145.75×10^4 t，金金属量10081.21 kg。其中资源量333金矿石量116.77×10^4 t，金金属量8897.29 kg；预测资源量334金矿石量28.98×10^4 t，金金属量1187.92kg。

（2）新增探明资源量估算范围内的空区资源量

本次新增资源量估算范围内的，矿山对豪岗岭矿段Tr1含矿破碎带的V1-2、V1-4和V1-5等3个矿体已形成的9个采空区，采空区资源量（333+334）金矿石量4.32×10^4 t，金金属量294.79kg。其中资源量333金矿石量3.37×10^4 t，金金属量245.81kg；预测资源量334金矿石量0.95×10^4 t，金金属量48.98kg。

综上所述，本次净新增资源量（333+334）金矿石量 145.75×10^4 t，金金属量 10081.21 kg；在本次新增资源量估算范围内，矿山已形成 9 个采空区资源量（333+334）金矿石量 4.32×10^4 t，金金属量 294.79kg。因此，本次净新增资源量仅为本次勘查工程形成的勘查成果。

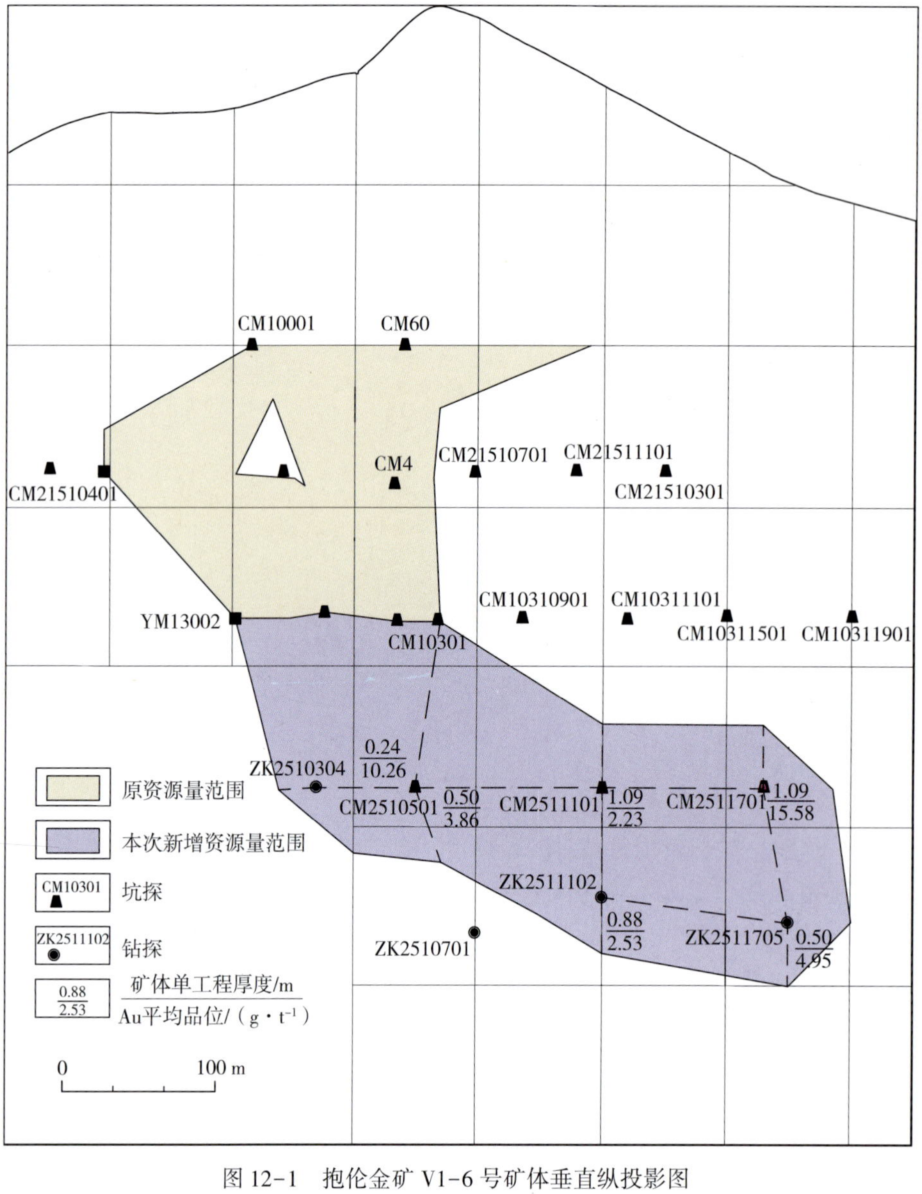

图 12-1　抱伦金矿 V1-6 号矿体垂直纵投影图

八、资源量估算中需说明的问题

1）本次勘查工作未涉及的块段沿用前人的圈定的矿体和有关参数，并作为与新圈定矿体连接的依据，在扣除原工程外推部分后进行资源量估算；因此，本次资源量估算的新增资源量均为本次净新增资源量。

2）2013 年 4 月，海南省地质调查院编写的《海南省乐东县抱伦矿区南段金矿资源储量核实报告》；2015 年 4 月，海南省地质综合勘察院编制的《海南省乐东县抱伦金矿豪岗岭矿段采矿权区资源储量核实报告》的资源储量估算范围基本包含了本次勘查工作的见矿工程，其资源储量估算范围（最近一次资源储量估算）均在本次的新增资源量估算垂直纵投影图标出。但由于部分工程矿体连接的不同，其矿体的控制工程及范围等有所出入。

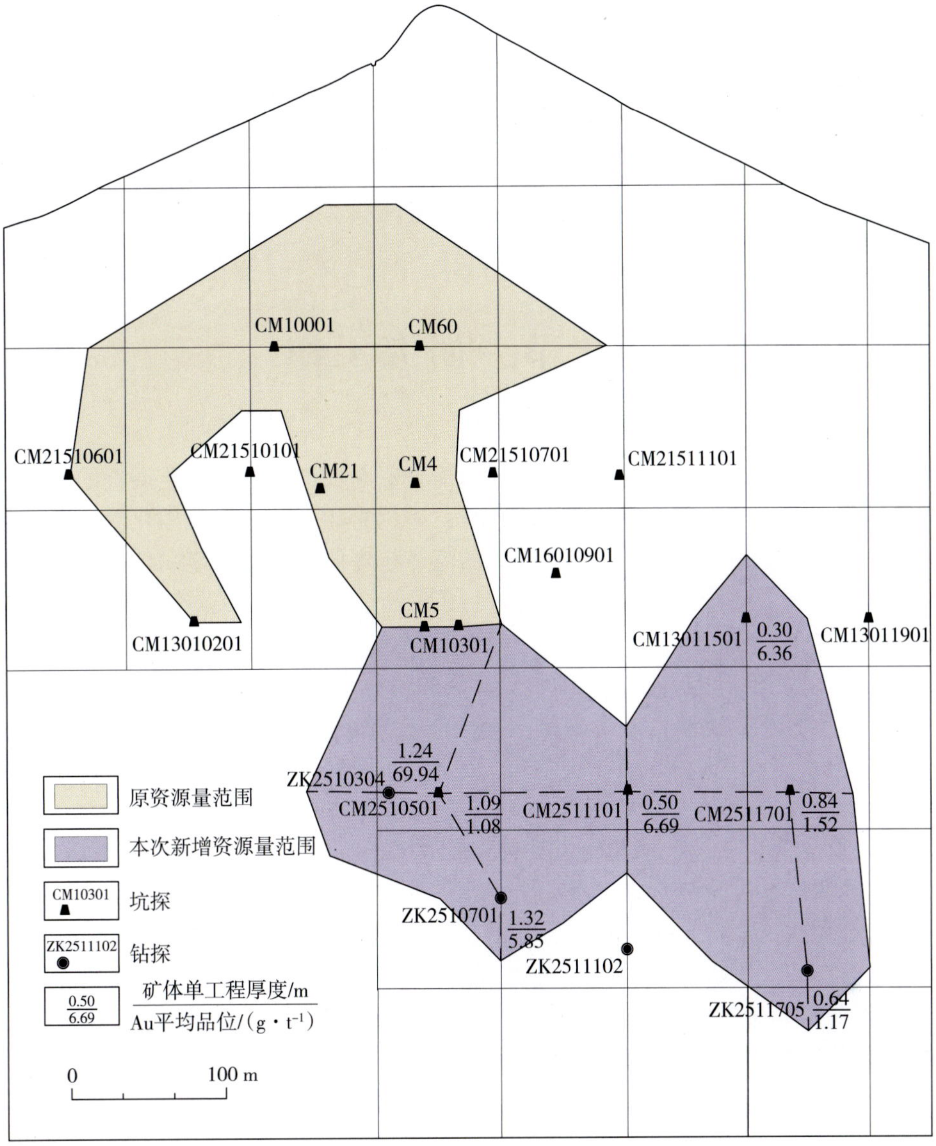

图 12-2　抱伦金矿 V1-9 号矿体垂直纵投影图

3）本次新增资源量估算范围内的，矿山已形成 9 个采空区资源量（333+334）金矿石量 4.32×10^4 t，金金属量 294.79kg。但本次估算为本次勘查工程形成的勘查成果，因此采空区等生产勘探的工程并未参与本次新增资源量估算。

4）当矿体单工程平均品位出现低品位矿体（大于或等于边界品位而低于最低工业品位）并将其圈入相应块段时，其块段平均品位应大于最低工业品位且每个块段最多出现 2 个低品位矿体的单工程。

5）外围矿（化）体大都为单工程控制，且 m·g/t 值未达工业指标，因此本次未作估算，但其应具较大的资源潜力。

6）块段的平均倾角，计算时先求出单工程的平均倾角，再将块段涉及的所有工程的倾角取平均值求得。

7）沿脉工程外推时取该工程外边对块段有影响的样品进行外推，并用该样品的品位和厚度参与计算。

8）根据矿山开采实际情况，若遇部分矿体单样品位高，而厚度小于最低可采厚度时，在其紧邻样品中选择一个品位较高的样品参加资源储量估算，但块段品位不低于最低工业品位。

第十三章　结　　论

第一节　研究工作

本著作以海南省抱伦金矿为研究对象，在收集前人资料和详细野外地质调查的基础上，分析和总结了研究区的区域成矿地质背景和矿区地质特征；采用岩相学、元素地球化学、同位素地质年代学和流体包裹体地球化学的研究方法，包括前人的流体包裹体成分和稳定同位素分析成果，对成矿物质和成矿流体的来源、迁移方式和成矿时代进行了分析，探讨了区域矿床的成矿机理。获得的主要研究成果和认识如下：

1）野外调查和岩相学研究表明，矿区内新发现的岩脉为变基性岩岩脉和花岗细晶岩脉，其中细晶岩切穿含矿石英脉及变基性岩出现矿化；抱伦金矿成矿阶段分为金-中粗粒石英阶段、金-硫化物-细粒石英阶段和碳酸盐阶段，主要成矿阶段包括金-中粗粒石英阶段和金-硫化物-细粒石英阶段，而碳酸盐阶段标志成矿已基本结束。

2）含金石英脉、围岩千枚岩和花岗岩具有相似的微量（稀土）元素配分模式，且总体表现为右倾曲线，指示其源区有亲缘性。矿区变基性岩和花岗细晶岩为双峰式侵入岩。变基性岩为拉斑玄武岩系列，具富集大离子亲石元素（LILE），Nb 和 Ti 轻微负异常的岛弧火成岩特征；尖峰花岗岩岩体为高钾钙碱性系列，在岩性判别图上主要落在 A 型花岗岩内并靠近 S 型花岗岩，其 K、Rb、Th、Ce 和 Sm 具有较明显的正异常，Sr、Ba、Nb、Ta、P 和 Ti 具负异常，与造山后花岗岩类（POG）类似，而变基性岩源区为亏损地幔。

3）变基性岩的锆石 SHRIMP U-Pb 年龄为 231.6±2.6 Ma（MSWD＝1.8），与细晶岩脉岩浆锆石的年龄 243.2±8.7（MSWD＝3.2）在误差范围内一致。结合细晶岩切穿含矿石英脉和变基性岩出现矿化的关系表明抱伦金矿成矿年龄与细晶岩（尖峰岩体）和变基性岩的结晶年龄相近，即 240～230 Ma。

4）抱伦金矿含金石英脉流体包裹体气相成分以 H_2O 为主，其次为 CO_2，含少量 CH_4、C_2H_6、H_2S、N_2 和 Ar 等组分。液相成分阴离子以 Cl^- 和 SO_4^{2-} 为主，含少量 F^-；阳离子以 Na^+ 为主，其次为 K^+ 及少量 Ca^{2+} 和 Mg^{2+}。成矿早期至晚期石英脉流体包体的均一温度为 280～340℃、240～3000℃和 180～240℃，并伴随盐度升高。

5）抱伦金矿成矿物质主要源自花岗岩源区，并有地幔物质和围岩（千枚岩）加入；成矿热液主要属变质热液，主要源于地壳，早期有一定量的岩浆热液参与，后期混入大气降水；金以 $Au(HS)_2^-$ 络合物为主要迁移形式，其次为 $AuCl_2^-$ 络合物形式。在金-中粗粒石英阶段发生沸腾作用和水-岩作用，在金-硫化物-细粒石英阶段发生沸腾作用、硫化作用和物化条件变化，碳酸盐阶段成矿已基本结束，其中沸腾作用起主导作用。

6）根据宏观和微观构造变形特征以及应力应变分析，将矿区构造变形划分为 D1、D2、D3 三个期次。D1 变形期以形成 NE 向豪稳松向斜为主，同时发生了浅变质作用，是加里东造山事件的产物。D2 变形期可划分为四个连续的构造变形阶段，分别形成了 NNW 向豪岗岭背斜，NNW 向逆冲推覆构造、NNW 向右旋剪切带和 NNW 向左旋剪切带，代表印支碰撞造山事件递进演化的不同阶段，即同碰撞挤压、挤压抬升和后碰撞侧向挤压块体相对水平滑移早期和块体相对水平滑移晚期。其中，NNW 向右旋剪切带与成矿关系最为密切，是抱伦金矿重要的控矿、导矿和容矿构造。D3 变形期主要以形成脆性节理和断层为主。节理多见于白垩系、印支期和燕山晚期花岗岩体中，可划分为四组，NNW 向、近 EW 向、NW 向和 NNE 向，以前两组最为发育，常构成 X 型共轭节理。而 NW 向节理沿 X 型共轭节理锐角线分布，表现为张节理性质，与前两组可构成典型的共轭节理系，代表 NW 向挤压应力作用的产物。NNE 组节理，因其沿 X 型节理的钝角线分布，可能与 NW 向应力场反转有关。断层规模一般较小，具逆冲和左行特征。

第二节　勘查工作

通过专项地质研究，基本查明了区域地质背景、矿区地质特征、矿体地质特征、成矿地质条件与控、赋矿因素。

在 Tr1 含矿破碎带和 Tr4 含矿破碎带的矿区深部，按 160 m×160 m 工程间距，以钻探和坑探为勘查手段，进行了稀疏工程控制。在 Tr11 含矿破碎带工作区、西南角狗岭预测区和东北角铁弯岭预测区的矿区外围，首先通过 1∶1 万地质修测、1∶1 万土壤测量、激电中梯测量、音频大地电磁测深（EH4）和可控源音频大地电磁圈定异常地段，后在成矿有利部位以槽探工程和地表钻探进行查证。

本次查证勘查的设计、野外施工、专家监审和野外验收全面按照《老矿山找矿项目技术管理细则（试行）》和《岩金地质勘查规范》的有关要求实施，野外工作经部矿产勘查技术指导中心和海南省国土资源厅组织专家验收评定为优秀，地质报告资料完备，矿区深部基本达到了普查阶段要求。本次勘查工作，共涉及豪岗岭矿段 Tr1 含矿破碎带的 V1-1、V1-2、V1-4、V1-5、V1-6 和 V1-9 等 6 个矿体；及南矿段 Tr4 含矿破碎带的 V4-1、V4-3、V4-4、V4-5 和 V4-1-1 等 5 个矿体。两个矿段共计 11 个矿体本次勘查工程形成的新增探明资源量。

1. 新增探明资源量

豪岗岭矿段 Tr1 含矿破碎带 6 个矿体新增的资源量（333+334）金矿石量 97.56×10^4 t，金金属量 6749.26kg。

南矿段 Tr4 含矿破碎带 5 个矿体新增的资源量（333+334）金矿石量 48.19×10^4 t，金金属量 3331.95kg。

两个矿段共计 11 个矿体新增的资源量（333+334）金矿石量 145.75×10^4 t，金金属量 10081.21 kg。其中资源量 333 金矿石量 116.77×10^4 t，金金属量 8897.29 kg；预测资源量 334 金矿石量 28.98×10^4 t，金金属量 1187.92kg。

2. 新增探明资源量估算范围内的空区资源量

本次新增资源量估算范围内的，矿山对豪岗岭矿段 Tr1 含矿破碎带的 V1-2、V1-4 和 V1-5 等 3 个矿体已形成的 9 个采空区，采空区资源量（333+334）金矿石量 4.32×10^4 t，金金属量 294.79kg。其中资源量 333 金矿石量 3.37×10^4 t，金金属量 245.81kg；预测资源量 334 金矿石量 0.95×10^4 t，金金属量 48.98kg。

综上所述，本次净新增资源量（333+334）金矿石量 145.75×10^4 t，金金属量 10081.21 kg；在本次新增资源量估算范围内的，矿山已形成 9 个采空区资源量（333+334）金矿石量 4.32×10^4 t，金金属量 294.79kg。因此，本次新增资源量仅为本次勘查工程形成的勘查成果。

第三节　成矿规律及远景评价

一、矿区成矿规律特征

根据宏观和微观构造变形特征以及应力应变分析，D2 变形期的 NNW 向右行剪切带与成矿关系最为密切，是抱伦金矿重要的控矿、导矿和容矿构造；抱伦金矿成矿流体温度范围在 170～340℃之间，峰值为 190℃和 320℃，主要属于中高温-低温成矿流体；包裹体盐度主要集中在 4%～10%，具低盐度特征；包裹体所反映的成矿压力在 45～242 MPa 之间，成矿深度相应为 1.7～9.0 km，具浅成热液的特点；成矿物质主要源于花岗岩源区，并有地幔物质和围岩（千枚岩）加入；成矿热液主要属变质热液，主要源于地壳，早期有一定量的岩浆热液参与，后期混入大气降水；含金石英脉中的辉钼矿的 Re-Os 等时线年龄为 224.6±7.2 Ma（印支期），代表抱伦金矿的形成的年龄；并为一典型的造山型金矿床。

抱伦矿区在晚二叠世至早三叠世发生了印支碰撞造山事件，在后造山期，造山带的应力进一步松弛，本区进入张性为主的应力场。含金热液由深部运移至张性裂隙时，温压条件骤降，形成地球化学障，含金热液发生沸腾作用，并析出大量中粗粒石英和自然金。随着热液继续活动，减压增温向减压降温的转换过程，形成了细粒石英和多种硫化物以及相应金矿化。之后富含铋元素的热液相对浓集，沿脆性裂隙产生金-铋矿化。

二、矿区成矿远景评价

本次工作区分为抱伦金矿深部和外围，深部“摸底”区包含 Tr1 含矿破碎带和 Tr4 含矿破碎带；外围“探边”区包含 Tr11 含矿破碎带、西南狗岭预测区和东北铁弯岭预测区。

1. 矿区深部成矿评价

（1）储矿构造及矿体产出特征

NNW 向剪切带是抱伦金矿重要的控矿、导矿和容矿构造，为系列分离型高角度剪切带，其中剪切带面理及分异面理发育。该组剪切带具脆-韧性或过渡性剪切性质，该组剪切带近直立，且往往延伸大于延长，也显示了以水平剪切为主的性质，通常来源于下地壳、上地幔的绿片岩化中基性岩的出现就是较好的印证。受之影响，含矿石英脉和成矿带在剖面上也近直立。加之由本次施工的探矿工程（ZK2511705 和 ZK2303）可知矿体具明显向南侧伏的特征。而 Tr1 含矿破碎带-100 m 标高以下 117 线以南和 Tr4 含矿破碎带-250 m 标高以下 23 线以南均未有效控制，均未圈闭，且矿体品位（厚度）均尚高（厚），暗示了深部仍具较大潜力。

（2）剪切带金矿化模型

根据剪切带成矿模式图，在韧脆性转换域，由于温压较高，韧脆剪切变形较强烈，形成糜棱岩或构造片岩；当含金热液在温度、压力、构造应力和化学位差异等因素驱动下迁移，沿韧性剪切带上升。在韧脆性糜棱岩中面理或微裂隙发生交代蚀变和矿化，形成蚀变糜棱岩型金矿。在韧脆性转换带之上，剪切变形往往形成略具定向排列的碎粒岩或碎粉岩，当含金热液沿剪切带上升至该处时，沿着碎粒岩的微裂隙或全岩发生交代蚀变和矿化，形成构造蚀变岩型金矿。在地壳浅部，剪切变形表现为脆性断裂或裂隙带，当含金热液上升至该部位时，沿脆性断裂或裂隙带充填蚀变和矿化，则形成细网脉或石英脉型金矿化。现今抱伦金矿所见的绝大多数为石英脉型金矿化，即主要是在剪切带的脆性部分成矿的产物；换言之，现在发现的是剪切带脆性部分或是脆性部分叠加于脆韧性之上的矿化。且在 Tr1 含矿破碎带和在 Tr4 含矿破碎带深部钻孔均频繁出现含金蚀变岩型矿石，预示现有石英脉型矿床的下部可能还有蚀变糜棱岩型金矿。

（3）矿石矿物组合及原生晕特征

根据矿床成矿演化过程，矿石矿物组合具垂向分带特征，相对早期矿体矿石矿物组合为自然金-金红石-粗粒石英组合的上部矿石矿物组合为自然金-硫化物-铋化物-细粒石英组合。由于现揭露到的矿体矿石矿物组合大都为多种矿石组合叠加，并结合原生晕发育情况，前缘指示元素银、砷、锑和汞的原生晕的浓集中心出现在+130 m中段且金的内带地球化学异常向深部和东部金的内带异常并没有圈闭，说明矿区深部可能存在新的金矿体。

2. 矿区外围成矿评价

（1）物化探成果

本次主要在狗岭预测区进行了激电扫面、音频大地电磁测深（EH4）和1∶1万土壤测量，其中音频大地电磁测深（EH4）测线重叠于激电中梯的10号线。由抱伦金矿外围10线音频大地电磁测深（EH4）反演情况推断在83~91号点，有宽度较大（约80 m）且向深部延伸大于1000 m的低阻异常带，可能为较大规模的构造破碎带（F_3）反映，综合激电异常图，其走向可能为NNW，倾向SW，倾角70°~80°；且推断F_3构造破碎带处于土壤异常AP9的位置基本吻合。依据物探工作结果，共推断了3条构造破碎带和1处低阻异常带，这些推断的构造破碎带和低阻异常带和土壤化探异常及地质构造特征相吻合。所以从其与土壤化探异常和地质构造特征分析，认为狗岭预测区具有较好的成矿前景。

（2）控矿构造的空间展布特征

据矿区控矿构造是NE—SW走向的复式背斜及叠加于之上的剪切带构造，由主成矿期（印支期）豪岗岭复式背斜和剪切构造的空间展布特征，复式背斜的背斜核部有利于成矿。据此，根据控矿构造特征及与东北部的铁湾岭预测区关系的对比，并通过民隆调查在铁湾岭预测区发现了宽0.3 m、金品位达6.44 g/t的石英脉；此外，西南角狗岭预测区的物化探所推测的可能代表次级背斜轴面的断裂破碎带也与控矿构造模式相吻合。上述结果说明，东北部的铁湾岭预测区和西南角狗岭预测区具有较好的成矿前景。

综上所述，在矿区深部矿体深部延伸不但尚未有效控制，而且矿区外围物化探异常较明显，局部异常等成矿有利部位还发现了矿化体，其均表明本区具较好的成矿前景，尚待今后查明。

第四节　存在问题及建议

一、存在问题

1. 综合研究

元素地球化学分析较少，且缺少稳定同位素分析；细晶岩（尖峰岩体）和变基性岩本次测试的样品少，拟合参数较大；包裹体样品较少及未进行成分分析。

2. 深部增储

由于矿山生产、提升能力等原因，使得深部工程控制较少且相对深度不够，矿体延伸均没有控制完。

3. 外部探矿

由于工作区靠近林区，加之地形较陡，以致部分成矿更有利区段无法施工探矿工程（狗岭、重烂岭和铁弯岭）。

二、建　议

本次开展了大量的地质、物探、化探和科学研究等工作，形成了以下区段为重点勘查对象的观点与建议。

1. 外围西南狗岭、重烂岭和东北铁弯岭预测区

根据矿区的控矿构造的空间展布特征，外围西南狗岭、重烂岭和东北铁弯岭预测区位于复式背斜的核部及其两翼的次级背斜的核部为张性特征，并叠加有土壤地球化学、物探激电扫面和音频大地电磁测深异常组合异常，其各种异常套合地段是金成矿的有利地段，局部组合异常部位还发现矿化体。但由于工作区靠近林区，加之地形较陡，以致部分成矿更有利区段无法施工探矿工程，建议加强矿区的林业、环境等协调工作，以期取得外围找矿突破。建议采用 TGQ 系列轻便浅层取样钻机，以钻代槽轻便快捷，不破坏生态环境，绿色勘查技术手段进行物化探异常查证。

2. Tr1 含矿破碎带和 Tr4 含矿破碎带深部

据矿体往南东方向侧伏的特征，Tr1 含矿破碎带和 Tr4 含矿破碎带各矿体延伸均没有控制完，尚具较好的成矿前景。建议增加矿区深部探矿工程，以增加资源储量。

3. Tr4 含矿破碎带带红层覆盖区

据 17 线以南东矿体走向变为 300°左右的特征，且钻孔已揭露出白垩系覆盖区下部还存在着赋矿岩层和破碎带，其具较好的找矿前景。建议开展必要的物化探和综合研究工作，以查清铁弯岭断裂的演化和展布特征，为工程查证提供依据。

总之，矿区外围局部成矿较有利部位均见矿（化）体，然而由于林业、地形等原因，在这些有利部位还无法施工钻探工程，如 Tr14 破碎带、重烂岭矿化地区和东北角铁弯岭矿化区等；及矿区深部尚没有控制完，均待下一步开展工作以揭露。

主要参考文献

中国科学院南海海洋研究所 . 1990. 南海陆缘扩张［M］. 北京：科学出版社 .

陈柏林，丁式江，李中坚，等. 2001. 海南抱伦金矿床成矿时代研究［J］. 地球化学，30（6）：525-532.

陈柏林，董法先，李中坚. 1999. 韧性剪切带型金矿成矿模式［J］. 地质论评，（2）：186-192.

陈柏林，李中坚，董诚，等. 2004. 海南抱伦金矿床控矿构造特征及其对金矿化的控制作用［J］. 中国地质，（2）：139-146.

陈衍景，倪培，范宏瑞，等. 2007. 不同类型热液金矿系统的流体包裹体特征［J］. 岩石学报，23（9）：2085-2108

邓晋福，赵海玲，莫宣学，等. 1996. 中国大陆根-柱构造——大陆动力学的钥匙［J］. 北京：地质出版社，1-110.

丁式江，傅杨荣，杨立强，等. 2007. 海南乐东抱伦金矿地质及成矿预测［M］. 北京：地质出版社.

丁式江，黄香定，李中坚，等. 2001. 海南抱伦金矿地质特征及其成矿作用［J］. 中国地质，28（5）：28-34.

范宏瑞，谢奕汉，翟明国，等. 2003. 豫陕小秦岭脉状金矿床三期流体运移成矿作用［J］. 岩石学报，19：260-266.

范宏瑞，谢奕汉，郑学正，等. 2000. 河南祁雨沟热液角砾岩体型金矿床成矿流体研究［J］. 岩石学报，16（4）：559-563.

韩吟文，马振东，张宏飞，等. 2004. 地球化学［M］. 北京：地质出版社，54-301.

何玉生，符气鑫，陈晓清，等. 2023. 中国矿床地质志 · 海南卷［M］. 北京：地质出版社，1-312.

黄诚，张德会. 2013. 热液金矿成矿元素运移和沉淀机理研究综述［J］. 地质科技情报，32（4）：162-170.

贾跃明. 1996. 地壳规模流体的远距离运移不断得到证实［J］. 地学前缘，3（3）：18-20.

黎彤. 1976. 化学元素的地球丰度［J］，地球化学，1.

李昌年. 1992. 火成岩微量元素岩石学［M］. 武汉：中国地质大学出版社.

李惠. 典型金矿床的地球化学异常垂直分带特点［J］. 桂林冶金地质学院学报，1991（2）：162-170.

李晶，陈衍景，李强之，等. 2007. 甘肃阳山金矿流体包裹体地球化学和矿床成因类型［J］. 岩石学报，23（9）：2144-2154.

李晶，陈衍景，刘迎新. 2004. 华北克拉通若干脉状金矿的黄铁矿标型特征与流体成矿过程［J］. 矿物岩石，24（3）：92-102.

李孙雄，云平，林义华，等. 2017. 海南省区域地质志［M］. 北京：地质出版社，731-735.

李中坚. 2001. 海南省乐东九所-抱伦地区金、银、钼多金属矿控矿构造及成矿规律研究［C］. 中国地质科学院"九五"科技成果汇编. 61-62.

凌文黎，谢先军，柳小明，等. 2002. 西乡群的时代与构造背景：同位素年代学及地球化学制约［J］. 中国科学（D 辑）32（2）：101-112.

凌文黎，谢先军，柳小明，等. 2006. 鲁东中生代标准剖面青山群火山岩锆石 U-Pb 年龄及其构造意义［J］. 中国科学（D 辑）36（5）：401-411.

刘英俊，马东升. 1991. 金的地球化学［M］. 北京：科学出版社，11-368.

刘玉琳，丁式江，张小文，等. 2002. 海南乐东抱伦金矿床成矿时代研究［J］. 地质论评，48（增刊）：84-87.

卢焕章，范宏瑞，倪培，等. 2004. 流体包裹体［M］. 北京：科学出版社，153-344.

卢焕章. 1991. 从包裹体研究探索太古代一些金矿的成矿机理［J］. 矿物学报. 11（4）：289-297.

倪培. 2005. 江西永平铜矿下盘脉状矿化的流体包裹体研究［J］. 岩石学报，21：1339-1346.

邱家骧，林景仟. 1991. 岩石化学［M］. 北京：地质出版社.

沈照理. 1981. 成矿规律研究中的古水文地质分析［M］. 北京：科学出版社.
舒斌，王平安，董法先，等. 2006. 海南西南布抱伦金矿床流体包裹体及稳定同位素特征［J］. 地质通报，25（7）：880-893.
舒斌，王平安，李中坚，等. 2004. 海南抱伦金矿的成矿时代研究及其意义［J］. 现代地质，18（3）：316-320.
孙忠实，邓军，翟裕生，等. 1999. 幔源含金流体主动就位与容矿断裂形成机制［J］. 地质地球化学，27（4）：17-22.
唐立梅，陈汉林，董传万，等. 2013. 海南岛中三叠世造山后伸展作用：双峰式侵入岩的年代学及地球化学制约［J］. 中国科学（D辑），43（3）：433-445.
汪啸风，马大铨，蒋大海，等. 1991. 海南岛地质（三）构造地质［M］. 北京：地质出版社.
王朝文，洪汉烈，钟增球，等. 2011. 海南抱伦金矿含金石英脉流体包裹体特征及其意义［J］. 地球科学，36（6）：1009-1020.
王焰，钱青，刘良，等. 2000. 不同构造环境中双峰式火山岩的主要特征［J］. 岩石学报，16：169-173.
吴元保，郑永飞. 2004. 锆石成因矿物学研究及其对U-Pb年龄解释的制约［J］. 科学通报，16.
谢才富，朱金初，丁式江，等. 2006. 海南尖峰岭花岗岩体的形成时代、成因及其与抱伦金矿的关系［J］. 岩石学报，22（10）：2493-2506.
谢才富. 2007. 海南岛海西期同逆冲侵入岩组合的厘定及其构造意义［D］. 南京大学.
徐义刚，黄小龙，颜文，等. 2002. 南海北缘新生代构造演化的深部制约（Ⅰ）：幔源包体［J］. 地球化学，31（3）：230-241.
张德会. 1997. 成矿流体中金的沉淀机理研究述评［J］. 矿物岩石，17（4）：122- 130.
张德会. 1997. 流体的沸腾和混合在热液成矿中的意义［J］. 地球科学进展，12（6）：546-551.
张弘，苏文超，田建吉，等. 2008. 贵州水印洞卡林型金矿床金的赋存状态初步研究［J］. 矿物学报，28（1）：17-24.
张文淮，张志坚，伍刚. 1996. 成矿流体与成矿机制［J］. 地学前缘，3（3-4）：245-252.
张小文，向华，钟增球，等. 2009. 海南尖峰岭岩体热液锆石U-Pb定年及微量元素研究：对热液作用及抱伦金矿成矿时代的限定［J］. 地球科学，34（6）：921-930.
张小文. 2014. 海南抱伦金矿矿床成因与深部矿体预测研究［D］. 武汉：中国地质大学.
钟增球，张小文. 2010. 海南抱伦金矿扩大矿产规模可能性的地质研究［R］. 海南山金矿业有限公司.
周岳强，许德如，赵朝霞，等. 2020. 海南抱伦金矿区辉绿岩脉的成因及其对金成矿的启示［J］. 岩石学报，36（2）：541-5.
朱训，王妍，李金发，等. 2016. 就矿找矿100例［M］. 北京：地质出版社，348-352.
Bakken B M , Hochella M F, Marshall A F, et al. 1989. High resolution microscopy of gold in unoxidized ore from the Carlin Mine［J］. Nevada Economic Geology. 84：171-179.
Benning L G, Seward T M. 1996. Hydrosulphide complexing of Au（Ⅰ）in hydrothermal solutions from 150-400℃ and 500-1500 bar［J］. Geochimica et Cosmochimica Acta，60（11）：1849-1871.
Brown P E, Flincor. 1989. A microcomputer program for the reduction and investigation of fluid inclusion data［J］. American Mineralogist，74：1390-1393.
Chen Y J，Pirajno F，Qi J P. 2005. Origin of gold metallogeny and sources of ore-forming fluids in the Jiaodong province, eastern China［J］. International Geology Revies，47：530-549.
Cole D R，Drummond S E. 1986. The effect of transport and boiling on Ag/Au ratios in hydrothermal solutions：A preliminary assessment and possible implications for the formation of epithermal precious metal ore deposits［J］. Grochemi Explor，25：45-79.
Gammons C H，Yu Y M，Williams-Jones A E. 1997. The disproportionation of gold（I）chloride complexes at 24 to 200℃［J］. Geochimi. Cosmochim. Acta，61（10）：1971-1983.
Groves D I，Goldfarb R J. Gebre-Mariam M，et al. 1998. Orogenic gold deposits：A proposed classification in the context of their crustal distribution and relationship to other gold deposit types［J］. Ore Geology Reviews，13（1-5）：7-27.
Hedenquist J W，Lowenstern J B. 1994. The role of magmas in the fomation of hydrothermal ore deposits［J］. Nature，370：519-527.

Heinrich C A. 2007. Fluid-fluid interactions in magmatic-hydrothermal ore formation [J]. Rev. Mineral. Geochem., 65: 363 -387.

Helgedon H C. 1969. Thermoodynaimics of hydrothermal systems at elevated temperatures and pressures. [J] Am. Sci., 367: 729-804.

Hough R M, Butt C R M, Fischer-Büohner J. 2009. The crystallography, metallography and composition of Gold [J]. Elements, 5 (5): 297-302.

Jochum K P, Mcdonough W F, Palame H, et al. 1989. Compositional constrains on the continental lithosperic mantle from trace elements in spinel peridotite xenoliths [J]. Nature, 340: 548-550.

John L W, James S C. 2009. Gold deposits: Where, when and why? [J]. Elements, 5 (5): 288.

Kerrich R, Goldfarb R J, Groves D I, et al. 2000. The characteristics, origins and geodynamics settings of supergiant gold metallogenic provinces [J]. Science in China Series D, 43 (Supp): 1-68.

Li Z X. 1996. Positions of the East Asian cratons in the Neo- proterozoic supercontinent Rodinia [J]. Aust. J. Earth Sci. 43: 593-604.

Metcalfe I. 2013. Gondwana dispersion and Asian accretion: Tectonic and palaeogeographic evolution of eastern Tethys [J]. Journal of Asian Earth Scientces, 66: 1-33.

Mikucki E J. 1998. Hydrothermal transport and depositonal processes in Archean lode-gold systems: A review [J]. Ore Geology Reviews, 13: 307-321.

Pearce J A, Harris N B W, Tindle A G. 1984. Trace element discrimination diagrams for the tectonic interpretation of granitic rocks [J]. Journal of Petrology, 25: 956-983.

Pearce J A. 1982. Trace element characteristics of lavas from destructive plate boundaries. In: Thrope R S, ed. Andesites [J]. New York: Wiley, 525-548.

Pekka Pyykkö. 2004. Theoretical chemistry of gold [J]. Theoretical Chemistry, 43 (34): 4412-4456.

Ridley J, Mikucki E J, Groves D I. 1996. Archean lode-gold deposits: fluid flow and chemical evolution in vertically extensive hydrothermal systems [J]. Ore Geology Rev, (10): 279- 293.

Rudnick R L, Fountain D M. 1995. Nature and composition of the continental crust: A lower crustal perspective [J]. Rev. Geophys., 33: 267-309.

Seward T M. 1973. Thiocomplexes of gold and the transport of gold in hydrothermal ore solutions [J]. Geochim Cosmochim Acta, 37: 379- 399.

Shervais J W. 1982. Ti-V plots and the petrogenesis of modern and ophiolitic lavas [J]. Earth Planet Sci Lett, 59: 101-118.

Simon G, Huang H, Penner-Hahn J E, et al. 1999a. Oxidation state of gold and arsenic in gold-bearing arsenian pyrite [J]. Am, Mineral, 84: 1071-1079.

Simon G, Kesler S E, Chryssoulis S L. 1999b. Geochemistry and textures of gold-bearing arsenian pyrite, Twin Creeks, Nevada; implications for deposition of gold in Carlin-type deposits [J]. Economic Geology, 94: 405-421.

Spycher N F, Reed M H. 1989. Evolution of a Broadlands-type epithermal ore fluid along alternative *P-T* paths: implications for the transport and deposition of base, precious, and volatile metals [J]. Economic Gedogy, 84 (2): 328-359.

Stefansson A, Seward T M. 2004. Gold (I) complexing in aqueous sulphide solutions to 500 ℃ and 500 bar [J]. Geochim. Cosmochim. Acta, 68 (20): 4121-4143.

Whalen J B, Carrie K L, Chappell B W. 1987. A-type granites: Geochemical characteristics, discrimination and petrogenesis. Contrib [J]. Mineral. Petrol., 95: 407- 419.